JN123551

はじめての精密工学
Introduction to Precision Engineering
第4巻

公益社団法人 精密工学会 編

近代科学社 Digital

まえがき

　公益社団法人 精密工学会は，「精密加工」「精密計測」「設計・生産システム」「メカトロニクス・精密機器」「人・環境工学」「材料・表面プロセス」「バイオエンジニアリング」「マイクロ・ナノテクノロジー」から「新領域」に至るまで，幅広い研究分野とその研究者・技術者たちが参画する学会です．現在は世界共通の用語となっている「ナノテクノロジー：Nanotechnology」も，本会会員の研究者が新しい専門用語として最初に提唱しました．

　このような精密工学会や精密工学分野に参画する研究者・技術者たちが，日本のものづくりの発展と若手研究者・技術者への貢献を目的に執筆したのが，連載「はじめての精密工学」です．連載「はじめての精密工学」の歴史は長く，2003年9月からほぼ毎月のペースで精密工学会誌に掲載されています．

　会誌編集委員会では，「精密工学分野の第一人者，専門家によって専門外の方や学生向けに執筆された貴重な内容を書籍としてまとめて読みたい」という要望を受け，本会理事会へ出版を提案し，承認が得られたことにより本書「はじめての精密工学 書籍版」を出版することになりました．第4巻である本書は，2007年2月号から2010年12月号に掲載された「はじめての精密工学」を収めており，加工，計測，設計・解析，材料，制御・ロボット，機械要素，機構・メカニズム，製造・ものづくり，IT技術からデータサイエンスまでに至る内容で構成されております．精密工学分野の研究者，技術者によって初学者向けに執筆されており，精密工学会，および，精密工学分野の叡智が集まっております．本書のみならず，下記のウェブサイトにも有益な情報がありますので，併せて閲覧いただけますと幸いです．

　最後に，執筆・編集にご尽力いただいた執筆者ならびに会誌編集委員の皆様，本書の出版に至るまでにご支援いただいた学会の皆様，出版の構想段階から親身に対応いただいた三美印刷株式会社と株式会社近代科学社の方々に心から感謝申し上げます．

公益社団法人 精密工学会ホームページ

　https://www.jspe.or.jp/

The Japan Society for Precision Engineering（精密工学会 英文ページ）

　https://www.jspe.or.jp/wp_e/

公益社団法人 精密工学会「学会概要・事務局」ページ

　https://www.jspe.or.jp/about/outline/

公益社団法人 精密工学会「はじめての精密工学」ページ

　https://www.jspe.or.jp/publication/intro_pe/

2023年10月

公益社団法人精密工学会 会誌編集委員会

委員長　吉田一朗

目 次

もう一度復習したい表面粗さ

Review of Surface Roughness/Tsutomu MIYASHITA

テーラーホブソン(株) 宮下 勤

1. はじめに

機械加工など，ものづくりにおいては測定という作業が必ず絡んでくる．この測定には，寸法公差に対する測定，寸法をそのまま定義するのに必要な形状測定，また形状を定義するのに必要な表面粗さなどがある．特に表面粗さにおいては，作成した部品が使用される箇所において，その部品の持つ機能を十分に生かす表面の状態が要求される．

そこで，表面粗さを測定することになるが，表面粗さとはどういうものなのだろうか．表面粗さを測定する測定機に関しても色々なタイプがある．どういう仕組みで測定し，どのような解析を行っているのだろうか．また，その結果はどのように判断すればよいのだろうか．

表面粗さ測定に関しては，上記の事が意外と知られていない．そこでもう一度ここで復習してみたいと思う．

2. 測定の原理

表面粗さ測定機の基本原理は非常に単純な構造である．

図1に示すように，基準面から被測定面までの距離を測定している．この距離をいかに高分解能で精密に測定するかにより表面の凹凸の状態を見てやることが出来る．

上記のような基本構造から基準面がどこに配置されているかにより測定機の種類が違ってくる．接触式の場合，測定機の種類を大きく分けて2種類に分類することが出来る．一つはスキッド方式と呼ばれる小型の簡易型測定機であり，もう一つは測定機の駆動装置の中に基準面が設けられている上位機種（データム方式）の測定機である．各測定機の特徴について下記に述べる．

2.1 スキッド方式表面粗さ測定機

この方式の測定機は，測定機内部に基準となるデータム

が組み込まれていない．その代わり，スキッド（Skid）と呼ばれる曲率半径の大きな鏡面仕上げになっているブロックが，触針の前または後ろに配置されている．

スキッドが，被測定面に接触し，接触しているスキッドの位置に対し触針の接触している高さの距離を測定するタイプである．このような測定方式は，面倒な設定を行う必要があまり無く，簡単に輪郭曲線を求める事が出来る．

しかしながら，この方式の測定機は注意して使用しないと正確な測定が出来ない．次に，その一例を述べる．

図3から解るように，突起がある表面をスキッド方式で測定した場合，触針は最初の突起を通過しデータとして取り込むが，次にスキッドが突起を通過した時には，スキッドが持ち上がるために触針が下がり，下図3に示すようなスキッド形状をデータとして取り込んでしまう．このように，スキッド方式の測定機では，実際の切断輪郭曲線とは違う曲線でデータとして取り込まれることがあり，測定値が大きく出たり小さく出たりする場合がある．したがって，この種類の測定機を使用する場合は，前述のデータム方式の測定機と，測定の比較を行ってから使用すべきであろう．

図4に極端な例かもしれないが，スキッドと粗さの周期が干渉した場合の例を示す．図4（a）の場合，スキッドと粗さの周期が半分で干渉している．この場合，スキッドが通過する最高山の時，測定するスタイラスは最低谷に位置する．このような状況では実際の粗さの値に比べて倍

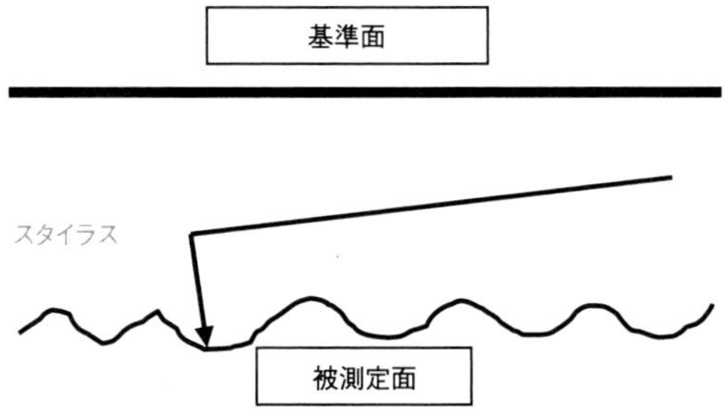

基準面

スタイラス

被測定面

図1 測定機の基本構造

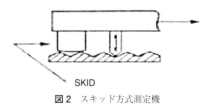

SKID

図2 スキッド方式測定機

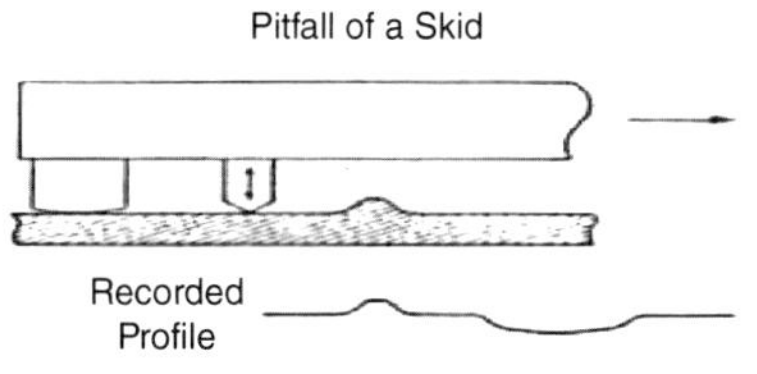

Pitfall of a Skid

Recorded
Profile

図3 スキッド方式の測定

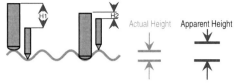

H1
H2
Actual Height
Apparent Height
Effect of Skid to Stylus Pitch

(a) 測定された粗さが実際の粗さが倍になる場合

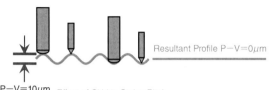

Resultant Profile P−V=0μm
P−V=10μm
Effect of Skid to Stylus Pitch

(b) 測定された粗さが零になる場合

図4 スタイラスとスキッドの位置関係が測定結果に与える影響

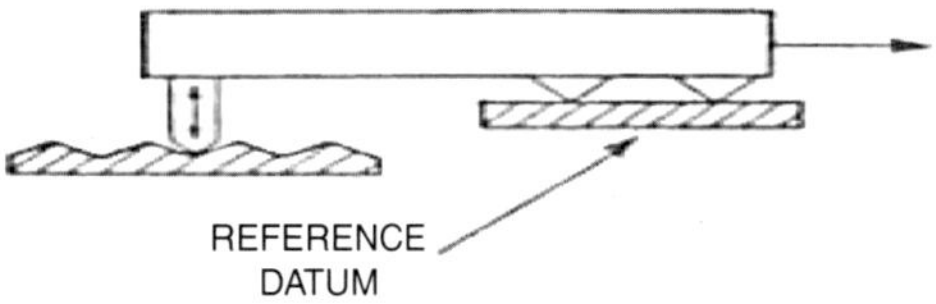

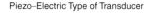

REFERENCE
DATUM

図5 データム方式測定機の構造

Piezo–Electric Type of Transducer
Beam
Piezo Element
Stylus

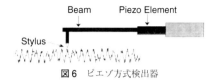

図6 ピエゾ方式検出器

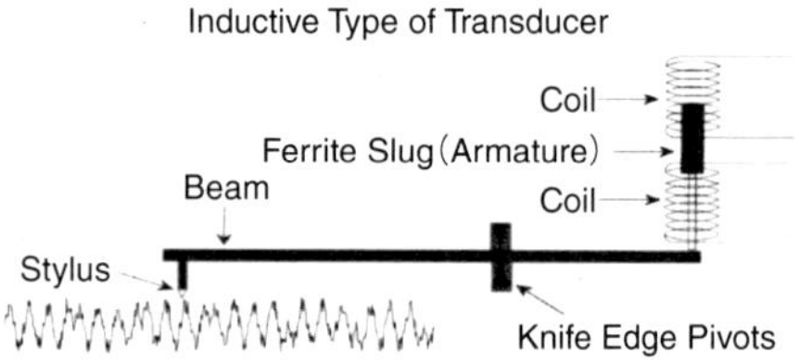

Inductive Type of Transducer
Coil
Ferrite Slug (Armature)
Beam
Coil
Stylus
Knife Edge Pivots

図7 差動トランス方式検出器

Laser Type of Transducer
Laser
Photo
Diode
Beam
Stylus
Click Here for Further Information

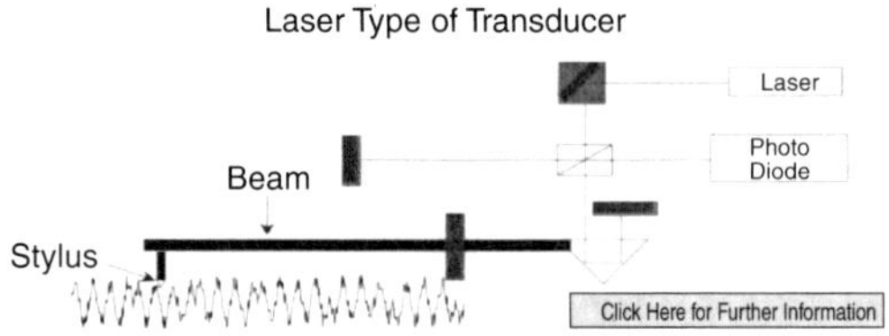

図8 レーザー干渉計方式検出器

の値で結果が出力されてしまう.

図4(b)では図4の状態の逆になり,粗さが測定できない場合になる.

2.2 データム方式

この方式の測定機は主に上位機種として使用されることが多い.この測定機の構造は,**図5**のようになる.

図から,このデータム方式の測定機には,測定機内部に非常に高精度の基準となるデータム(基準面)が組み込まれている.このデータムに対し測定面までの距離を測定している.現在の測定の解析の規格は,この種類の測定機から得られた測定データを元に作られている.

3. 検出器の違い

触針式測定機の検出器には,色々な検出器の種類が使用されている.この検出器の種類によっては,測定出来る精度の限界が生じる.測定結果の違いを述べる時にも重要な要因の一つになる.

3.1 ピエゾ方式検出器

この方式の検出器は,簡易型測定機に多く使用されている.安価で作成でき,検出器としてもある程度の精度で測定出来る.**図6**に簡単な構造を示す.

この方式の検出器は,検出器の持っている真直性が電気的ヒステリシスにより,他の検出器に比べて劣る.したがって,数マイクロメータの表面の凹凸は測定出来るが,サブマイクロメータの測定になると誤差成分の割合が大きくなり,安定した測定が出来ない.また,触針サイズ(触針先端半径)は,5 μm と 10 μm の物が多い.

3.2 差動トランス方式検出器

この方式の検出器は,主に表面粗さを測定する触針式測定機に使用されることが多い.上位機種のデータム方式に用いる事が多く,現在の表面粗さ測定機に最も多く使用されている.この検出器の構造を**図7**に示す.

この方式の検出器は,図からも解るように真中のフェライト芯がコイルの中を上下動する時に,微小電圧の比が発生し位置検出を行う.この時の検出器の分解能は,数オングストロームまで上げることが出来る.したがって,高精度で表面の粗さを測定出来る.図は,サインバー方式の触針動作をするが,プランジタイプになると,31 pm の分解能を持つ測定機が存在する.標準タイプの測定機では,触針サイズは 2 μm が多い.

しかしながら,この検出方式は,形状を測定する場合は,触針の上下動が大きくなると検出器の真直性が悪くなり,形状測定には制限が生ずる.

3.3 レーザー干渉計方式検出器

この方式の検出器は,形状と表面粗さを同時に測定出来るように開発された検出器である.上記差動トランスに比べ触針が上下動する範囲を大きく取る事が出来,上下動する範囲全般に渡って高分解能を維持している.この検出器の構造を**図8**に示す.

この検出器の方式は,広範囲にわたって 10 nm という高分解能を維持するが,数十ナノメートルのオーダーの表面粗さには分解能とシステムノイズの関係で適用できない.

図9　加工面の切断面

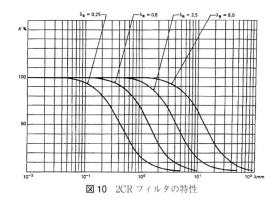

図10　2CR フィルタの特性

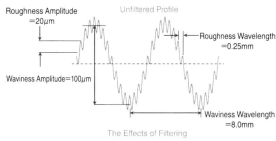

図11　断面曲線

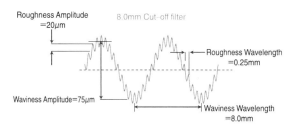

図12　8.0 mm の基準長さに対するフィルタ効果

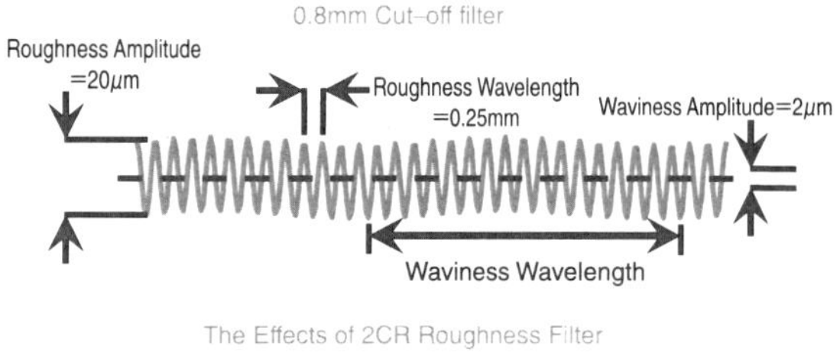

図13　0.8 mm 基準長さのフィルタ効果

4.　測定と表面粗さ

　加工された表面には，様々な成分が含まれている．これらは，形状誤差，うねり，表面粗さなどである．これら表面に含まれる全ての成分を含んだ表面全体を表面性状と呼ぶ．

　このような表面を表面粗さ測定機で測定する場合，加工条痕に対し直角方向に通常測定する．これは，加工面の切断輪郭曲線として測定される．

　この切断輪郭曲線には，測定面の形状誤差，うねり，粗さを全て含む曲線であり現在はプライマリプロファイル（Primary Profile；断面曲線）と呼ばれ，この曲線から解析されるパラメータを P パラメータと呼ぶ．うねり成分や表面粗さの解析は，この断面曲線に国際規格（ISO）で決められたフィルタを通して得られる曲線から解析したパラメータで評価される．うねりを解析する場合は W パラメータ，表面粗さの解析は R パラメータの値で評価される．

4.1　表面粗さ曲線の求め方

　表面粗さ曲線を求めるには，国際規格で決められているフィルタを使用しなければならない．このフィルタは，1997 年以前は 2CR フィルタと呼ばれるフィルタを使用していた．このフィルタ特性を**図10**に述べる．

　このフィルタを使用する場合，解析したい表面粗さの波長に対し基準長さを決定し，表面粗さ成分を取り出す．この時，フィルタの果たす役割は，**図11**のようになる．

　図11は，8 mm の波長と 0.25 mm の波長を重ね合わせた断面曲線である．この曲線は，波長 8 mm のうねり成分と波長 0.25 mm の粗さ成分で構成されている．この曲線に 8.0 mm の基準長さ（λc）の 2CR フィルタをかけると出力される曲線は，次のようになる（**図12**）．

　フィルタ効果により，$100\,\mu m$ の大きさの輪郭曲線が $75\,\mu m$ の大きさに減衰されて出力される．この状態では，

0.25 mm の波長の粗さ成分を評価するには，8.0 mm の波長成分の影響が大きすぎる．そこでさらに 0.8 mm の基準長さ（λc）に対するフィルタを適用すると，出力は**図13**のようになる．

　この図から解るように，0.8 mm の基準長さに対するフィルタを適用すると，8.0 mm の波長のうねり成分の影響はほとんど見られなくなる．ここで得られた曲線は，0.25 mm の波長の表面粗さ成分を解析するのに適した曲線といえる．

　この 2CR フィルタは，1941 年に開発され半世紀以上粗さのフィルタとして使用されてきた．半世紀の間に，加工方法も変容し加工面の状態も変わってきている．このため，新しい加工方法で加工された表面から 2CR フィルタを使用して粗さ曲線を得る時に，フィルタ特性による誤差成分が観察されるようになってきた．この誤差の状態を次に示す．

　この 2CR フィルタは，元々電気的なフィルタであり，この電気的な特性により**図14**のような急峻な凹凸が存在する場合，フィルタの位相遅れの影響がでる．このため，実際には存在しない突起成分が出力されてしまう．このような粗さ曲線からは，摺動面に利用するような表面の評価

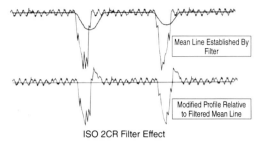

Mean Line Established By Filter

Modified Profile Relative to Filtered Mean Line

ISO 2CR Filter Effect

図 14 2CR フィルタ特性による誤差

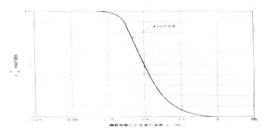

図 15 ガウシアンフィルタ特性（JIS B 0632 : 2001 による）

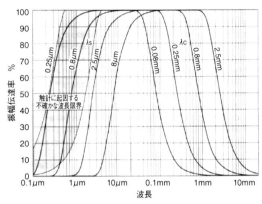

図 16 触針先端半径による不確かな波長限界
（JIS B0651 : 2001 による）

は出来なくなる. このような表面粗さ用フィルタの影響は, 既に認知されており, この影響が出ない, 新しいフィルタの開発が行われた. ISO 国際規格では, 1997 年以降新しい粗さのフィルタとしてガウシアン位相補償型フィルタを採用している. この新しい粗さフィルタ特性を**図 15**に示す.

このフィルタの特徴は, 以前の電気的なフィルタと違い数学的なアルゴリズムによりフィルタが適用されるために, 電気的なノイズの影響を受けない. また, 粗さ成分とうねり成分を同一基準長さのフィルタで処理した場合, うねり曲線と粗さ曲線を足し合わせると, 元の断面曲線になるという特徴を持つ. この新しいフィルタを使用する事により, 図 14 に見られるような誤差は解消される.

上述した表面粗さ曲線は, 基準長さ λc に対して得られた表面粗さ曲線であるが, 最近のデジタル式測定機の開発に併せて, 短いほうの波長をどこまで解析するかという λs（ラムダ S）というフィルタが, 断面曲線と粗さ曲線を求める場合に適用される. これは, デジタル式測定機の場合, 測定点数をいくらでも増やすことが出来, この事により測定値が, 使用する測定機により違ってきてしまう. 使用する触針の曲率半径の違いによっても測定結果が違ってきてしまう. これらの事をなくすために, 規格により測定結果の統一性を確立しなければならない. このため, λs という短いほうの粗さ成分の波長を, どこまで解析に含むかを定めたものである. λc と λs の関係を, 表面粗さ解析に使用される通過帯域で**図 16**に示す.

図 16 から, 現在の表面粗さ測定機では, 初期設定値として λs を $2.5\,\mu m$ としている. この場合, 触針先端半径値は R2.0 μm の触針を使用しなくてはならない.

また, 図中の影になっている部分は, 触針先端半径の物理的要因の影響を受ける範囲であり, 解析に含めるには不確かな波長限界になる.

特に, 精密研削やラッピング, ポリッシング面を測定する場合は, この λs の選択方法で測定結果に大きな差が生じる.

4.2 表面粗さの評価方法

上述で得られた表面粗さ曲線から, 評価するためのパラメータの解析を行う. 得られたパラメータ値から粗さの評価を行うのだが, このパラメータの種類は多種多様である. 実際の評価には, この中の数種類のパラメータしか使用されていないのが現状である. これは, 評価するためのパラメータの使用方法が広く知られていないのが原因と思われる. 次に代表的な粗さのパラメータを述べる.

表面粗さのパラメータは, R で始まるパラメータで表示される. これらのパラメータは, 大きく分けて 3 つの種類に大別できる.

1. 高さ方向のパラメータ

Ra（算術平均高さ）, Rq（二乗平均平方根高さ）, Rz（最大高さ）, Rz1max（最大高さ）, Rsk（スキューネス）, Rku（クルトシス）

2. 横方向のパラメータ

RSm（輪郭曲線要素の平均長さ）

3. 複合パラメータ

RΔq（二乗平均平方根傾斜）Rmr（負荷長さ率）

以上の他にも多くのパラメータがあるがここでは割愛する.

各パラメータの定義については規格書（JIS B 0601）を参照されたい.

Ra, Rq パラメータ

面の状態を平均化し評価することが出来る. このため, 表面の状態を特異点などの影響を受けずに評価するので多く測定する部品の評価や褶動面の評価にも使用される.

Rz, Rz1max パラメータ

Rz パラメータは 5 基準長さ分だけ測定しその P-V 値を平均した値である. Rz1max は, この中で一番大きな値を表す.

これらのパラメータは, 使用する表面に大きな負荷が掛

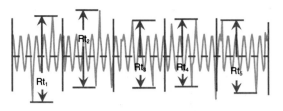

図 17 Rz パラメータ

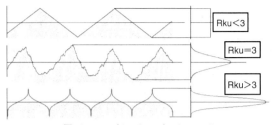

図 19 Rku（クルトシス）パラメータ

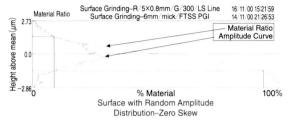

図 18 Rsk（スキューネス）パラメータ

かる場合には重要なパラメータになる．この値が大きい（例：深さが深い場所）と，そこから破壊が起きてくる場合がある．

Rsk（スキューネス）パラメータ

このパラメータは，平均線に対し表面の凹凸の偏り具合を表している．図 18 の場合，振幅分布曲線が中央付近（平均線位置）に対し均等であり，Rsk＝0 となる．この表面の凹凸が中心線に対し上側に偏る場合は Rsk の値はマイナスの値となり逆の場合はプラスの値で表される．

Rku（クルトシス）パラメータ

このパラメータは面の凹凸のシャープさ（振幅分布曲線の鋭さ）を表し，面が平均したシャープさを持つ場合 Rku＝3 となりポリッシングのような面の鋭さがない場合は Rku＜3 となり鋭い凹凸の場合 Rku＞3 となる．しかしながら特異点があるような表面では Rku＞3 と表されるので Rsk と組み合わせた使用方法が考えられる．

5. お わ り に

紙面の都合上全てを述べることは出来ないが，表面粗さとは何かという参考になれば幸いである．

はじめての精密工学

金属疲労はどのようにして起こるのか

How Dose Fatigue Fracture Occur in Metals?/Kenji KANAZAWA

中央大学　金澤健二

1. はじめに

金属疲労については多くの読者の方も身近に経験されていることと思う．針金を繰返して曲げると切れた，乱暴に扱ったため家電製品のプラグの所でコードが断線した，などなど．缶コーヒーや缶ビールのプルタブを開缶後繰返して曲げてみると2，3回で取れてしまう．1回だけ与えても破壊しないような力でも，何回も繰返して与えると破壊する．このような現象を疲労破壊と呼んでいる．

働き過ぎて疲れたとか運動しすぎて疲れたとか，本来「疲労」，「疲れ」という言葉は，生理的要因はいろいろあるにしても，生身の人間あるいは動物が感じる感覚を表現したものと，著者自身以前は思っていた．それを無機物の「金属」と組合せた，「金属疲労」という用語に多少の戸惑いを感じたことを覚えている．しかし，繰返し与えられる力による金属の破壊は，生身の人間が働き過ぎて疲労がたまり不幸にも死に至るような，正に疲労現象なのである．

金属疲労という現象が工学的に認識され，研究の対象にされ始めたのは産業革命以降で，150年以上も前にさかのぼる．鉄道の発達に伴い，鉄道車両の車軸の折損事故が続いたことが大きな契機になったといわれている．その後，疲労強度データの蓄積や，疲労破壊機構の解明，疲労強度・疲労寿命の評価・予測手法の開発などが精力的に行われてきた．しかし国内においては，1980年代のジャンボジェット機の墜落といった悲惨な事故があり，1990年代には高速増殖炉「もんじゅ」のナトリウム漏洩事故やH-Ⅱロケットの打上げ失敗など，最先端の科学技術の分野で金属疲労が絡む大きな事故がおきている．また，機械や構造物に破損や破壊のトラブルがあると，今なお，その原因の半数近くは金属疲労が何らかの形で係わっているといわれている．

生身の人間においては医療技術が進んだからといって，不老不死を期待することはできないが，不老長寿の生涯を送ることは可能である．金属疲労においても研究が進んだからといって，疲労破壊を起こさない材料を期待することはできないが，疲労破壊を起こさせないようにすることは可能である．

それには，機械や構造物を構成する繰返し荷重を受ける部品や部材においては，疲労破壊の起こる可能性のあることを先ず認識し，これまでに蓄積された知見や手法を駆使して，疲労破壊に対する対策を図ることが肝要である．その手がかりとして本稿では，金属疲労はどのようにして起こるのかについて考えてみる．

2. 疲労破壊過程

金属材料の疲労に関連する基本的な特性として，**図1**に示すS-N曲線がある．繰返し与えられる荷重に対応する応力振幅と破断までの繰返し数（疲労寿命ともいう）の関係を示した図である．

先に述べたプルタブを繰返し曲げたときのように，塑性ひずみを伴うような大きな応力振幅が与えられると疲労寿命は極めて短くなるが，応力振幅が小さくなると疲労寿命は数百万回，数千万回にもおよぶことがある．

多くの鉄鋼材料においては，ある応力振幅以下では疲労破壊が起こらない限界の応力振幅，すなわち疲労限度の存在が確認されている．しかし，アルミニウム合金など非鉄金属材料のS-N曲線には，1千万回，1億回といった繰返し応力でも疲労限度は認められないことが多い．表面強化処理材のS-N曲線については後で述べる．一般に疲労強度といった場合，疲労限度を意味することもあるが，疲労寿命1千万回に対応する応力振幅をさすことが多い．

疲労寿命の定義としては多くの場合，試験片が完全に2つに分離するまでの繰返し数としている．ここで，試験片が完全に破壊する場合，繰返し応力を受ける材料が，何の変化も示さないうちに，その疲労寿命に達した時点で瞬時に破壊するのかというと，そうではない．繰返し応力のも

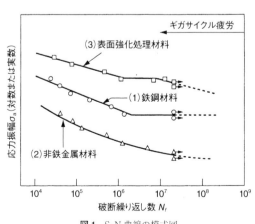

図1 S-N曲線の模式図

14

とで，材料の組織には電子顕微鏡でなければ観察することのできない微視的な変化が生じ，結晶粒レベルの小さなき裂が発生し，それが進展・合体して破壊に導く主き裂が形成される．そして主き裂の安定した進展期間を経て，主き裂の不安定進展により最終破壊にいたる．このような過程を経るのが一般的である．

3. 疲労き裂の発生

降伏強度以下の応力のもとで材料が完全な弾性的特性を持つのであれば，たとえそのような応力が繰返し与えられても，材料は可逆的な挙動を示し，疲労破壊が起こるようなことはないであろう．しかし現実には，疲労破壊が起こることがある．それは，降伏強度以下の応力の繰返しに対しても，材料は可逆的な挙動を示すのではなく，非可逆的な挙動を示すことがあるからである．

機械や構造物に使用される金属材料の多くは多結晶構造をなしている．このような材料の変形は，結晶粒におけるすべり変形によってもたらされる．結晶粒におけるすべり変形は，すべり系といって結晶構造上の限られた面と方向にそって起こることが可能である．実際にすべり変形が起こるには，そのような面と方向に作用するせん断応力がある限界の値を超えることが必要となる．このような限界の値はいわゆる引張試験における降伏強度に対応するせん断応力よりも低い値である．

多結晶材料におけるそれぞれの結晶粒の方位と荷重軸の関係はランダムである．一方，せん断応力が大きく作用する面と方向は，部材あるいは試験片の軸と荷重のかかり方によって決まる．このようなせん断応力が大きく作用する面と方向が，ちょうどすべり変形を起こしやすい結晶の面と方向に一致するような結晶粒において，すべり変形が起こることになる．しかし，このような結晶粒においても，それが自由表面に存在するか，表面には現れず内部に存在するかによって，すべり変形の挙動が違ってくる．自由表面に存在する結晶粒においては，すべり変形をもたらす転位が自由表面から消滅し，図2 (a) に示すような新生面を伴う階段状のすべり帯を形成する．一方向の応力により

形成されるこのようなすべり帯は，表面を軽く研磨することによって消滅してしまうものである．

また，繰返し応力のもとでのすべり変形は局部的に非可逆的に起こるために，図2 (b) に示すように，表面に入り込みとか突き出しと呼ばれる凹凸が形成される．このようにすべりが集中した領域は，表面を十分に電解研磨しても取除くことはできないので，固執すべり帯と呼ばれている．突き出しあるいは入り込みによる凹凸が応力集中をもたらすほど十分に発達すると，その部分からすべり面に沿った疲労き裂が発生する．

一方，内部に存在する結晶粒においては，たとえその結晶粒のすべり系に十分なせん断応力が作用しても，すべり変形は隣接する結晶粒に拘束されて，転位は結晶粒界に堆積し，新生面が形成されることはない．したがって，固執滑り帯は形成されず，疲労き裂は発生しにくくなる．

このようなことで，疲労き裂は一般には部材の表面から発生することになる．

4. 疲労強度の支配因子

疲労破壊に配慮した機器の設計に際して先ず必要となるのは，使用する材料の疲労強度を知ることである．材料が異なることによって疲労強度は異なるが，疲労き裂の発生がすべり変形によることから，疲労強度は材料の降伏強度に支配されるのではないかと考えるのは自然である．事実，降伏強度の高い材料ほど疲労強度は高くなる傾向が認められている．しかし疲労強度に対しては，降伏強度よりも引張強度の方が良い相関が得られている．これは引張強度が，降伏強度に示される巨視的な塑性変形を開始する応力に加え，加工硬化による変形に対する抵抗能力をも含めた特性になっているからである．変形に対する抵抗という意味では，図3 に示すように，硬さの方が疲労強度に対してさらに良い相関がある．

図3 に示す疲労強度は，機械構造用鋼の平滑試験片に対する疲労試験によって得られた結果である．両者の関係は近似的に

$$\sigma_{wb} = 1.6\,HV \qquad (1)$$

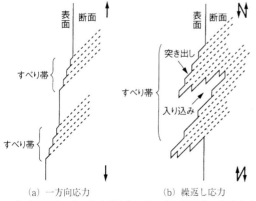

図2 表面におけるすべり変形を起こしやすい結晶粒におけるすべり帯の形成

（a）一方向応力　　　（b）繰返し応力

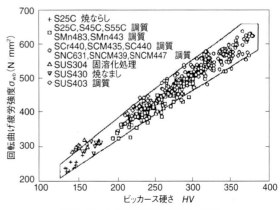

図3 種々の鋼の疲労強度と硬さの関係

で表すことができる．ここで σ_{wb} は回転曲げという電車の車軸が受けるのと同じ応力形式のもとでの疲労強度（MPa），HV はビッカース硬さである．

　機械や構造物の部品・部材には，段がついていたり，ボルト穴があいていたりで，応力が集中する個所，すなわち切欠きが多く存在し，切欠き底の応力は公称応力に対し応力集中係数 α を乗じた高い値になる．

　$\alpha > 1$ の切欠き試験片に対する疲労強度は，α の値を明示した上で公称応力によって評価するのが一般的である．平滑試験片の疲労強度を切欠き試験片の疲労強度で除した値を切欠き係数 β と呼んでいる．β が α と同じであれば，α を考慮した切欠き底の応力そのものが疲労強度を支配していることを示している．一般に α が小さい範囲では α と β は等しい値をとる．しかし，α が大きくなると β は α よりも小さな値となり，切欠き底の応力そのものが疲労強度を支配するというものではなくなってくる．硬さの高い材料ほど，β と α が等しい範囲が広くなる傾向を示す．これは，硬さの高い材料の疲労強度は切欠きに対して敏感になるからである．

　さて図3において，硬さが高くなるほど疲労強度は高くなることが示されているが，それでは硬さを高くすればそれだけ疲労強度は向上するのであろうか．実は式(1)の関係は，HV がおよそ400以下の範囲でいえることであって，HV が400以上の鋼では式(1)で予測される疲労強度は得られない．これは硬さの高い材料ほど，表面のわずかな傷や，非金属介在物などの欠陥に対して敏感で，疲労き裂の発生の起点になりやすくなるためである．

　一方，硬さのさほど高くない鋼では疲労き裂は表面の結晶粒から発生することから，表面層のみを強化する処理を施せば疲労強度の向上が期待される．事実，浸炭，窒化など表面層のみの組成を変えることによって硬さを高める処理や，ショットピーニング，バニッシングなど表面層のみを加工することによって表面層を硬くする処理を施すと，疲労強度は向上する．したがってこのような処理は，多くの機械部品や機械要素に対して施されている．

　これらの処理はいずれも，表面層の硬さを向上させるだけでなく，表面層に圧縮の残留応力を形成させることも，疲労強度の向上に貢献している．圧縮の残留応力の効果としては，疲労強度に対する圧縮の平均応力の効果として意味を持つとともに，後述するき裂の進展速度に対しても，それを遅らせる効果を持っている．

　表面処理を施すことによって材料の疲労強度は向上するからといって，むやみに表面層を硬くするとその効果は薄れてしまう．それは先に述べたように硬い材料の疲労強度は欠陥などに対して敏感になるからである．

　また，このような処理を施した材料のS-N曲線は，**図1**に表面強化処理材として示したように，一見明瞭な疲労限度が認められるような形をとるが，数千万回，数億回と疲労試験を継続して行うと，疲労破壊を起こすことがある．S-N曲線としてはステップを有するような形になる．

このような長寿命領域で破壊した試験片の破面には**図4**に示すような，フィッシュアイと呼ばれる特徴ある痕跡が形成される．これは表面からのき裂発生が抑えられ，疲労強度は向上したものの，内部に存在する非金属介在物などの欠陥を起点として疲労き裂が発生し，同心円的に進展して表面に達して破壊にいたった状況を示している．

　このように一見疲労限度が認められるような材料でも，長寿命領域で疲労破壊が起こりステップを有するS-N曲線になることがある．さて，表面からき裂が発生する炭素鋼の平滑試験片などにおいて認められる疲労限度とはどのような意味を持つのであろうか．明瞭な疲労限度が認められる試験片においては，疲労限度以下の応力でもすべり帯が発生し，疲労限度以上の応力のもとで発生するき裂と同じ機構で微視的なき裂が発生することもある．したがってこのような場合の疲労限度は，き裂が発生しない最大応力を示すものではなく，発生した微視的なき裂が進展するかどうかの限界の応力を意味することになる．

　それでは，フィッシュアイを伴う疲労破壊に対しては，疲労限度のようなものが存在するのであろうか．このような破壊は特に疲労寿命の長い領域で起こる現象であるため，長時間にわたる疲労試験を実施しなければならない．耐用年数の長い機械や構造物に対して留意しなければならない問題だけに，近年特に，ギガ（10^9）サイクル領域の疲労現象ということで注目されている．

5. 疲労き裂の進展とき裂進展予測

　すべり面に沿って発生したき裂は，同じ結晶の中ではさらにすべり面に沿って進展するが，1結晶粒程度進展すると，複数のすべり系でのすべりが活動するようになり，き裂が進展する面は，せん断応力が最大となる面から引張応力が最大となる面に変わる．このような進展過程の破面には，材料によってはストライエーションと呼ばれる応力の繰返しに対応した縞模様が形成されることがある．これは正に疲労破壊の特長であって，疲労が原因となる場合の破

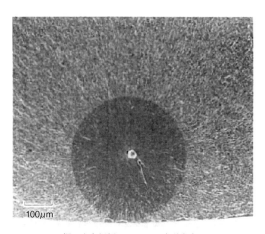

SKD61鋼．応力振幅820MPa，疲労寿命 4.5×10^7
図4 フィッシュアイを伴う回転曲げ疲労破面

壊事故に対して，有力な情報を与えるものとなる．

このような段階でのき裂進展は，繰返し応力に伴うき裂先端の塑性変形による，き裂面が開いたり閉じたりの挙動に支配されるので，材料の結晶や組織的な因子ではなく力学的因子に支配されるようになる．

き裂挙動を支配する因子としては，き裂先端における応力分布を規定する応力拡大係数 K という力学量になる．疲労き裂の進展に適用するには，応力が変動することからそれに伴う応力拡大係数の変動幅

$$\Delta K = F\Delta\sigma\sqrt{\pi a} \tag{2}$$

で評価される．ここで，$\Delta\sigma$ は応力幅，F は部材や試験片の形状，き裂の形状，負荷方法などに依存する補正係数で，a はき裂長さに関連する量である．板の場合，中央にき裂がある場合は $2a$，片側にき裂がある場合は a がき裂長さになる．

き裂の先端の塑性域寸法がき裂長さ等に比べ十分小さい場合，すなわち小規模降伏条件を満足する条件のものでは，1 サイクル当たりのき裂の進展量，いわゆるき裂進展速度 da/dn は ΔK に支配され，その関係を模式的に表すと**図 5** のようになる．全体として A，B，C の 3 領域に特徴付けられる．

中間の B 領域ではき裂は安定した進展挙動を示し，両者の関係は Paris 則と呼ばれる

$$da/dn = C(\Delta K)^m \tag{3}$$

で表すことができる．ここで C と m は材料定数である．

C 領域では，ΔK の増加に伴い da/dn は急速に増大し，不安定破壊を起こすことになる．一方，A 領域では，ΔK の減少とともに da/dn は急激に低下し，き裂が進展しなくなる ΔK_{th} にいたる．この値は小規模降伏条件を満足する大きなき裂に対する下限界応力拡大係数範囲と呼ばれている．

なお，すべり帯に沿ったき裂の発生から，Paris 則にしたがうき裂進展過程にいたるまでのき裂進展については，き裂先端の塑性域寸法はき裂の長さに比べて小さいとみなすことができなくなり，小規模降伏条件を逸脱するので，ΔK では評価できなくなる．

式 (3) の Paris 則は，き裂の進展を予測することのできる重要な関係で，き裂の存在を許容することのできる設計を可能とするものである．すなわち，あるき裂長さからある長さまで，き裂が進展するのに要する応力繰返し数を予測することができる．したがって，定期検査時にき裂長さをチェックする体制を整えることにより，疲労破壊を未然に防ぐことが可能となる．

6. お わ り に

繰返し荷重を受ける部品や部材においては，疲労破壊の起こる可能性のあることを身近なものとして知っていただくために，金属疲労はどのようにして起こるのかについて述べてきた．

疲労破壊に係わる研究は，新しい技術を取入れて作られた機器において，それまで知られていなかった疲労現象による破壊事故を通して進んできたことは事実である．これからも，金属疲労に係わる未知の現象が現れるかもしれない．しかし，先端技術を駆使して作られた機器においても，一つの部品に対して疲労破壊についての配慮を欠いたために起こった致命的なトラブルは，残念ながらしばしば生じている．

自分の体の健康は自分で気を付けなければならないのと同じように，技術者が係わる物造りに際しては，疲労破壊に対する配慮を欠かさないでいただきたい．本稿がそのための一助となれば幸いである．

疲労に関する書籍は数多く出版されている．引用した図の出典を以下に示す．

参 考 文 献

1) 図 1，図 2，図 5：日本材料科学会編：寿命・余寿命予測と材料，裳華房，(2006).
2) 図 3：金属材料技術研究所：金材技研疲労データシート資料 No. 5. JIS 機械構造用鋼の基準的疲労特性，金属材料技術研究所，(1989).
3) 図 4：金属材料技術研究所：NRIM Fatigue Data Sheet, No. 69, 金属材料技術研究所，(1992).

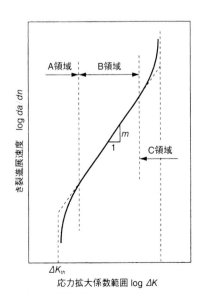

図 5 疲労き裂進展速度と応力拡大係数との関係

はじめての 精密工学

歯車運動伝達―伝達誤差とその低減―

Motion Transmission by Gears
―Transmission Error and Its Reduction―/Masaharu KOMORI

京都大学大学院工学研究科機械理工学専攻　**小森雅晴**

1. は じ め に

　歯車は動力伝達用として自動車や風力発電装置などに,運動伝達用として位置決め装置やロボットなどに用いられており, 精密工学と関連の深い機械要素である. 技術者だけでなく一般の方にもなじみのある機械要素であるため,「簡単な技術」と誤解されがちであるが, いざ仕事で歯車に関わるとその難しさと奥深さを知るとともに, その知識・技術を身につけることに苦労する場合も多い. ここでは, そのような研究者・技術者に役立つような, 歯車に関する教科書レベルのやや上ではあるが知っておくべき基本的な事項の解説を行う. 歯車に関する基礎知識といっても, 幾何学・設計・材料・切削・研削・熱処理・計測・潤滑・性能など多岐に及ぶため, すべてについて本解説で取り上げることは到底できない. そのためここでは, 歯車の性能面に着目し, 特に精密工学と関わりの深い運動伝達性能（振動性能）とその品質保証を行う計測技術を取り上げる.

2. 伝達誤差とその原因

2.1 伝達誤差

　ここでは主にインボリュート平歯車, はすば歯車を対象とする. インボリュート曲線は円に巻きつけた糸をほどいた時の糸の先端の軌跡で表される, という説明が最も直感的に理解しやすい（**図1**）. インボリュート曲線はその基礎となる基礎円の接線と必ず直交するという特性を有する.

　ここで, 理想的な条件下でのインボリュート形状同士のかみあいを考えると, ①基礎円を結ぶ共通接線上でのみ接触し（共通接線を作用線と呼ぶ）（**図2左図**）, ②駆動歯車の回転角度に対する被動歯車の回転角度の比は一定とな

る（図2右図の直線）, という特性を有する. しかしながら, 実際には, 図2右図の曲線に示すように, 駆動歯車の回転角度に対する被動歯車の回転角度の比は変動する. このように理想的な歯車運動伝達状態からの偏差を伝達誤差と呼ぶ. 伝達誤差が大きくなると正確な位置決めが困難となったり, 高速回転時には振動騒音が問題となったりするため, 伝達誤差は歯車の基本的な運動伝達性能を評価する重要な指標となっている.

2.2 伝達誤差の原因

　歯車の伝達誤差の基本的な原因の一つは歯面形状誤差である. **図3**のように実際の歯車歯面形状には理想的なインボリュート形状からの偏差が存在する. 図では理解しやすいように強調して表現しているが, 実際に数 μm 程度である. かみあいが進み, この歯面上の凹部が接触すると駆動歯車に対する被動歯車の回転角度が相対的に減少し, 逆に凸部が接触すると駆動歯車に対する被動歯車の回転角度が増加する. このため, 伝達誤差が生じることとなる. 歯

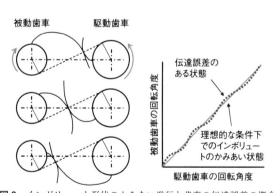

図2　インボリュート形状のかみあい進行と歯車の伝達誤差の概念図

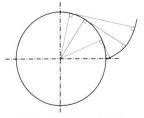

図1　インボリュート曲線

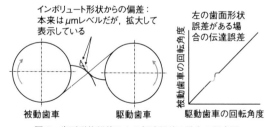

図3　歯面形状誤差による伝達誤差の発生の概念図

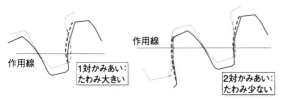

作用線 　　1対かみあい：たわみ大きい
作用線 　　2対かみあい：たわみ少ない

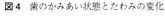

（a）1対かみあい状態　　（b）2対かみあい状態
図4　歯のかみあい状態とたわみの変化

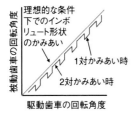

図5　かみあい歯対の数と伝達誤差の概念図

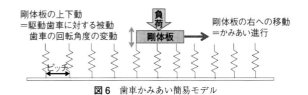

図6　歯車かみあい簡易モデル

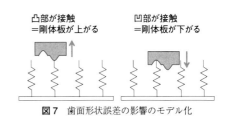

図7　歯面形状誤差の影響のモデル化

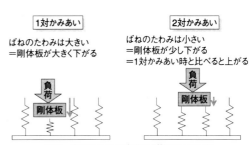

図8　歯のたわみの変化の影響のモデル化

面上の凹凸のような形状誤差だけでなく，歯車に回転軸に対して偏心や傾きなどがある場合も同様に伝達誤差が発生する．

歯のたわみの変化も，歯車の伝達誤差の基本的な原因の一つである．歯車の歯は剛体ではなく弾性体であるため負荷がかかると弾性変形する．これはプラスチックの場合も，金属の場合も生じる．**図4**（a）に負荷により弾性変形を生じた状態を模式的に示す．実線は負荷がかかって歯がたわんだ状態を，破線は弾性変形前の歯の状態を示す．負荷がかかって歯がたわんだ状態を基準として変形前の状態を破線で表示しているため，変形前の歯（破線部）は重なる部分が生じている．

歯車はかみあい進行とともにかみあう歯対の数が変わる．例えばかみあい率が1と2の間であれば，①1つの歯対がかみあう場合（図4（a）），と，②2つの歯対がかみあう場合（図4（b）），が交互に繰り返される．通常，伝達するトルクは一定であるため，1対かみあい時も2対かみあい時も同じ大きさのトルクを伝達する．この結果，1対かみあいの場合は1つの歯対だけでその負荷を支えるので，たわみ量は大きくなる．一方，2対かみあい時には2つの歯対で負荷を支えるので，たわみ量は小さくなる．

歯のたわみ量が大きくなると，駆動歯車に対する被動歯車の回転角度が減少する．すなわち，2対かみあい状態から1対かみあい状態に変化する際には，駆動歯車に対する被動歯車の回転角度は減少し，逆に1対かみあいから2対かみあいに変化する際には相対的には増加する．この結果，伝達誤差は単純化すると**図5**のように変化することとなる．

3．歯車かみあい簡易モデル

ここで理解を容易にするため，歯車のかみあいを簡単なモデルで表現する（**図6**）．1つの歯対を1つのばねで表現する．ばねは等間隔で並んでおり，その間隔は歯のピッ

チに相当する．その上に剛体板があり，それには下方向に負荷がかかっている．この負荷は伝達トルクに相当する．剛体板は負荷を受けながら右へ進んでいく．この右への移動はかみあいの進行を意味する．この場合，剛体板は右へ進むにしたがい上下動する．この上下動が駆動歯車に対する被動歯車の回転角度の変動を意味する．

歯面形状誤差は，剛体板底面に歯面形状誤差に相当する凹凸を与えることでモデル化できる（**図7**）．剛体板が右へ進んでいくと，凹凸とばね先端位置との関係から剛体板が上下動し，伝達誤差が生じる．

歯のたわみの変化の影響は，**図8**のようにモデルに取り込まれている．歯の1対かみあい状態は，剛体板を支えるばねが1つとなる状態に相当しており，ばねは大きくたわむ．歯の2対かみあい状態は，剛体板を支えるばねが2つとなる状態に相当しており，たわみ量は相対的に小さくなる．すなわち，剛体板が右に進んでいくと，1対かみあい状態と2対かみあい状態が交互に現れるため，剛体板は上下動し，伝達誤差が生じる．

では，歯面形状誤差と歯のたわみの変化のどちらが伝達誤差に大きく影響するのであろうか．これは，無負荷・低負荷運転時と負荷運転時で異なる．すなわち，（a）無負荷・低負荷運転時には，歯のたわみが小さいため，歯面形状誤差が伝達誤差の主な原因となる．一方，(b)負荷運転時には，歯面形状誤差だけでなく，歯のたわみも発生するため，いずれも伝達誤差の原因となる．以後は，機械の一般的な使用条件である負荷運転時を対象として説明を行う．

このばね（歯対）の接触が終わりそうになると　　　ちょうど次のばね（歯対）が接触を始める

図9　かみあい率2の状態の模式図

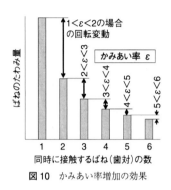

図10　かみあい率増加の効果

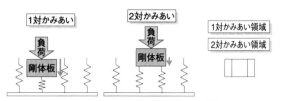

図11　剛体板の1対・2対かみあい領域

図12　歯面修整のモデル

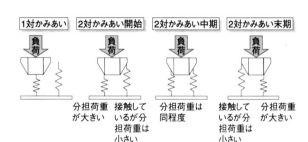

図13　歯面修整を与えた場合のかみあい状態

4.　伝達誤差の低減法

歯車の伝達誤差の低減は，その原因である歯面形状誤差，歯のたわみの変化に対する対策を立てることにより実現することができる．

4.1　歯のたわみの変化を抑える方法

まず，かみあい率を整数にする方法が考えられる．かみあう歯対の数が変わるから伝達誤差が発生するのであり，かみあう歯対の数を変えないようにすれば伝達誤差を低減することができる．例えば，かみあい率を2にすれば，常にかみあう歯対の数は2となるため（**図9**），歯のたわみ量は変化せず，伝達誤差は生じない．本方法を採用する場合，実際には各種の製造誤差があるため，かみあい率2となるように設計をしてもそれを実現できない場合があることに注意する必要がある．歯車の高精度製作・管理技術が同時に求められる方法といえる．また，例えば，歯丈を高くしてかみあい率を大きくすると歯先頂部の幅が減少し，強度面での問題が生じたり，あるいは，歯面摩擦温度上昇などの条件面で悪化したりする場合もあるため，かみあい率2を成立させることが難しい場合も多い．

次に，かみあい率を大きくする方法が考えられる．**図10**に模式的に示すように，かみあう歯対の数が多いと，かみあい歯対数の変化に対するたわみの変化量も少なくなる．すなわち，かみあい率を高くすることで，たわみ量の変化幅を低減することができる．この方法は，平歯車では高いかみあい率を実現しにくいため採用は難しいが，はすば歯車では実現できる可能性がある．

4.2　歯面形状に関する伝達誤差低減法（歯面修整）

歯面形状を利用して伝達誤差を低減する場合は，無負荷・低負荷時を対象とする場合とそうでない場合で異なる．無負荷・低負荷時を対象とする場合は完璧なインボリュート形状の製作を目指すこととなる．一方，負荷時を対象とする場合は，完璧なインボリュートを目指すのがよいのであろうか．前述のように歯面形状を完全なインボリュート形状にしたところで，歯のたわみによる伝達誤差があるため，それを消せない．そこで，逆に歯のたわみによる伝達誤差を打ち消すように歯面形状を変更するという発想をしてみる．すなわち，インボリュート形状とはやや異なる歯面形状を狙って製作する．これを一般的に歯面修整と呼ぶ．

かみあい率が1と2の間の場合を取り上げる．歯面修整の基本的考え方は，「1対かみあい時の歯のたわみ量と比べて，2対かみあい時のそれが少ない＝簡易モデルにおける剛体板の下がり量が相対的に少ない」ので，「2対かみあい時の剛体板の下がり量を増やして，1対かみあい時に合わせる」というものである．1つの歯のかみあいを考えると，通常，歯先近く，あるいは，歯元近くでかみあう時は2対かみあい状態となるが，歯丈中央近くでは1対かみあい状態となる．これをモデルに適用すると，剛体板の中央部がばねと接する場合は1対かみあいであるが，左右端近傍がばねと接触する場合は，2つのばねと接触するので2対かみあい状態となる（**図11**）．

剛体板底面の形状のうち，2対かみあい領域の形状を修整する．修整量は，**図12**に示すように，1対かみあい時の歯対のたわみ量と同等量を与える．この場合のかみあいの進行を**図13**に示す．2対かみあい時において，①新たにかみあい始めるばねは最初は荷重分担は小さいため，実質的にはもうひとつのばねだけが支える状態であり，1対かみあい状態と近い．すなわち，1対かみあい状態からの

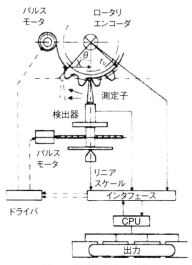

図14 歯形測定法の一例[1]

大きな変動はない．②その後，2つのばねは同程度の荷重分担となる．③さらに進むと，また，実質的に1つのばねで支えられるようになり，その後に1対かみあい状態に移行する．その結果，剛体板の上下の動きは無くなる．すなわち，伝達誤差を抑えることができる．

この歯面修整を実際の歯車歯面に適用する際には，歯先あるいは歯元を理想的なインボリュートと比べて凹形状となるようにすることとなる．

5. 歯車歯面形状計測

前述のように，伝達誤差性能の向上のためには歯面形状の品質管理が重要となる．これには歯車歯面形状測定機が用いられ，ここには精密工学技術が必須となっている．歯車歯面形状測定方式は測定機メーカによって種々異なるが，**図14**に一般的な測定機の概要を示す[1]．歯車の歯丈方向の測定である歯形測定においては，測定子を被測定歯車の基礎円と接する接線上に配置し，被測定歯車がその接線上を転がるように，歯車の回転と測定子の直線運動を同期させて制御することにより測定する．この場合，測定子は理想的なインボリュート面が存在する位置をたどるように移動するため，歯面に誤差がなければ検出器の出力は変化しないが，逆に歯面に誤差があるとそれが出力される．すなわち，インボリュート形状からの偏差分が出力されるようになっている．このような測定方式以外にも，例えば，三次元座標測定機において歯車測定機能を有するものもある．

いずれの測定機も現在ではCNC化されており，インターフェースも充実していることからユーザとして利用する場合には，特に苦労することは少なくなりつつあるが，サブマイクロレベルの測定を行っていることから，測定環境には注意が必要である．

6. ま　と　め

歯車はほとんどの機械に用いられているような基本的な機械要素であるが，高性能を実現しようとすると，多くの知識と技術が必要となる．インボリュート歯車が開発されてから久しいが，現在でも多くの新規開発がなされており，知っておくべき知識は増える一方である．ここでは，そのような最先端知識を学ぶ前に知っておくべき基礎知識について解説を行った．なんらかのお役に立てれば幸甚である．

参　考　文　献

1) 竹田龍平，小熊辰照：最近の歯車測定技術，精密工学会誌，**69**，3 (2003) 345.
2) 福間洋：歯車の振動，騒音に関する基礎的研究，京都大学博士論文，1972.

はじめての 精密工学

静圧軸受のおもしろさ

A Fascinating World of Hydrostatic and Aerostatic Bearings

鳥取大学 水本 洋

1. は じ め に

　私が静圧機素と出会ったのは大学の卒業研究のときであった．指導教官である井川先生（元精密工学会会長，大阪大学名誉教授）から与えられた研究テーマは「工作機械の位置決め精度の研究」で，実験装置の製作にあたり先生から機械テーブルのためのガイドには静圧案内面を設計するようにと指示された．静圧案内面とは，**図1**に示すようにテーブルまたは案内面に外部から加圧された流体を供給することでテーブルを浮上させる機構である．この静圧案内面の設計が今日までの静圧機素との長いつきあいの始まりであった．その後も位置決め研究に取り組むなかで後述する「静圧ねじ」や「能動静圧軸受」などの"からくり"を考案し，次第に静圧機素の魅力にとりつかれていった．

　静圧軸受や静圧案内面などの静圧機素は超精密工作機械・計測機器などにとって必須の理想的な軸受要素と考えられているが，その一方でポンプやコンプレッサが必要であり，設計も面倒などの実用上の制約も少なくない．しかし，静圧潤滑の原理を理解したうえで技術的課題を満たす構造を考案することには，あたかも"パズル"を解くような"おもしろさ"がある．静圧軸受や静圧案内面の基本的な設計手法に関しては優れた解説書[1][2]がすでに刊行されているので，本稿では静圧機素の動作原理を簡単に述べたのち，静圧ねじや能動軸受などの特殊な静圧機素の機構的なおもしろさと可能性についても触れたいと思う．

2. 静圧機素の動作原理について

　静圧機素では，図1に示すように潤滑流体（潤滑油あるいは空気など）をポンプなどで高圧に加圧し，作動流体として軸受面に供給することで，軸の運転速度に関わりなく

流体潤滑状態が実現できる．その結果，静圧機素では，（i）軸受面での摩擦係数が他の軸受形式に比べて極めて低く，スティックスリップ（テーブルの間欠運動）のない滑らかな運転が可能，（ii）摩耗を生じず，機械精度の永年維持が可能，（iii）軸受面の加工誤差が潤滑膜で平均化され，部品精度より一桁高い精度での運動が可能，などの特徴が生まれる．このような特徴により静圧機素は超精密工作機械・測定機器などに好んで採用される．形式的には直動テーブルを支える「静圧案内面」，回転軸を支える「静圧軸受」が代表的で，それぞれ負荷を一方向から支える「浮上型」と向き合った軸受面で支える「対向型」とがある．

　静圧機素が負荷を支え，負荷変動に耐える剛性を発揮するためには，図1に示すように作動流体を"絞り"で減圧して軸受面に供給する必要がある．このような形式が最も一般に使用される「定圧力作動方式」である[1]．定圧力作動方式の静圧機素の負荷能力，軸受剛性の発生機構を理解するには**図2**の電気回路に置き換えて考えると良い．図2では流体圧力が電圧に，流体流量が電流に，そして絞りや軸受面での抵抗が電気抵抗に対応している．

　まず，抵抗R_cの絞りを通過して軸受面に流入する流量Q_{in}は電気回路と同じように考えると次式で表される．

$$Q_{in}=\frac{P_s-P_o}{R_c} \tag{1}$$

　つぎに軸受面を通過して流出する流量Q_{out}は同様に考えて次式で表される．

$$Q_{out}=\frac{P_o}{R_o} \tag{2}$$

流体の圧縮性が無視できるのであれば，$Q_{in}=Q_{out}$となり，式（1），（2）より軸受圧力P_oは次式となる．

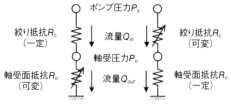

静圧案内面(浮上型)　　静圧軸受(対向型)
図1　静圧機素の基本的構成

通常の静圧軸受　　　能動型の静圧軸受
図2　静圧機素の動作の電気回路による説明

22

$$P_o = \frac{R_o}{R_o + R_c} \cdot P_s = m \cdot P_s \qquad (3)$$

ここで，$m = P_o/P_s$ は "圧力比" と呼ばれ，静圧機素設計の重要なパラメータとなる．

軸受面での流体の流れは狭い平行すきまの粘性層流であると見なせるので，軸受面抵抗 R_o は次のように書ける．

$$R_o = \frac{C_b}{h^3} \qquad (4)$$

ここで h は軸受すきま，C_b は流体の粘度および軸受面形状で決まる定数である．式（4）を式（3）に代入して整理し，軸受面圧力 P_o に有効軸受面積 S_e をかけることで負荷容量 W は次式となる．

$$W = P_o \cdot S_e = \frac{C}{C + h^3} \cdot P_s \cdot S_e \qquad (5)$$

ここで $C = C_b/R_c$ である．

式（5）より，負荷容量を大きくするには供給圧力，有効軸受面積を増加させればよいことがわかる．潤滑油が作動流体の場合には供給圧力を 10 MPa 程度にできるが，空気の場合には圧縮性による危険があり，供給圧力は高々 1 MPa 程度である．有効軸受面積を増加させるには図1に示すように軸受面にポケットと呼ばれる "くぼみ部" を設けることが有効であるが，空気の場合にはやはり圧縮性に起因する不安定振動（ニューマチックハンマと呼ばれる）を生じやすいため通常はポケットを設けない．つまり，空気が作動流体の場合には設計上の制約が多く，負荷容量を大きくできない．負荷が増加すると，図2左の「通常の静圧軸受」では軸受すきま h が減少し，軸受面抵抗 R_o が増加して流量が減少することで，軸受面圧力 P_o が増加して負荷増分を支える．このときの軸受剛性は式（5）をすきま h に微分すれば得られる．剛性の理論解析結果を簡単に述べると，軸の偏心量が少ない場合，浮上型では圧力比 $m = 0.67$ で，そして対向型では $m = 0.5$ の時に最大剛性が得られる．

実際に静圧機素を設計する際には設計の自由度の大きいことに戸惑うことがある．つまり，使用環境や設置スペースにより作動流体，供給圧力，軸受外径などが規定されていても，負荷容量，軸受剛性は設計によりある程度自由に選ぶことができる．例えば，負荷容量 W を左右する有効軸受面積 S_e はポケットの設け方により大きく変化する．軸受剛性を向上させるには軸受すきま h を減じればよいが，軸受面の加工精度，形状精度により限度がある．

軸受寸法が決まると次は圧力比 m を決定する．上述のように，軸受剛性を発生させるには作動流体を適切に減圧して軸受面に供給する必要があり，そのための絞りの選択が鍵となる．絞りとしては，細い長いチューブに流体を通す毛細管絞り，狭い開口部に流体を通すオリフィス絞りが代表的である．運転時に最適の圧力比を維持するためには作動流体の状態を良好に保つこと（供給圧の安定化，異物のフィルタリング，空気であれば除湿・乾燥）が必要で，流体の状態が悪いと絞りの詰まりや軸受面での結露などの

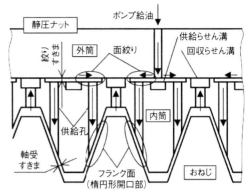

図3 ナットを二重構造とした静圧ねじ

トラブルが生じ，静圧機素の正常な運転が行えなくなる．

以上に述べた設計・製作上の留意点（作動流体，軸受面形状，軸受すきま，そして絞りの選定など）を考慮し，使用目的に適合した静圧機素を開発することは困難ではあるが，最初にも述べたように難解な "パズル" を解く醍醐味もある．そこで次章からは静圧機素への理解を深めていただくために，特殊な形式の静圧機素の開発に関して筆者の経験した設計パズルへの取り組みを紹介する．

3. 静圧ねじについて

工作機械の性能を左右する位置決めシステムでは送りねじが多用されている．送りねじの性能向上にはおねじとめねじのねじ山が接するねじフランク面での摩擦低減が課題となる．そこで，ねじフランク面に流体膜を形成して流体潤滑を実現させる「静圧ねじ」が考案された．この静圧ねじの設計における技術的課題とは，（ⅰ）おねじ，めねじを幾何学的に正確に製作すること，（ⅱ）めねじのフランク面に複数のポケットを設けること，そして（ⅲ）それぞれのポケットに流体絞りを付随させることである．フランク面にポケットを設けるという課題に対しては，2番取り旋盤による加工やポケットを含めてフランク面を樹脂成形する手法が試されたが，生産性や精度の面で問題があった．絞りに関しては毛細管やオリフィスをそれぞれのポケットに1個ずつ接続していたが，ねじ条数が増えると大変な手間であり，ナット外径も増大する．

そこで筆者はこれら技術的課題解決のために**図3**に示すナット構造を提案した[3]．静圧ナットはめねじをもった内筒とこの内筒を納める外筒の二重構造で，これら内外筒の勘合面にねじのリードに対応した供給らせん溝が設けられている．内筒の外周からめねじの各フランク面に向けて多数（1リードあたり16カ所）の供給孔が設けられ，先の供給溝との間はわずかに削られた段差部となっている．この内筒を外筒に納め，供給溝に外部から作動流体を供給すると，作動流体はこの段差部で適当に絞られて各フランク面に流れることになり，多数の絞りを一挙に形成できる．このような狭いすきまを利用した絞りは "面絞り"

と呼ばれる．絞り部での流体の流れは軸受面と同じく狭い
すきまの粘性流れであり，絞りすきまと軸受すきまを同程
度とすることで圧力比 $m = 0.5$ の剛性最大条件も満たせ
る．台形ねじではフランク面が傾いているために供給孔の
フランク面開口部は楕円形となってポケットとしての役割
を果たし，有効軸受面積増加に寄与する．このような構造
の開発により静圧ねじの製作精度，生産性が向上した．静
圧ねじを用いた位置決めシステムの位置決め分解能は極め
て高く，0.1 nm ステップでの位置決めが可能である[4]．そ
の後，一部改良されながらこの静圧ねじは非球面加工機や
液晶導光板加工機など，現在の先端技術を支える超精密工
作機械群に採用されている．

4. 静圧軸受の能動制御について

2章で述べたように，図2左の「通常の静圧軸受」では
軸受面の抵抗 R_b が変化することで軸受面圧力が変化して
負荷を支えている．しかしながらこのことは式（4）で明
らかなように軸受すきま h の変化を意味する．それに対
して図2右に示す「能動型の静圧軸受」では，軸受すきま
h を一定に保ったままで絞り抵抗 R_c を能動制御すること
で軸受面圧力を変化させて負荷を支えることができ，軸受
剛性の無限大化，回転精度の向上が計れる．以下では筆者
が考案した能動型の静圧軸受を紹介する．

4.1 静圧式自動調整絞り

絞りの一部を弾性要素で支持して軸受面圧力に応じて絞
りすきまを変化させることで絞り抵抗可変の能動絞りとで
きる．能動絞りを用いると軸受剛性を無限大にすることも
可能だが，そのための技術的課題は絞り可動要素の支持剛
性の最適化である．そこでバネ，ダイヤフラム，Oリン
グなどによる支持が提案されたが，支持剛性を最適値に調
整することは容易ではない[5,6]．そこで筆者はこの支持剛
性最適化という課題への解決策として，絞りの可動要素を
軸受内に組み込まれたもう一つの静圧軸受（調整軸受と呼
ぶ）で支持する「静圧式自動調整絞り」を提案した[7]．静
圧式自動調整絞りのラジアル軸受への適用例を**図4**に示
すが，軸受は内筒と外筒の二重構造となっている．この内
外筒の勘合面に可動要素となる絞りリングが挿入され，絞
りリングの内周面と内筒とのすきまがラジアル軸受（主軸
受）への"面絞り"となる．絞りリング外周はもう一つの
静圧軸受（調整軸受）で弾性支持されており，主軸受面の
圧力変化に応じて絞りリングが変位して面絞りの抵抗が制
御される．絞りリングの支持剛性を最適値に調整するに
は，副ポンプからこの調整軸受への流体供給圧を調節すれ
ばよい．

図4の軸受は潤滑油を作動流体とした設計であるが，油
による汚染の嫌われる環境では空気を作動流体としたい．
その場合，2章で述べたように圧縮性のために供給圧力を
高くできずに軸受剛性が不足する．そこで剛性向上を可能
にする能動絞りが検討されたが，ニューマチックハンマ回
避のために絞りと軸受面の距離を短縮するという技術的課

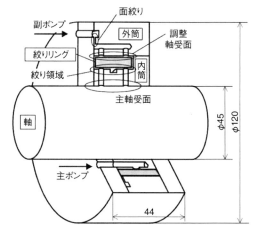

図4 静圧式自動調整絞りを組み込んだ能動静圧ラジアル軸受

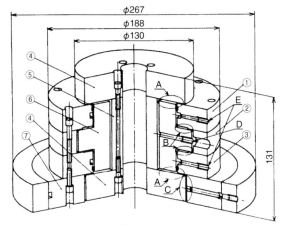

図5 静圧式自動調整絞り機構を組み込んだ空気静圧スラスト軸受
（①，②，③：外筒，④：スラストプレート，⑤：主軸，⑥：
絞りリング（可動要素），⑦：ベース，A：主軸受面，B：調
整軸受面，C：ラジアル軸受，D：主軸受給気口，E：調整軸
受給気口

題が生じた．筆者はこの課題への解決策として**図5**に示
すスラスト軸受を提案した[8]．この軸受では主軸受面が内
外周の2領域に分割されている．圧縮空気は主軸受面内周
の深い段差部に絞られることなく供給され，軸受面を外周
に向かって放射状に流れるが，内周の深い段差部では緩や
かに，そして外周の浅い段差部では急激に減圧される．つ
まり軸受面内周領域が絞りとしても機能するので，絞りと
軸受面の距離は極小化される．このような構造を"表面絞
り"と呼ぶ．図5の軸受では内周領域を可動要素として調
整軸受で支持し，主軸受への負荷に応じて内周領域の段差
を増減させることで外周領域の軸受すきまを制御してい
る．支持剛性を調整軸受への供給圧力により変更すること
で主軸受の剛性を無限大にできるだけでなく，負荷方向に
軸が変位する負剛性の状態などにも設定できる．

4.2 能動自成絞り

4.1節で述べた静圧式自動調整絞りでは軸受面圧力を絞
りにフィードバックして可動要素を駆動するために変位セ

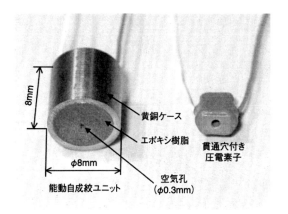

図6 能動自成絞りユニットと組み込まれる圧電素子

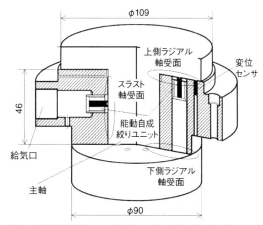

図7 能動自成絞りユニットを組み込んだ空気静圧スピンドル

ンサや電気エネルギを必要としない．しかしながらこのような「圧力フィードバック方式」では設計上，使用上の制約もあることより，軸受面すきまを変位センサで検出し，絞り可動要素を圧電素子などの電動アクチュエータで駆動する「変位フィードバック方式」が試みられた[9]．この方式でも空気を作動流体とする場合にはニューマチックハンマの発生を回避するために絞りを軸受面の直近に配置する必要があるが，アクチュエータの組み込みを考えると実現は容易ではない．そこで筆者はこの課題解決のために図6に示す「能動自成絞り」を提案した[10]．この絞りは，空気を通すための貫通孔を設けた圧電素子をケースに納めてその上面を樹脂で被い，その中央に空気出口となる小孔を設けたもので，軸受面に埋め込まれる．まず"自成絞り"から説明しよう．自成絞りとは流体流路の一部の断面積を狭くするオリフィス絞りの1種であるが，自成絞りでのオリフィス部は絞り出口孔と絞りすきまで構成される円筒面である．したがって，自成絞りと軸受面の距離は事実上ゼロであり，ニューマチックハンマの発生しにくい絞りとして空気静圧軸受に好んで使用される．

この能動自成絞りユニットを図7のように空気静圧軸受の軸受面に埋め込み，センサで検出された軸変位に応じて圧電素子を伸縮させて絞りすきまを調節する．その結果，オリフィス断面積が変化して絞り抵抗が制御でき，軸受の能動制御が可能となる[11]．この能動自成絞りにより軸受剛性を無限大にできるだけでなく，運転時の主軸振れをゼロ（実際にはセンサノイズオーダ）にできる．さらに，意識的に軸位置を変位させることで，サブナノメートルオーダの分解能で軸を位置決めすることも可能である[12]．

6. おわりに

静圧機素の基本的な構造や特性を解説するとともに静圧ねじや能動型静圧軸受を紹介した．静圧機素の設計においては絞りの選定，あるいは考案が重要であることを述べてきたが，静圧潤滑の原理を踏まえて軸受や絞りなどの構造を考えることに"パズル"を解くようなおもしろさを感じ

ていただけたであろうか．設計パズルへの優れた解答例としては，多孔質素材を絞りおよび軸受面とする設計（多孔質軸受[13]）や軸受面に多数の溝を設ける設計（表面絞り軸受[14]）なども発表されており，それぞれエアースピンドルなどに採用されている．静圧機素は今後も超精密分野などで重要な地位を占めると考えられるが，本稿が静圧機素の長所，そして短所を理解していただく一助になれば幸いである．

参 考 文 献

1) 稲崎一郎，青山藤詞郎：静圧軸受，工業調査会，(1990)．
2) 十合晋一：気体軸受設計ガイドブック，共立出版，(2002)．
3) 水本洋，松原十三生，久保昌臣：静圧ねじの試作（第1報），精密機械，**48**, 10 (1982) 1291．
4) 水本洋，藪谷誠，清水龍人，上芳啓：超精密工作機械用位置決め装置の分解能に関する比較研究，精密工学会誌，**62**, 3 (1996) 458．
5) S.A. Moris：Passively and Actively Controlled Externally Pressurized Oil-Film Bearings, Trans. ASME, J. of Lubrication Technology, **94**, 1 (1972) 56．
6) 吉本成香，角張毅：Oリングの変形を利用した静圧形気体ジャーナル軸受，日本機械学会論文集（C編），**52**, 473 (1983) 70．
7) 水本洋，久保昌臣，牧本良夫，吉持省吾，岡村進，松原十三生：静圧式自動調整絞り付き静圧軸受の開発，精密機械，**54**, 8 (1985) 1553．
8) 水本洋，松原十三生，薄木雅雄，川上隆一，藪谷誠：無限剛性空気静圧軸受の開発，精密工学会誌，**56**, 8 (1990) 1431．
9) 本郷健，原田正，宮地隆太郎：圧電素子可変絞を用いた静圧気体スラスト軸受の研究，潤滑，**32**, 12 (1987) 894．
10) 水本洋，上芳啓，有井士郎：能動自成絞り付き高剛性空気静圧軸受の開発，精密工学会誌，**60**, 9 (1994) 1325．
11) H. Mizumoto, S. Arii and M. Yabuya：Rotational Accuracy and Positioning Resolution of an Air-Bearing Spindle with Active Inherent Restrictors, Proc. of 10th International Conference on Precision Engineering, (2001) 709．
12) 水本洋，藪谷誠，上芳啓，有井士郎：静圧案内面を運動縮小機構として利用した超精密位置決めシステムの開発，精密工学会誌，**67**, 9 (2001) 1524．
13) キヤノン（株）ホームページ：エアースピンドル，http://cweb.canon.jp
14) 国際テクノ（株）ホームページ：PIスピンドル，http://www.itctokyo.com

はじめての 精密工学

ひずみ計測の基礎と応用

Fundamentals of Strain Measurement and Application/Yoshio YAMAURA

(株)共和電業販売推進部 **山浦義郎**

1. はじめに

航空機，自動車，船舶などの乗り物や橋梁，建物および各種機械構造物は私たちの周囲に存在している．

これらの構造物は，機能を満足するために十分な強度をもつように設計され，安全性を重視し製作されている．

構造物には，使用環境においていろいろな荷重を受けて各部に応力が生じる．そのような応力の大きさや分布を把握することは安全性を高めるためには不可欠である．

最近では構造物の設計において CAE（Computer Aided Engineering）による応力解析が多く採用されているが，その解析結果は何らかの手法で検証することが必要であり，ひずみ測定はその手法のひとつである．

応力とひずみは弾性域において Hooke の法則で比例関係にあることを利用し，ひずみを計測することで応力を求めることができる．今回はひずみ計測にあたり，ひずみゲージの原理から回路およびいろいろな環境条件においても利用するための基本的な技術について紹介する．

2. 応力とひずみ

構造部材に荷重が加わるとその大きさに従って変形し，加えた荷重の大きさと変形量は比例関係にある．これは荷重に釣り合う「力」が材料の内部に発生すると考え単位面積当たりの力の大きさを「応力」と呼んでいる．

応力（σ）は荷重または外力（F）と断面積（A）の間で，次の関係にある．

$$\sigma = \frac{F}{A} \tag{1}$$

応力は大きさと方向を有するベクトル量で N/mm^2，MPa などで表している．

ひずみ（ε）は材料に引張り（または圧縮）荷重を与えたとき，元の長さ（L）に対し変化した量（ΔL）をいう．

$$\varepsilon = \frac{\Delta L}{L} \tag{2}$$

ひずみは無次元であり，単位はないが，通常は $\mu\varepsilon$，μm/m および $\times 10^{-6}$ひずみなどで表している．

軟鋼材料では弾性域で引張り荷重を加えた場合，応力とひずみはほぼ直線的な比例関係を示す．ひずみ測定はこの比例関係に基づき，ひずみ量を測定することにより応力を求める．応力とひずみは次式の関係にある．

応力（σ）＝ ひずみ（ε）× 縦弾性係数（E）　　　(3)

ここで縦弾性係数（E）は被測定物により異なるため，事前に把握しておくことが必要である．

（3）式は弾性域においては可逆的に成り立つ．

3. ひずみゲージの原理

ひずみゲージは**図1**に示すようなベース材と抵抗材料より構成されている．

ひずみゲージは被測定物に生じる「ひずみ」を正確に抵抗材料（ひずみ検出素子）に伝達することにより，抵抗材料の電気抵抗変化を利用するものである．

抵抗材料には金属の細いワイヤや薄い箔などが用いられているが，最近では箔材が主流である．

抵抗材料に引張りが加わったとき，長さは L から $L + \Delta L$ に，電気抵抗は R から $R + \Delta R$ になる．

ここで抵抗材料の電気抵抗（R）は固有抵抗（ρ）と断面積（A），長さ（L）で決まる．

図2に示した抵抗材料の抵抗は次式の関係にある．

$$R = \frac{\rho \times L}{A} \tag{4}$$

抵抗の変化率を求めるために，両辺の対数をとり微分すると

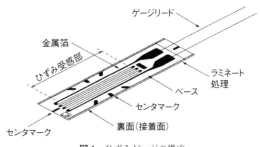

図1 ひずみゲージの構成

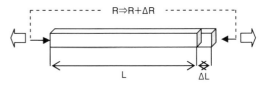

図2 抵抗材料の長さと抵抗の変化

$$\frac{\Delta R}{R}=\frac{\Delta \rho}{\rho}+\frac{\Delta L}{L}-\frac{\Delta A}{A} \qquad (5)$$

となる. 抵抗材料が箔材のような矩形断面とした場合, 断面積 (A) は幅 (b) と厚さ (t) の積になる.

抵抗材料に引張りひずみが加わったとき, 断面積が減少し, その変化率は

$$\frac{\Delta A}{A}=\frac{\Delta b}{b}+\frac{\Delta t}{t}=-2\nu \frac{\Delta L}{L} \qquad (6)$$

となる. ここで ν はポアソン比 (横ひずみと縦ひずみの比) である.

(5) 式に代入すると, 次の式になる.

$$\frac{\Delta R}{R}=\frac{\Delta \rho}{\rho}+\frac{\Delta L}{L}+2\nu \frac{\Delta L}{L}=(1+2\nu)\frac{\Delta L}{L}+\frac{\Delta \rho}{\rho} \qquad (7)$$

$$\frac{\Delta L}{L}=\varepsilon \text{ より}$$

$$\frac{\Delta R/R}{\varepsilon}=(1+2\nu)+\frac{\Delta \rho / \rho}{\varepsilon} \qquad (8)$$

ここで固有抵抗 (ρ) の変化は, 容積変化に比例して変化すると考えれば

$$\Delta \rho = m \times \rho \frac{\Delta V}{V} \qquad (9)$$

となる. ここで m は実験で求められた比例定数で, ひずみゲージに用いられている銅/ニッケル合金では $m \fallingdotseq 1$ である. 抵抗材料の $\Delta V/V$ を求めると

$$\frac{\Delta V}{V}=(1-2\nu)\frac{\Delta L}{L} \qquad (10)$$

となり, (9) に代入し (8) から次式が導かれる.

$$\frac{\Delta R/R}{\varepsilon}=(1+2\nu)+m(1-2\nu) \fallingdotseq 2 \qquad (11)$$

ここで求められた (11) の値は, 機械的に加えられた「ひずみ」に対する抵抗材料の抵抗変化率であり, ゲージ率 (Ks) と呼ばれている.

4. ひずみ計測に用いるブリッジ回路

ひずみゲージはひずみを受けることにより微少な抵抗変化を生じる. 小さな抵抗値変化を効率よく電気信号に置き換えるために図3に示すようなホイートストンブリッジ回路を使用する. この回路はひずみゲージの温度による見かけひずみなどの補償を行うことができる.

図3に示すような4個の抵抗 (R_1 から R_4) の組み合わせで構成され, 端子1と3にブリッジ電圧 (Ev) を印加し, 端子2と4から出力電圧 (e) を取り出す回路である.

いま抵抗 R_1 から R_2 に流れる電流を I_1 とし, 抵抗 R_4 から R_3 に流れる電流を I_2 とすれば, オームの法則から a 点と b 点の電位が求められる.

ここで出力電圧は, a 点と b 点の差であるから Ea 点と Eb 点の差を求める.

$$e=Ea-Eb=\frac{R_1 R_3 - R_2 R_4}{(R_1+R_2)(R_3+R_4)} \times E \qquad (12)$$

このとき $R_1 R_3 = R_2 R_4$ の関係でブリッジが平衡状態ならば, 各辺の抵抗がひずみゲージで構成されて「ひずみ」を

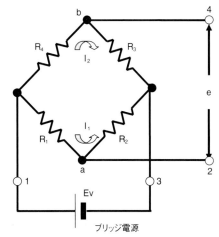

図3 ホイートストンブリッジ

受けて抵抗変化を生じた場合, 出力電圧は

$$e=\frac{R_1 R_2}{(R_1+R_2)^2}\left(\frac{\Delta R_1}{R_1}-\frac{\Delta R_2}{R_2}+\frac{\Delta R_3}{R_3}-\frac{\Delta R_4}{R_4}\right) \times E \qquad (13)$$

となり, 抵抗値の変化率は, ひずみに比例した出力電圧が得られる. ブリッジの各辺の抵抗値がブリッジの電源側からみて左右対称と考え,

$R_1=R_2=R_3=R_4$ であれば

$$e=\frac{1}{4}\left(\frac{\Delta R_1}{R_1}-\frac{\Delta R_2}{R_2}+\frac{\Delta R_3}{R_3}-\frac{\Delta R_4}{R_4}\right) \times E \qquad (14)$$

となり, 各辺のひずみゲージにそれぞれ「ひずみ」ε_1, ε_2, ε_3, ε_4 が加わり, ゲージ率が等しい場合

$$e=\frac{E}{4} \times Ks \times (\varepsilon_1-\varepsilon_2+\varepsilon_3-\varepsilon_4) \qquad (15)$$

となる.

またこの回路は温度変化をともなう計測の場合, アクティブ・ダミー法を用いて見かけひずみを補償することができる.

5. 温 度 補 償

ひずみゲージによるひずみ計測では, 周囲の温度環境が変化すると被測定物やリード線が温度による影響を受ける. 被測定物は温度により膨張・収縮し, リード線は温度により抵抗値が変化する. そのような影響を軽減させるためにひずみゲージやリード線の温度補償を行われている.

5.1 自己温度補償型ゲージ

ひずみ計測では温度環境が変化した場合でも「ひずみ」のみを正確に求めることが要求されている. しかし被測定物は温度環境が変化すると熱による膨張・収縮が生じるため, ひずみゲージにもその膨張・収縮が伝達される.

ひずみゲージに用いられている抵抗素子は自身の熱膨張・収縮と上記のような被測定物からの熱膨張・収縮の伝達のほかに温度変化による抵抗値の変化 (抵抗温度係数) が混在した状態で抵抗値が変化する. そのような熱による膨張と抵抗変化に対しできる限り影響を受けないようなひ

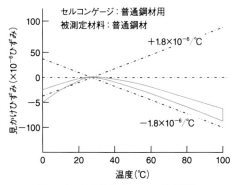

図4 自己温度補償型ゲージの温度特性

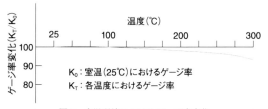

図5 高温環境におけるゲージ率変化

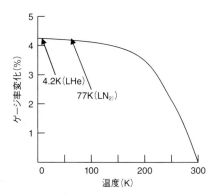

図6 低温環境におけるゲージ率変化

ずみゲージが自己温度補償型ゲージとして販売されている.

　このひずみゲージは被測定物の熱膨張係数に適したものを選択することにより，温度変化がある場合でも見かけ上のひずみが少ないことが特長である．但し，見かけひずみは±1.8×10⁻⁶/℃以内.

　図4に普通鋼材（熱膨張係数：11×10⁻⁶/℃）に接着したときの温度による見かけひずみを示す.

5.2　リード線の温度補償

　ひずみゲージに接続されているリード線は温度変化がある環境におかれたとき，抵抗温度係数により抵抗値の変化が生じる．ひずみゲージによる計測では2線式と3線式結線があり，2線式結線の場合は，温度変化によって変化した抵抗値がホイートストンブリッジの一辺に入り，見かけ上のひずみとして測定される.

　例えば，0.08 mm²のリード線（単位m当たりの抵抗値が0.22 Ω/m）を10 m使用したとき，120 Ωのひずみゲージを用いてリード線の抵抗温度係数を3900×10⁻⁶/℃としたとき，温度変化が1℃生じたとき見かけ上のシフト量は約69 με となる.

　これは次式（16）から求めることができる.

$$\varepsilon = \frac{\Delta R}{R} \times \frac{1}{Ks} \tag{16}$$

　このような場合には3線式結線を採用することによって温度によるシフト量を除去することができる．3線式結線においても各リード線は温度による抵抗値の変化を生じるが3本リード線のうち2本がブリッジの隣辺に入るため抵抗値変化を打ち消し合うことができる.

6.　応　　　用

　最近ではひずみ計測が研究開発分野をはじめいろいろな産業分野で用いられている．そのため今までの測定ではあまり使用されない環境下で使用されることが多い．その中で温度環境が常温付近ではなく，150℃以上の高温環境や－50℃以下の低温環境で測定される機会が増加している.

　しかしそのような環境下で測定される場合，測定に入る前にひずみゲージの特性を把握しておくことが不可欠であ

る.

6.1　高低温環境における測定

　高温や低温におけるひずみ計測では前述の自己温度補償型ゲージを用いて「見かけひずみ」を小さく押さえるとともに実際どの程度の「見かけひずみ」が生じるか把握しておくことが重要である．また，ゲージ率が温度により変化するため補正しなければならない.

　図5に高温ゲージの300℃までの温度によるゲージ率変化を示す[1].

　さらに高温環境（500℃以上）における計測では2素子を有したゲージで，その内の1素子をダミーゲージとして使用して見かけひずみを小さくしている.

　1000℃以上の高温ではひずみゲージの素子の開発が以前から行われており，ゲージ率の変化のほか高温ドリフト等が検討された[2].

　低温環境におけるひずみ測定ではLN₂（－196℃）およびLHe（－269℃）などでゲージ率の変化を検討している[3].

　図6に低温におけるゲージ率の変化を示す.

　低温のゲージ率の変化率は常温から200K（－73℃）まではほぼ直線的に変化するが，それ以下の温度では緩慢な変化を示す．高低温に用いられるひずみゲージ素子はNi/Cr合金系が用いられているため，高温側ではゲージ率が常温に比べ減少するが，低温側では増加する．常温付近で用いられるCu/Ni合金系のひずみゲージ素子の温度によるゲージ率変化は，低温側で減少し，高温側で増加する.

6.2　ノイズとリード線

　ひずみ計測は多くの場合，ひずみゲージと計測器はリード線で接続する．リード線の温度による影響は温度補償な

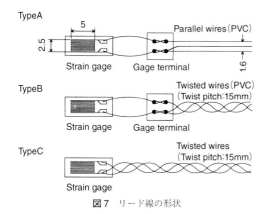

図7 リード線の形状

どにより対応しているが，実際の計測で度々遭遇する問題として「ノイズ」がある．ノイズはひずみ計測に誤差を与えるため除去することが必要であり，その正体が何に起因しているのかを突き止めることは解決策を取る上で非常に重要である．

例えばノイズ源が大電流（直流，交流）や高電圧（直流，交流）に起因するものである場合，磁界による誘起電流の発生や電界による静電誘導の発生も伴うため対策が異なってくる．交流の大電流環境下の場合にはひずみゲージとゲージ端子およびリード線の形状を変えるとノイズ量が増減する．

図7にリード線の各種形状を示す．約5000 Gauss/secの変動磁界においてタイプ A は見かけひずみ（ノイズ）は約 200 $\mu\varepsilon$ 生じるが，タイプ B では約 20 $\mu\varepsilon$ に減少する．さらにタイプ C は約 5 $\mu\varepsilon$ まで減少する[1]．

また高電圧環境では，電界（電荷）の発生による静電誘導が生じるため，ひずみゲージとリード線のシールドおよびアースの取り方が計測の成否を左右する．

7. お わ り に

ひずみゲージによるひずみ計測は被測定物に発生する「ひずみ」をひずみゲージで検出し，そのひずみゲージの抵抗素子の抵抗変化をブリッジ回路を用いて電圧変化として計測する方法であり，非常に簡単な原理に基づいている．

言い換えれば荷重等によって生じる応力をひずみゲージという変換素子によって電気信号に置き換えたものである．

原理は簡単であるが，実際の計測となると計測環境によって生じる見かけひずみや温度補償などが問題になることが多い．しかし最近では，その解決法が一般化されるとともに各種環境に対応したデータが開示され計測の精度向上につながっているため，今後ともひずみ計測は新たな分野の貴重な検証手法として採用されると思われる．

参 考 文 献

1) 安孫子，後藤，大場，沼倉：高温箔ひずみゲージ KFU 型，共和技報，No. 400（1991）．
2) M.M. Lemcoe : Development Electric Resistance Strain Gage System for Use to 2000° F. ISA, (1975).
3) R.D. Greenough and Underhill : J. Phys. E : Scientic Instruments, **9** (1976).
4) A. Nishimura, J. Yamamoto, Y. Yamaura and H. Fukada : Strain Measurement in Fluctuating Magnetic Field and during Cold Thermal Cycles, MT-15, (1997).

はじめての精密工学

工場内ネットワークによる情報活用の方法

A Practical Use Method of Information Based on Factory Networks

財団法人　機械振興協会　技術研究所　**木村利明**

1. は じ め に

　近年の製造業は，消費者ニーズの多様化と，製品のライフサイクルの短期化，さらに世界規模での販売競争などの課題に直面しており，より柔軟に，より早く製品製造が可能な生産方式が求められている．また，製造をビジネスとして行う上で，これらの対応と同時に，工場内の改善活動などによる利益率向上，および製販一体化などによる売上の増大を図る必要があり，そのためには工場内の情報を，容易に連携させ，自在に活用可能にさせる仕組みが必要である．

　しかし，現状の製造用ネットワークの標準技術は，工場内に，異メーカの工作機械やロボットなどの異機種機器が混在しているにも関わらず，機器業界ごとに策定されがちであり，異機種機器からの一元的な情報取得が困難である．さらに，個々の機器情報と，生産管理などの製造実行システム（MES：Manufacturing Execution System）の情報や，受発注や大日程計画管理などを担う業務計画システムの情報とを，自在に関連付けて管理する仕組みも欠如している．

　この現況に対し，製造用ネットワークの標準技術を相互活用することによる解決の試みがなされだしている．その一例として，ORiN 協議会が，当初ロボット向けとして開発したネットワークの標準技術である ORiN（Open Resource interface for the Network[1]）と，PLC（Programmable Logic Controller）の各標準技術との相互接続方式を開発したことが挙げられる．また，（財）機械振興協会 技術研究所主催の基盤的生産技術研究会 標準技術活用ビジネス小研究会が ORiN 協議会と連携し，新旧工作機械の ORiN への接続方式を実用化した．これにより，ORiN による異メーカ，異世代（新旧），異機種機器のための機器間情報連携が実現した．

　さらに，機器と，製造実行システムや業務計画システムとの情報連携については，製造業 XML 推進協議会が，MESX[2] や PSLX（Planning and Scheduling Language on XML specification[2]）などの各システム間の情報交換方式を用いた応用研究を行っており，さらに同協議会，ORiN 協議会，および標準技術活用ビジネス小研究会は連携して，ORiN と MESX との接続開発を行った．これらの活動により，標準技術を活用した工場内情報連携環境が整備されつつある．

　本報では，工場内情報連携の課題，およびその課題解決を目指すこれら標準技術相互活用による工場内情報連携環境について述べる．また，本環境によるアプリケーションシステム事例について紹介する．

2. 工場内情報連携の課題

　ここでは，生産活動や改善活動を支援するための工場内情報連携の課題について示す．**図 1** は，本課題を整理したもので，図 1 下部の生産活動と記載された部分は，生産システム全体の機能階層と，各階層で用いられる機器や情報ツールを示している．また，図 1 上部の改善活動と記載された部分は，TQM（Total Quality Management）などにおける P・D・C・A（Plan, Do, Check, Action）サイクルと，それらで用いられる情報ツールを示している．改善活動は生産活動とともに行われるが，生産活動における受注から納品に至る定常的な情報連携の課題と，改善活動における非定常的な情報連携の課題とは，異なる面がある．そこで図 1 では，生産活動と改善活動とを分離して記載した．

　まず，図 1 下部の生産活動と記された部分は，IEC62264-1[3] を基にした生産システム全体の機能階層を示しており，レベル 0 から 2 を，加工や運搬などの工程，工

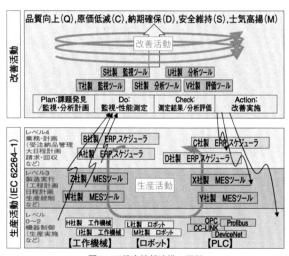

図 1　工場内情報連携の課題

程の操作や監視機能，および複数工程の管理機能としている．具体的には，工作機械やロボットなどの機器やセルコントローラがこれらの機能を担うため，ここではこれらをまとめて機器レベルと呼ぶことにする．さらに，レベル3を工程管理，在庫管理，品質管理などの製造実行システムが担う製造実行レベルとし，さらにレベル4を受注情報による工場全体の生産計画や企業資源計画（ERP：Enterprise Resource Planning）などを行う業務計画レベルとして分類している．定常的な受注から納品に至る生産活動の支援のため，これらのレベルに散在する機器や情報ツールを相互に連携して効率よく運用するには，レベル内やレベル間での情報交換の仕組みにネットワークの標準技術を用いることが好ましい．しかし，特に機器レベルのネットワークの標準技術は，ロボット，PLCなどの機器業界ごとに策定されがちである．また，同一機種であってもメーカが異なったり，ネットワークインタフェースなどを搭載した最新機器でないとネットワークの標準技術に接続できなかったりする場合がある．さらに，機器レベルと製造実行レベルとの標準技術間の連携も不十分である．

次に，図1上部の改善活動と記された部分は，TQMなどにおけるP・D・C・Aサイクルと，それらで用いられる情報ツールの関係を示している．P・D・C・AのPのフェーズでは，改善活動のきっかけとして，課題発見と，課題解決のための生産システムの状態監視や分析などの計画を考案する．また，Dのフェーズでは，考案した計画に基づいて，生産システムから監視情報を収集する．この際，収集する情報は，機器レベルの情報のみならず，製造実行レベルや業務計画レベルなどの複数のレベルの多彩な情報を関連付けて，自在に収集可能であることが好ましい．また，Cのフェーズでは，収集した情報を可視化して，分析し，改善方法を検討する．さらに，Aのフェーズでは，検討した改善案を，生産システムに適用することで，改善を実施する．ただし，実際には，これらP・D・C・Aの各フェーズは，試行錯誤をしながら連続的に実施される．特にDのフェーズにおける生産システムから監視情報を収集する仕組みは，あらかじめ収集する情報を決めておくのではなく，あたかも電気回路をテスターやシンクロスコープで計測するように，収集する情報を自在に選択できるような柔軟性が必要である．また，Cのフェーズにおいて，収集した情報を可視化したり，分析したりするためのソフトウェアは，高級言語のみならず，ウェブやMicrosoft Officeなどを活用し，ユーザ側が自らのアイデアで自在に開発できるようなユーザサイドコンピューティングでも開発できることが望ましい．

このように，以上の工場内情報連携環境の課題を整理すると次のようになる．
（1）機器レベルにおける異メーカ，異機種，異世代（新旧）機器情報の容易な取り扱い
（2）機器レベルと製造実行レベルとの情報連携
（3）製造実行レベルと業務計画レベルとの情報連携
（4）各レベルの情報を自在に取捨選択して，関連付けて監視可能な仕組み
（5）監視した情報の可視化などのアプリケーションシステムのためのユーザサイドコンピューティング環境

3. 標準技術相互活用による工場内情報連携環境

3.1 機器間情報連携
2章の工場内情報連携の課題で示したように，機器レベルにおいて，異メーカ，異機種，異世代機器の情報が容易に取り扱える仕組みが必要である．

そこで，ORiNに着目し，ロボットやPLCのみならず，ORiNとしては実績が少なかった工作機械に対してもORiNが適用可能となるような仕組みの開発を行った．ORiNは，もともとは異メーカのロボットを相互接続するために策定した標準技術で，近年，OPC[4]，CC-Link[5]，Profibus[5]，およびDeviceNet[5]などのPLCの標準技術との相互接続の仕組みの開発にも積極的である．これらより，ORiNを活用した工場内機器間情報連携の環境が構築できたので紹介する．

ORiNは，様々な機器やデータベースなどのリソースやアプリケーションシステムに，標準的なインタフェースを提供する仕組みであり，さらに，機器情報共有のためのCAO（Controller Access Object）と呼ばれるデバイスモデルを中核にもつ．具体的にCAOは，図2に示すように，クライアントアプリケーションシステム向けのアプリケーションプログラムインタフェースや，各機器との接続ソフトウェアであるプロバイダのためのプロバイダプログラムインタフェースを提供するとともに，DCOM（Distributed Component Object Model）により，ネットワーク上に分散したクライアントアプリケーションシステムやプロバイダ間の情報交換や処理依頼を行う機能を有する．

異メーカ，異機種，異世代機器は，それぞれ固有の情報入出力手段に対応したプロバイダを作成してORiNに接続すれば，ORiNのアプリケーションシステムは，機器の差異を意識することなく利用可能となる．

しかし，先に述べたように，ORiNは，工作機械に対す

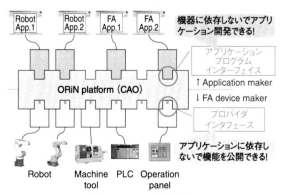

図2　ORiNの基本構成[1]

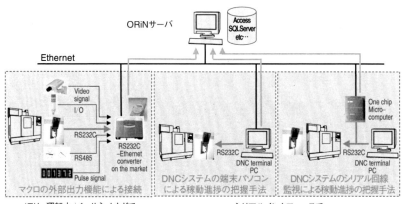

図3 ネットワークインタフェース未搭載制御装置の接続手法

る適用実績が少なかった．そこで，(財)機械振興協会 技術研究所が実施したグローバル生産における中小企業支援システムに関する研究[6]，および標準技術活用ビジネス小研究会において，工作機械のORiNへの適用開発を行った．

ところで，工作機械をORiNに接続するためには，ネットワークインタフェースが搭載された最近の制御装置については，各制御装置メーカのアプリケーションプログラムインタフェースを用いてORiNに接続するためのプロバイダを作成すればよく，当所でも主要メーカの制御装置の接続実績がある．しかし，実際の工場内には，ネットワークインタフェース未搭載の制御装置をもつ従来型工作機械が未だ数多く存在する．したがって，これらの工作機械のORiNへの接続方法が課題となる．

そこで，筆者らはネットワークインタフェース未搭載の制御装置をもつ工作機械を，ORiNに接続する手法を開発した[6]．開発した手法は，(1) マクロの外部出力機能による接続，(2) DNC（Direct Numerical Control）システムの端末パソコンによる稼動進捗の把握手法による接続，および (3) DNCシステムのシリアル回線監視による稼動進捗の把握手法による接続の3種類であり，その概要を**図3**に示す．

図3左は，制御装置がもつマクロの外部出力機能を利用した接続方法を示す．この方法では，工作機械の稼動進捗に同期して，制御装置のマクロ機能により，NCプログラム中にあらかじめ挿入しておいた管理情報を，制御装置のシリアルインタフェースから出力させ，市販のシリアル―イーサネット変換器を経由してORiNサーバに送信して管理する．

また，図3中は，DNCシステムの端末パソコンによる稼動進捗の把握による接続方法を示す．これは，DNC運転などにより，マクロ機能の外部出力用シリアルインタフェースが使えない制御装置を接続するための手法である．この方法では，DNCソフトウェアを改変し，DNCシステムの端末パソコンにおいて稼動進捗を把握手法して，イー

サネット経由で稼動進捗をORiNに送信して管理する．

さらに，図3右は，DNCシステムのシリアル回線監視による稼動進捗の把握による接続方法を示したものである．本方式では，DNCシステムのシリアル通信回線を専用ハードウェアで監視して，NCプログラムの通信進捗からNC工作機械における稼動進捗を把握し，イーサネット経由で稼動進捗をORiNに送信して管理する．なお，本方式では，既存のDNCソフトウェアの改変は不要である．

工作機械の運用形態に合わせて，上記接続方式のいずれかを採択することで，異世代工作機械をORiNに接続することが可能となった．また，これらの成果は，工作機械の周辺機器メーカなどにより製品化済である．

これらの開発により，ORiNを活用した異メーカ，異機種，異世代機器に対応した機器間情報連携の仕組みが実現した．

3.2 機器と製造実行システムとの情報連携

2章の工場内情報連携の課題で示したように，生産活動や改善活動において，機器レベルと製造実行レベルとの情報連携も重要である．また，特に改善活動では，各レベルの情報を自在に取捨選択して収集する仕組み，および収集した情報の可視化などのアプリケーションシステムのためのユーザサイドコンピューティング環境も求められる．

そこで，ORiNのCAOが管理する機器情報のアクセス制御や，CAOなどの情報履歴を市販データベースに蓄積する機能などを有するミドルウェアであるCaoSQLを活用することで，機器レベルの情報のみならず，製造実行レベルの情報も関連付けて管理可能な仕組みが実現できる．

これにより，**図4**のように，ユーザは，日々の改善アイデアに合わせ，工場内の製造実行レベルや機器レベルの情報を取捨選択して収集する．また，高級言語で作成されたアプリケーションシステムのみならず，ブラウザなどで時点情報を閲覧することで，監視システムが実現できる．さらに，市販データベースに，それらの情報履歴を蓄積しておき，Microsoft Officeなどにより帳票やグラフを作成することで，ユーザ側で自由度の高いアプリケーションシ

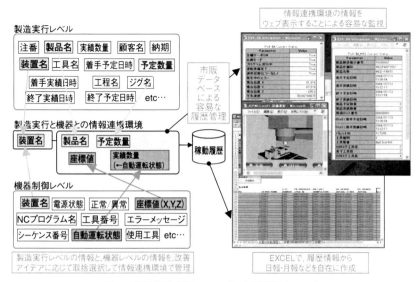

図4 機器と製造実行システムとの連携運用イメージ

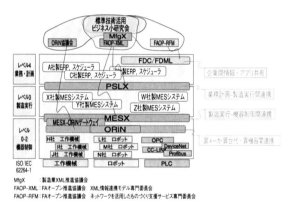

MfgX ：製造業XML推進協議会
FAOP-XML：FAオープン推進協議会 XML情報連携モデル専門委員会
FAOP-RFM：FAオープン推進協議会 ネットワークを活用したものづくり支援サービス専門委員会

図5 MESX-ORiN ゲートウェイ，ORiN，MESX，PSLX の関係

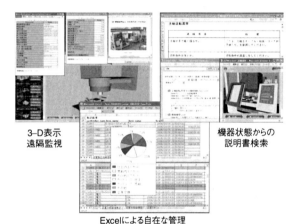

図6 ORiN のアプリケーションシステム例

ステムが手軽に開発できる．これにより，改善活動において必要な情報を自在に取捨選択して収集する仕組み，および収集した情報の可視化などのアプリケーションシステムのためのユーザサイドコンピューティング環境が整備された．

3.3 業務計画系との情報連携

さらに，2章の工場内情報連携の課題で示した通り，機器レベルと製造実行レベルとの情報連携のみならず，製造実行レベルと業務計画レベルとの情報連携も必要である．これらの情報連携方式については，PSLX コンソーシアム（現ものづくり APS 推進機構）が策定した生産システムスケジューラなどのシステム間を XML 形式で情報交換するための仕様である PSLX と，製造実行システムと機器との間を XML 形式で情報交換するための仕様である MESX とを連携させる応用研究を製造業 XML 推進協議会が行っている．また，同協議会では，この研究成果として，PSLX や MESX を活用して，商用の工程部品表管理システム，生産システムスケジューラ，および製造実行システムなどを相互接続する実証実験を成功させている．

そこで，製造業 XML 推進協議会，ORiN 協議会，および標準技術活用ビジネス小研究会が連携して，ORiN のミドルウェアである CaoSQL 上に，MESX の情報を読み書き可能な MESX-ORiN ゲートウェイを構築した．この MESX-ORiN ゲートウェイ，ORiN，MESX，および PSLX の関係を，図5に示す．

この開発により，生産活動で必要な機器レベル，製造実行システムレベル，および業務計画レベルが相互接続され，ORiN に接続可能な豊富な商用機器やアプリケーションシステムと，PLSX や MESX インタフェースを有する商用アプリケーションシステムとの相互運用が可能となった．

4. アプリケーションシステム事例

本報で紹介した ORiN に関しては，数多くのアプリケーションシステムが開発され，大手電機メーカの工場をはじめとした導入実績も増えつつある．また，PSLX や

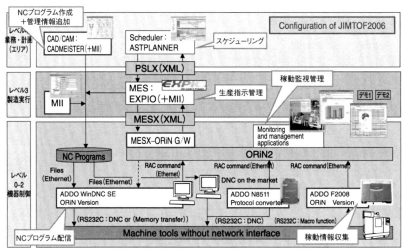

図7 工場内情報連携環境のアプリケーションシステム事例

MESX に関しても既に述べた通り，商用アプリケーションを用いた相互接続の実績がある．そこで，ここでは，ORiN のアプリケーションシステム，および ORiN，MESX，PSLX を相互活用したアプリケーションシステムの事例の一部を紹介する．

図6 は，このうち ORiN を用いたアプリケーションシステムの例を示したものである．図6左に，3-D モデル，文字，およびカメラ画像などによるマルチメディアにより機器の監視を行う 3-D 表示遠隔監視システム[7]，図6中に履歴データベースの情報を Microsoft Office で集計した例，図6右に，3-D 表示遠隔監視システムの 3-D モデルと連携して動作可能なドキュメント検索システム[8]の様子を示す．

また，**図7** は，本報で紹介した研究成果に基づき，6社9種類の商用機器やソフトウェア製品を，ORiN，MESX，および PSLX などの標準技術を相互活用して統合した工場内情報連携環境のアプリケーションシステムの事例を示している．同システムは，2006 年 11 月に東京ビッグサイトで開催された第 23 回日本国際工作機械見本市にも出展された．

5. お わ り に

生産活動と改善活動の視点から見た工場内情報連携の課題，およびその課題解決のための標準技術相互活用による工場内情報連携環境の開発について述べた．

本報の内容は，(財)機械振興協会 技術研究所が，競輪の補助金により実施した研究事業，基盤的生産技術研究会標準技術活用ビジネス小研究会，ORiN 協議会，および製造業 XML 推進協議会相互の研究活動成果の一部であり，関連する団体，大学，および参加企業に深く感謝いたします．

参 考 文 献

1) 大寺信行他：情報システム構築のための標準化技術の取り組み，システム制御情報学会誌，**51**, 3 (2007) 20.
2) 児玉公信他：計画/実行/制御系の情報連携と MES の役割─実証デモを通して─，計装，**49**, 6 (2006) 24.
3) IEC 62264-1, Enterprise-control System Integration Part 1 Model and Terminology, (2003) 31.
4) 島貫洋他：フィールド・ネットワークの今後の課題，Interface 別冊，**2005**, 1 (2005) 18.
5) 楠和浩他：FA システムにおけるフィールド・バスの実際，Interface 別冊，**2005**, 1 (2005) 12.
6) 木村利明他：グローバル生産における中小企業支援システムに関する研究，機械振興協会技術研究所，KSK-GH17-1, (2006) 40.
7) 木村利明他：マルチベンダ生産システムライン向け 3-D 表示遠隔監視システムの開発，精密工学会誌，**71**, 3 (2005) 374.
8) 木村利明：日本国特許，特願 2006-281507, (2006).

はじめての 精密工学

高速ミーリング

High Speed Milling

(独)理化学研究所　安齋正博

1. 高速切削と高速ミーリング

　一般に，切削速度が数千 m/min を越えると高速切削と言えるが，1950 年代に，切削速度が 8000 m/min までの超高速切削の実験結果が報告されており[1]，高速切削加工は新しい技術ではない．それをまとめると以下のような効果がある[2]．

　a) 切削速度とともにせん断角が増大して切削性が向上する．

　b) 切削抵抗はある切削速度まで急激に減少するが，それ以上の高速でほぼ一定値となる．

　c) 仕上げ面粗さおよび加工変質層の厚さが減少する．

　これらは旋削加工が主であったため，摩擦熱によって切削温度が上昇して工具摩耗が急激に促進するために普及しなかったものと思われる．しかし，上記の結果は現在ボールエンドミルを用いた切削実験で得られている知見と概ね一致している．

　"高速ミーリング"という言葉が世にでてきて切削に関する要素技術が大きく変わってきてまだ 10 年くらいしか経っていない．ここではここ 10 数年で発展してきたボールエンドミルを用いた高速ミーリングによる形状加工について実験結果を中心に紹介する．

2. 高速化に対する切削環境の変化

　高速化によって顕著な変化が見られるのは切りくず形態の変化と工具摩耗である．流れ型切りくずが生成される場合は切削抵抗の変動が少なく，良好な仕上げ面粗さが得られると一般的に言われる．切削速度が速くなるほど流れ型切りくずが生成され良好な加工が実現される．

　一方，一般的に切削速度の高速化に伴い切削温度は上昇する．切削温度に影響する因子としては，切削条件，被削材種，工具刃先形状，切削油剤などがあり，加工条件の中では，切削速度の影響が最も大きい．したがって，切削速度を上昇させれば温度が上昇して工具摩耗は促進され寿命が短くなると一般的に言われてきた．ところが，比較的高速側で工具摩耗が減少する場合が高速ミーリングで多く見出されている．これには，高速回転・高送りによる工具・被削材間における接触時間の短縮化による熱伝達の影響，切りくずの排出性向上，切りくずせん断エネルギーの増加なども複雑に関与している．

3. 高速ミーリングにおけるボールエンドミルの摩耗

　図 1 にボールエンドミルを用いた際の切削速度と比摩耗量の定性的な関係を示す[3]．この図で①は引っかき摩耗，②は圧力凝着，③は温度凝着，④は全摩耗曲線である．ボールエンドミルの摩耗曲線は④の傾向を示すことから概ねこれで説明できる．さらに低速側では初期欠損も発生する[4]ためにさらに U 字型になるものと考えられる．図中の SEM 写真は，焼入れ鋼材をコーティッド超硬合金製ボールエンドミルで切削した際の周速の差異による摩耗形態の違いを示したものである．低速側での超硬合金母材の剥離は圧力凝着のみならず，機械的なダメージによるコーティング層の剥離およびそれに伴う母材の損傷も見受けられる．③の温度による摩耗の傾向については，温度上昇に伴い磨耗量が増大するのは古くから言われている通りであり，コーティング層が高温によってアバタ状のダメージを受けているのが観察される．①はほぼ一定値を示しているが，実際には温度上昇に伴う被削材の軟化によって上昇するものと考えられる．これらのことを総合的に考慮する

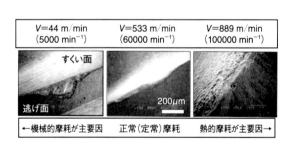

図 1 ボールエンドミル工具を使用した際の切削速度と比摩耗量の定性的な説明

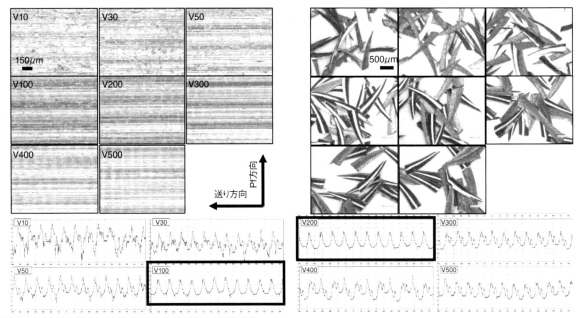

図2 各切削速度で切削した際の表面性状，面粗さ，切り屑形状
プリハードン鋼 HPM1（43HRC），コーテッド超硬合金ボールエンドミル Φ6mm，刃数1枚，傾斜角度 30°切込み量 0.3mm，ピックフィード量 0.3mm，0.15mm/刃，切削速度 10〜500m/min

と，実際の摩耗曲線はさらに顕著なU字型を呈するものと思われる．すなわち，この曲線の最小値が工具摩耗を最小にする最適加工条件であり，それは比較的高速側に存在する．

4. 高速ミーリングのメリット

高速ミーリングは，浅切り込み，高送りを前提とし，できるだけ工具にかかる負荷を押さえた断続切削法である．高速に回転したボールエンドミルを用いて，少ない種類の工具で形状加工することによる CAM の軽減も同時に狙っている．前述した旋削加工でのメリットと重複するが，以下に高速ミーリングにおけるメリットをみてみる．

図2に，図中の条件下で切削した際の被削材の表面粗さ，性状および切りくず形状を示す[5]．低速側での表面粗さは極端に悪く，100〜300m/min の高速領域で良くなり（工具摩耗もこの領域が最小），さらに周速を上げると悪化する．一方，切りくず幅は周速の上昇に伴い広がっている（薄くなっている）のが分かる．これは切りくずのせん断角が増大しているためで，これによって切削性が向上し，切削抵抗も減少する．あまり回転数を上げても熱的な問題，振動等によって上限がある．これは，被削材，工具材種，その他の加工条件等によって変化するものの同一傾向を示す．

5. 高速ミーリングにおける表面粗さ

例えば金型曲面等の形状加工ではボールエンドミルが一般的に用いられる．この際，工具進行方向とこれと直角方向にそれぞれ送りをかけて切削する．前者は1刃当りの送りで，後者はピックフィード（Pf）と呼ばれる．1刃当りの送りは，機械，工具の剛性で決まり，かつチップポケットより大きくできない．これが削り残し形状に及ぼす影響は Pf ほど大きくない．表面粗さは近似的に $Pf^2/8R$ で表され，工具半径を大きくするか Pf を小さくすれば切削後の表面粗さは小さくできる．しかし，工具半径を変化させるのは多くの制約を受けるために，Pf を小さくすることが表面粗さを小さくするための手段として採用される．切削後の表面粗さはできるだけ小さい方が仕上げ工程の軽減（型種によっては削減）になり，さらなるリードタイムの短縮が期待できる．ところが，Pf を小さくした分だけ余計に加工時間がかかり，それを短縮するためには工具送り速度を速くしなければならない．しかし，回転数を変えずに送りを速くすると1刃当たりの送り量が大きくなって工具への負荷が増大する．これを減少させるのには回転数を増大させて1刃当りの送りを小さくすれば良いことになる．

図3に超硬合金製ボールエンドミルで調質鋼材を各工具回転数で切削した際の切削距離と切削後の被削材表面粗さの関係を示す[6]．低速側では切削長の増加に伴い表面粗さが増加している．一方，15000rpm 以上の高速では，切削長に関係なく表面粗さはほぼ一定値を示す．この傾向は多くの金型用鋼材でも同様に観察されている．ここでの表面粗さは，切込深さおよび Pf 量の値から工具中心近傍の形状に依存する．したがって，ここで得られる表面粗さの値には工具の摩耗形態が大きく影響を及ぼすことになる．すなわち，低速側では切れ刃中心が，高速側では外周部が摩耗しているため，高速になればなるほど，中心刃近傍は

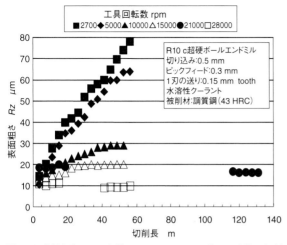

図3 調質鋼を各工具回転数でボールエンドミル加工した際の切削長と表面粗さの関係

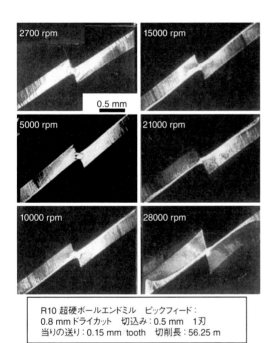

R10 超硬ボールエンドミル　ピックフィード：
0.8 mmドライカット　切込み：0.5 mm　1刃
当りの送り：0.15 mm／tooth　切削長：56.25 m

図4 金型用鋼材を超硬ボールエンドミルで切削した際の工具の摩耗状況（低回転では中心刃付近が摩耗、高速ではそれが外周方向へと移行する）

摩耗しないので、高速側では摩耗しない本来の切れ刃で切削することになる（**図4**）。表面粗さは切れ刃の転写であるから、当然、高速側で良好な表面粗さが得られることになる。この種の工具と被削材の組み合わせにおいては、高速での逃げ面最大摩耗幅は増大するものの、表面粗さに対しては悪影響を及ぼさない。より高速で切削した方が表面粗さに対して良い切削条件ということは、1刃当りの送りを同一にして加工するなら送り速度をより高速側に移行することができる。さらに、Pfを小さくしても高送りで加工できるために加工効率を落とすことなく切削できること

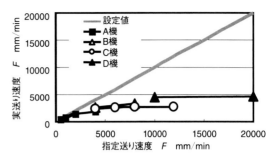

図5 ゲーム機金型モデルを形状加工した際の指定送り量と実送り量の関係（設定送り速度が増大するほど実送り速度は追従しない）

を示唆しており、後の仕上げ工程の軽減あるいは省略等が実現できる可能性が高い。高速送りすることによる他の問題が生じなければ、高速ミーリングによって高精度で高効率な形状加工が可能になる。

6. 高速ミーリングの問題点

高速ミーリングにおけるメリットを前述したが、従来の切削加工での問題点はやはり高速ミーリングでも問題点として残る。L/Dの問題（工具径（D）が一定の場合、工具の突き出し長さ（L）を増加させれば当然工具に加わる曲げモーメントが増大し、その結果として工具のたわみ量が大きくなって、それに応じて工具が逃げるために精度は悪化する）やカッタパス、（どのような工具経路にすれば短時間で良好な切削面を得られるか）CAD/CAM（例えば、どのような加工条件等が設計値通りの形状加工を可能にするか）も重要な問題である。ハード的な問題を挙げれば、工作機械、工具、ツーリング等は選択肢が多すぎてどのような仕様が良いか結論づけられてはいない。

一例として工作機械の送り速度の問題点について例をあげる。

図5に4種類のマシニングセンタを用いて焼き入れ鋼を形状加工（ゲーム機金型モデル）した際の荒加工、仕上げ加工における指定送り速度と実際の加工時間から計算した実送り速度の関係を示す[7]。2 m/min 以上の送り速度を指定しても実際の送り速度は機械の性能上、それ以上の送り速度を出すことができず、例えば20 m/min 指定での実送り速度は 1/4 以下になってしまう。金型などの複雑な3次元形状加工では工具の位置変換が頻繁に行われる。高速で駆動するものを方向変換するためには当然加速・減速制御してこれに対処する。速く駆動すれば速くするほど慣性は大きくなるために早めに減速して所望の位置で方向変換しなければ精度良く加工することはできなくなる。すなわち、精度良く方向変換するためには早めにブレーキをかけて所望のカッタパスの軌跡を描かせなければならない。指令送り速度と制御されて遅くなった送りの差こそが追従しない主原因である。一般に工具の負荷を一定にするために1刃当たりの送り量は一定にしている。すなわち、指定送り速度が速い方が高回転である。指定送り速度を速くする

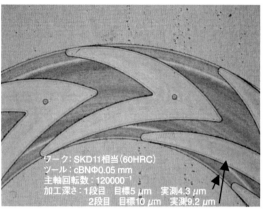

ワーク：SKD11相当（60HRC）
ツール：cBNΦ0.05 mm
主軸回転数：120000⁻¹
加工深さ：1段目　目標5 µm　実測4.3 µm
　　　　　2段目　目標10 µm　実測9.2 µm

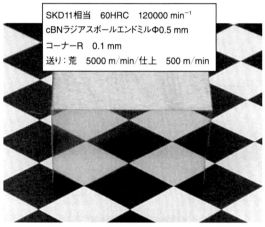

SKD11相当　60HRC　120000 min⁻¹
cBNラジアスボールエンドミルΦ0.5 mm
コーナーR　0.1 mm
送り：荒　5000 m/min／仕上　500 m/min

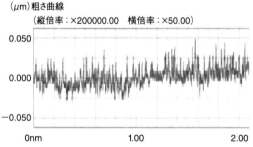

（µm）粗さ曲線
（縦倍率：×200000.00　横倍率：×50.00）

図6 ナノマシニングセンタの外観および cBN 工具を使用した鏡面加工と形状加工

と回転数は高くなるが，実際の送りはこれに追従して速くなっておらず，工具は切りくずをださないで擦ってばかりいるので摩耗が促進され工具寿命が短くなる．金型のような実際の形状加工ではむしろ曲面が多くなるため高回転，高送り条件で切削することは難しくなる．例えリニアモータ駆動のマシニングセンタを用いても微細・複雑形状な加工になると高速での方向転換は難しい．

7. 高速ミーリングの将来

前述したように工作機械自体に原理的な問題がある以上，どのように対処すればよいのであろうか．要素技術の開発も重要であろうが，やはりハードの高度化も重要である．ここでは，極小径ボールエンドミルを対象としたミーリング機について述べ，将来の高速ミーリングについて言及する．

図6 に最近開発されたナノマシニングセンタの外観と加工事例を示す[8]．これは先に理研で開発した小型ミーリング機[9]をモデルにして開発された機械で，高速に駆動させるための工夫を凝らしている．各軸に2個のリニアモータを搭載して，それぞれが相対運動（加速度制御）することにより振動を抑制し，Φ0.1 mm 以下の工具を対象としているために毎分 12 万回転のスピンドルを搭載して最適な加工条件の周速に近づけている．エンドミル加工で 10 nmRa の鏡面が得られており，これはこの種の加工においては驚異的な値である．なかなか使いこなすのが難しい機械ではあるが各要素がうまくマッチングさせれば従来できなかったような信じがたい加工が実現され，将来の超精密金型形状加工に対して高速ミーリング機のスタンダードになってゆくものと期待している．

参　考　文　献

1) T. Von Karman and P. Dowey : J. of Appl. Phys., **21** (1950), 987.
2) 小野浩二，河村末久，北野昌則，島宗勉：理論切削工学，現代工学社，(1984)，152.
3) M.C. Shaw : Metal Cutting Principles, MIT, (1960). 11-17 に加筆.
4) 會田俊夫，井川直哉，岩田一明，岡村健二郎，中島利勝，星鐵太郎：精密工学講座 11，切削加工，コロナ社，(1981) 303.
5) 安斎正博：高速ミーリングによる金型加工技術の現状，機械の研究，**55**，6 (2003) 641.
6) 安斎正博：金型用鋼材の高速ミーリング，プラスチックエージ，**3** (2001) 99.
7) 岩堀敦志，野口和男，嘉戸寛，安斎正博，蛯谷隆一，松本元基：コーティッド超硬ボールエンドミルによる焼入れ鋼の高速・高精度ミーリング，型技術，**20**，8 (2005) 10.
8) http://www.sodick.co.jp/product/nano/az150.html
9) 安斎正博，高橋一郎：微細形状加工用高速ミーリング機とその切削特性，機械技術，**53**，10 (2005) 25.

はじめての
精密工学

ロボット工学の基礎

Basic Knowledge of Robot Motion Control/Hisashi OSUMI

中央大学理工学部　大隅　久

1. はじめに

　ロボットの語源が，1920年にチェコのカレルチャペックによって書かれた戯曲「R.U.R.」にあることをご存知の方も多いことと思う．ここでは人間の代わりに労働を行う機械として登場する．その後，産業用ロボットが1960年代に市場に登場する．このロボットは単に片腕の構造をもつ．現在，ロボットと呼ばれている機械の構造を見ると，人間の形をしたヒューマノイドの他，4脚以上の脚をもつ多脚型，車輪型など，多岐に渡る．ただし車輪型以外のタイプのロボットは，部分的に見れば片腕型のロボットと同じ構造とみなすこともできる．例えばヒューマノイドの構造は，頭の付いた胴体を中心として，そこに2本の腕と2本の足が取り付けられた構造となっている．よって，マニピュレータの動かし方がわかれば，両腕，両足を自由に動かすことができる．これを基に，転ばないで歩行を成功させるための条件をプラスすることで，歩行ロボットも実現できる．そこで本稿では，最も基本となる片腕型，すなわちリアルリンクマニピュレータと呼ばれるタイプのロボットの動かし方の基本を説明する[1][2]．

2. マニピュレータの構造

　マニピュレータは，リンクと呼ばれる腕に当る部材が，1自由度の回転関節または直動関節で根元から先端まで直列に連結された構造をもつ（図1）．各々の関節にはモータが取り付けられている．先端には用途に応じてロボットハンドやツールが付加される．このハンドやツールを目標位置まで移動させたり，目標軌道に沿って動かしたり，決められた位置で力を発生したりすることで，作業が実現される．

　マニピュレータに必要な関節数は，ハンドに取らせたい目標位置・姿勢に含まれる独立変数の数と同じとなる．例えば平面内でハンドに任意の位置・姿勢をとらせるには最低3つの関節が，3次元空間では最低6つの関節が必要である．これよりも関節数が少ないと任意の目標手先位置・姿勢を達成できず，逆に多い場合には同じ目標位置・姿勢を達成する関節の値が無数に存在し，その結果手先位置・姿勢を保ったまま腕の姿勢を変化させることができる．このように作業に必要な数よりも多い関節を有するマニピュレータを冗長自由度マニピュレータと呼ぶ．人間の腕は肩から手首まで7自由度と，冗長自由度を1つ有しているので，図2のように手と肩の位置を動かすことなく肘を動かすことができ，これを利用して楽な姿勢がとれる．

3. 目標作業とマニピュレータの動かし方

　マニピュレータの動かし方は行わせたい作業によって異なったものとなる．例えばロボットハンドで部品を掴んで別の場所まで運ぶピックアンドプレース作業では，マニピュレータ手先に目標位置・姿勢を取らせることができればよい．このように手先に目標位置・姿勢を取らせることを位置決めという．また，アーク溶接などにおいては，マニピュレータ先端に目標速度で目標軌道を辿らせることが必要となる．さらにバリ取りなどでは，ロボット以外の対象の表面に沿ってグラインダを動かすとともに，対象に向けて一定の押し付け力を発生する必要がある．

　これらの作業は関節の変位やトルクで実現されるのであるから，作業を実現可能とする各関節への制御入力を求める必要がある．このためのステップは，1）関節の目標動作・トルクの生成，2）目標動作・トルクを実現するための制御系設計，よりなる．1）がロボット工学で主に扱う範囲で，2）では制御工学が中心的な役割を担う．以下で

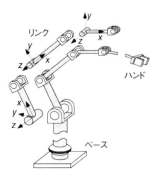

図1　マニピュレータの基本構造

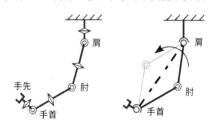

図2　人間の腕は7自由度マニピュレータ

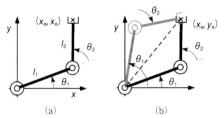

図3　2自由度マニピュレータの運動学モデル

は1）の目標作業に対する関節の目標動作・トルク指令の生成法を示す．なお，以下の説明では作業座標系の次元と関節数が同じであるマニピュレータを前提とする．

3.1　マニピュレータの運動学

各関節の関節変位の値が与えられたとき，これらの値から手先位置・姿勢を算出する計算を運動学計算と呼び，逆に目標の手先位置・姿勢が与えられたときにそれを実現するための関節変位を算出することを逆運動学計算と呼ぶ．位置決めに必要となるのはこの逆運動学計算である．

図3（a）の構造のマニピュレータの運動学計算は

$$x_e = l_1 \cos\theta_1 + l_2 \cos(\theta_1 + \theta_2)$$
$$y_e = l_1 \sin\theta_1 + l_2 \sin(\theta_1 + \theta_2) \tag{1}$$

となる．また，図1のような任意構造をもつマニピュレータについては，まず各リンクの根元にリンク座標系を定義し，次にそれぞれのリンク座標系間の相対位置・姿勢を同次変換行列で表し，最後にこれらの同次変換行列を根元から順に掛け合わせることで，手先の位置・姿勢が算出できる．この方法を用いれば，一般の構造をもつマニピュレータでも，同じ手順で機械的に運動学計算ができる．

一方，逆運動学計算は式（1）の右辺の変数を左辺の値で表すことであり，非線形連立方程式を解く必要がある．図3の例では幾何的な考察から，逆運動学計算の解を

$$\theta_2 = \pm\left(\pi - \cos^{-1}\left(\frac{l_1^2 + l_2^2 - x_e^2 - y_e^2}{2l_1 l_2}\right)\right)$$
$$\theta_1 = \tan^{-1}\left(\frac{y_e}{x_e}\right)\mu\cos^{-1}\left(\frac{l_1^2 + x_e^2 + y_e^2 - l_2^2}{2l_1\sqrt{x_e^2 + y_e^2}}\right) \tag{2}$$

（複合同順）と2通り求めることができる（図3（b））．しかし，6自由度マニピュレータでは，もはや任意の構造のマニピュレータに対する一般的な解法は存在せず，逆運動学は運動学計算と比べてはるかに面倒となる．ただし，手先側3自由度の構造を**図4**のようにしておくと，逆運動学計算が簡単になる．これは，手先3自由度の2番目の関節位置（第5関節）が，ベース側3関節の値のみによって決定できるからである．手順としてはまず，1）目標手先位置・姿勢から第5関節の目標位置を算出し，これを基にベース側3関節の値を決定する．2）ベース側3関節の値と目標手先姿勢から，手先側3関節の値を決める．図4の関節の組み合わせを用いると，このように6変数の連立方程式を3変数の連立方程式2つに分解できるのである．産業用ロボットでよく用いられる構造を**図5**に示す．いずれも手首の部分の位置を計算するための逆運動学計算が簡

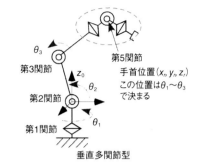

図4　手首3関節の構造

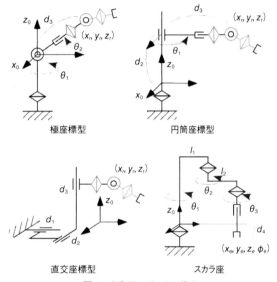

図5　産業用ロボットの構造

単になるように作られていることがわかる．

3.2　マニピュレータの軌道制御

マニピュレータ手先を目標時間軌道に沿って動かすには，次の2通りの方法がある．どちらの方法でも，まず目標軌道にサンプリング時間ごとの目標点列を設定する．その後，（a）各目標点に対して逆運動学計算を行い，関節角の目標点列を求め，これを各関節の制御系で実現する方法，（b）**図6**に示すように，ハンドの現在位置と目標位置の偏差を計測し，この偏差を補うための関節変位の増分をサンプリング時間ごとに計算する方法，の2つの方法がある．

（b）のハンドの偏差と関節変位の増分は共に1サンプリング間の移動量なので，微小量となる．よって，ハンドの変化ベクトルを Δx，関節角の変位ベクトルを Δq とすると，これらの関係には

$$\Delta x = J\Delta q \tag{3}$$

ただし

$$J = \frac{\partial x(q)}{\partial q^T}$$

と表すことができる．この行列 J をマニピュレータのヤコビ行列という．J の各要素はマニピュレータの関節角の関

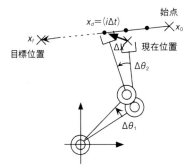

図6 ヤコビ行列を用いた軌道追従制御

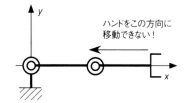

図7 2自由度マニピュレータの特異姿勢の例

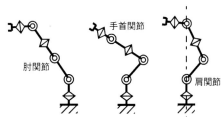

(a) 肘特異姿勢　(b) 手首特異姿勢　(c) 肩特異姿勢
図8 6自由度マニピュレータの特異姿勢

数となっており，姿勢に応じて変化する．例えば図3のマニピュレータのヤコビ行列は次のように求まる．

$$J=\begin{bmatrix} -l_1\sin\theta_1-l_2\sin(\theta_1+\theta_2) & -l_2\sin(\theta_1+\theta_2) \\ l_1\cos\theta_1+l_2\cos(\theta_1+\theta_2) & l_2\cos(\theta_1+\theta_2) \end{bmatrix}$$

このJとその逆行列をサンプリングごとに計算し，さらに

$$\Delta q = J^{-1}(x_d - x) \tag{4}$$

として関節変位の増分を求めることで，ロボットハンドを目標軌道に沿って移動させることができる．

なお，3次元空間においては，一般に手先の姿勢成分の微小変位を表すパラメータとして，手先運動を表すのに便利な角速度ベクトルを用いる場合が多い．ところが，角速度ベクトルを積分してもマニピュレータ手先の姿勢を表現することができない．つまり偏微分すると角速度ベクトルが出てくるような運動学方程式が存在しないのである．よって，姿勢の微小変位を角速度ベクトルで表現する場合には，幾何的な関係から算出する必要がある．

3.3　マニピュレータの特異姿勢

3.2節ではヤコビ行列の逆行列を利用した関節角変位の算出方法を示したが，マニピュレータの姿勢によってはJが退化し，逆行列が存在しなくなる．このような姿勢を特異姿勢という．平面内2自由度マニピュレータの特異姿勢の一例を示す．2つの関節をもつので，可動範囲内で任意の手先位置を実現できる．ところが図7の姿勢になると，ハンドをx軸方向に動かせなくなる．ハンドが右に動けないのは当然であるが，左にも動けないのである．現実にはハンド位置をx軸に沿って左に移動することは可能であるが，この瞬間には速度を発生することができない．これは，2つの関節のどちらを回転させてもハンドに発生する速度がy軸方向のみとなり，x軸方向の速度が生成されないからである．また，図8（a）〜（c）には6自由度多関節型マニピュレータの場合の3つの特異姿勢を示しておく．特異姿勢は，目標軌道近傍に存在するだけで目標関節角速度が急激に大きくなるため，大変危険であり誤差も発生しやすい．このため，ロボットの作業領域は特異姿勢が内部に存在しないよう設定することが望ましい．

図3（b）では2リンクマニピュレータの2つの逆運動学解を示した．どちらの解を利用しても手先目標位置を達成できるが，現在の姿勢から目標姿勢に動いた場合，片方の解に到達するには特異点通過が必要となる．このため，解を選択する際には注意が必要である．

3.4　マニピュレータの静力学

手先で発生すべき目標力Fとそれを実現するための各関節のトルクτの関係は，力学的な考察から

$$J^T F = \tau \tag{5}$$

と得ることができる．式（5）は，マニピュレータが冗長自由度をもっている場合でも，静的には手先の目標力を出すためのトルクに冗長性が存在しないことを示している．特異姿勢では，ある方向からの力に対して，すべての関節のトルクが0となる．図7の例ではx軸方向からの外力に対してはトルクが0となる．これは，関節にトルクを発生させなくとも，外力に対する反力が発生することを意味している．腕立て伏せの際に，腕を伸ばした状態では体重を支えていても腕が疲れないのはこのためである．

4.　マニピュレータの動力学

4.1　逆動力学計算の方法

マニピュレータ手先に目標時間軌道が与えられたとき，それを実現するために各関節のモータが発生すべきトルクを計算することを逆動力学計算と呼ぶ．これは制御系におけるフィードフォワード項を表しており，マニピュレータを高速に動かす際に必要となる．

この計算を行う方法としてニュートン・オイラー法を紹介する．マニピュレータは剛体リンクが連結された構造をもつので，各リンクの運動に必要な力とモーメントを個別に求めておき，次にこれらを与えるための関節角トルクを計算するものである．手順は以下の通りである．

1) 目標軌道から各関節角・角速度・角加速度を算出．
2) 各リンク重心運動と回転運動を算出．
3) 2) の運動を実現するために各リンク重心に与えるべ

き力およびモーメントを算出.

4) 各リンク根元側関節から与えるべき力およびモーメント算出. この成分のうちモータが発生すべき成分を抽出.

以上の手順で得られたマニピュレータの逆動力学計算結果は, 式 (6) のように表すことができる.

$$\tau = H(q)\ddot{q} + c(q,\dot{q}) + g(q) \qquad (6)$$

ただし, H はマニピュレータの慣性行列, c はコリオリ力・遠心力からなる項, g は重力項をそれぞれ表す.

現在の関節変位および関節速度をセンサで測ることができたとし, トルク指令を式 (7) として生成する.

$$\tau_d = H(q)\{\ddot{q}_d + K_v(\dot{q}_d - \dot{q}) + K_p(q_d - q)\} + c(q,\dot{q}) + g(q) \qquad (7)$$

ここで K_v, K_p はそれぞれ速度誤差, 位置誤差に対するフィードバックゲイン行列である. この指令トルクを式 (6) 左辺に代入し整理すると

$$\ddot{e} + K_v\dot{e} + K_p e = 0 \qquad (8)$$

が得られる. ただし $e = q_d - p$ である. よって, 式 (8) を解いて得られる $e(t)$ が時間とともに 0 に収束するよう K_v, K_p を決めておくことで, 軌道追従が実現できる.

4.2 減速機の効果

実際のロボットでは関節軸とモータ回転軸の間に減速機が用いられることが多い. 図9 は減速比 n の歯車でモータと関節軸がつながれた様子を表す. モータの出力トルクを τ とし, モータの運動方程式を求めると式 (9) となる.

$$\tau = \left(I_m + \frac{1}{n^2}I_a\right)\dot{\omega} \qquad (9)$$

ただし ω はモータ角速度, I_m はモータ軸回りの慣性モーメント, I_a はアーム部の関節軸回りのモーメントである. 式 (9) より, 減速機が入ると, モータ回転軸から見たアーム部の慣性モーメントが $(1/n^2)$ となることがわかる. このためアームの姿勢変化に伴い発生する負荷変動の, モータの回転への影響は小さい. また, コリオリ力や遠心力, 他の関節軸との干渉項がモータに及ぼすトルクも $(1/n)$ となる. これらの理由から, ハーモニックドライブなど減速比の大きなギアを持つ産業用ロボットでは, 各関節のモータ単体を制御対象とみなし, 逆動力学計算は行わずローカルなフィードバックで制御することが多い.

5. マニピュレータの物理特性とヤコビ行列

3, 4章において, マニピュレータを目標通りに動かすための基本を示した. では, どのように目標軌道を生成すれば良いのか, あるいはどのような姿勢でマニピュレータを利用すれば良いのか, といったことを知るには, 制御以前の知識としてマニピュレータの物理的特性を把握しておく必要がある. これらの特性として, マニピュレータの動きやすさ, 力の出しやすさなどを挙げることができる. これらは3.2節に示したヤコビ行列を用いて解析することができ, 動きやすい方向には力が出しにくく, 力の出しや

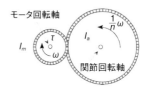

図9 減速機によるトルク伝達モデル

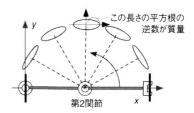

図10 2リンクマニピュレータの慣性楕円体

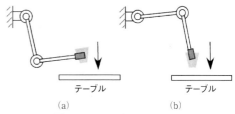

図11 コップを机に置くには?

い方向には動きにくい, といった特性を導くことができる. また, ヤコビ行列と式 (6) の慣性行列を用いると, マニピュレータ先端での実慣性行列を求めることができる. 第2関節の値のみ 0°〜180° まで変化させ, そのときの手先の慣性楕円体を示したのが図10 である. 原点からの半径の平方根の逆数がその方向の質量に対応する. この解析結果を利用した動かし方の一例を図11 に示す. (a), (b) は共にコップをしっかりともったマニピュレータがコップを机の上に置く作業を想定している. 机の高さに誤差がありコップが机と衝突した場合, 図10 からわかるように, (a) に比べて (b) の姿勢では机に垂直な方向へのアーム質量がより大きいため, (b) は (a) に比べ大きな衝撃を発生する. よって, この場合には (a) の姿勢が好ましい. このように, マニピュレータを有効に利用するためには, 動かし方の知識とともに機構としての特性も把握していくことが重要である.

6. ま と め

ロボット工学の基礎としてマニピュレータについての制御方法の概要を紹介した. 紙面の制約から定式化や具体的な計算方法には触れていない. 詳しくはロボット工学の教科書を参照されたい.

参 考 文 献

1) 米田他:はじめてのロボット創造設計, 講談社サイエンティフィク.
2) 米田他:ここが知りたいロボット創造設計, 講談社サイエンティフィク.

はじめての 精密工学

生体電気計測の基礎

Basic Aspects in Bioelectrical Measurements/Yasuhiko JIMBO

東京大学　神保泰彦

1. 生体電気信号としての脳波

「落ち着いてリラックスした状態では α 波が観測され，緊張状態になると β 波が現われる」とよくいわれる．脳波は既に生体計測という分野を超えて日常生活に入り込んでいるように見える．α 波と β 波の区別はその周波数帯域である．8～13 Hz の領域に観測される活動を α 波，13～30 Hz の信号を β 波と呼んでおり，この他に δ 波（0.5～4 Hz），θ 波（4～8 Hz）と称する低い周波数の活動もある（**図 1**）．これほど身近な脳波であるが，実はこれらのリズムと脳内で実際に起こっている現象との対応関係は，今日でもすべて明らかになっているわけではない．

β波（13～30Hz）

α波（8～13Hz）

θ波（4～8Hz）

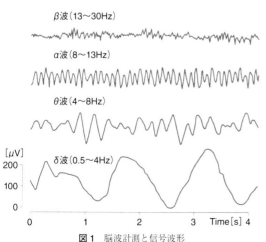

δ波（0.5～4Hz）

図1　脳波計測と信号波形

脳波に関する最初の報告がなされたのは 1924 年，したがって脳波計測は約 80 年の歴史を有することになる．Electroencephalogram（EEG）と命名した有名な Berger の報告[1]も，発表当時はなかなか認められなかったそうである．電気現象の計測が普及していなかった時代にあって，電源ラインに起因する誘導雑音の 1/100 程度の信号を生体由来と結論づけるのが難しかったことは容易に想像できる．開眼時と閉眼時で明らかに波形が異なる，覚醒状態から睡眠状態に移行するに従って信号が変化するなどの実験事実が積み重ねられ，生体電気信号と認められるようになったといわれている．現在では脳波は覚醒水準と密接に関係していることが知られており，一般論として活動レベルが高くなるほど高周波成分が増える，眼を閉じると α 波が顕著になり，睡眠状態に入るときには低周波成分が支配的になる，いわゆる REM（rapid eye movement）睡眠時には脳波にも特徴的な波形が出現する，深い睡眠時には δ 波が観測される，などが共通認識となっている[2]．

図 1 に示すとおり，脳波計測では，普通，頭皮上に皿型の電極を貼り付けることによって信号を導出する．電極の位置は国際 10/20 法など標準的な規格が定められており，脳の活動部位と相関のある信号が得られると考えられている．前述の α 波や β 波に代表される自発脳波に加えて，様々な刺激に対する反応として観測される誘発脳波の時空間的な発生・伝播パターンの解析により，脳機能解明に向けた様々な試みが行われている[3]．しかし，頭皮の表面に設置した電極から導出される信号に，頭蓋骨内の脳活動がどのように反映されるかを説明するのは必ずしも容易でない．

生体システムにおいて，電気信号を利用しているのは脳神経系だけではない．心臓や筋肉といった「動き」の制御にも電気信号が深く関わっている．これらの組織の活動に対応する生体電気信号—心電図や筋電図—の計測も，臨床応用を含めて広く行われている．以下では，まずこれらすべてに共通する細胞レベルの生体電気現象—細胞膜電位と活動電位—について解説する．ついで，この生体電気現象が計測点にどのような信号として伝わるのかという視点から考察する．最後に計測における実際的な問題—電極や雑音—について述べる．

2. 細胞が発生する電気信号

　生体電気現象の実体は細胞膜電位とその時間的な変化である．分子ポンプの働きによって作り出されるイオンの不均一な分布がその発生源である．代表的な分子ポンプである Na-K ATPase が消費する ATP（Adenosine TriPhosphate）は脳全体の消費量の 70% に達するといわれていることからも，この現象の重要さがわかる．定常状態では，細胞内は細胞外に比べて K イオンが多く，Na イオンが少ない状態に保たれている[4]．

　不均一に分布するイオン種に対しては拡散の駆動力が働き，これと電界によるドリフトの作用がつり合ったところで平衡電位が決まる．あるイオン種 i に対してその平衡電位 E_i は以下に示す Nernst の式で定量的に記述されることが知られている．

$$E_i = \frac{RT}{Z_i F} \ln \frac{[c_i]_{out}}{[c_i]_{in}} = \frac{58[mV]}{Z_i} \log \frac{[c_i]_{out}}{[c_i]_{in}} \quad (20℃)$$

E_i：平衡電位，R：気体定数，T：熱力学的温度，Z_i：イオンの価数，F：ファラデー定数，$[c_i]_{out}$：濃度（細胞外），$[c_i]_{in}$：濃度（細胞内）

1 価のイオンについては，10 倍の濃度比に対して室温で 58 mV の電位差が発生することになる．典型的な神経細胞で見られる 70 mV という数値に比較的近い値であり，細胞内外のイオン濃度がこれに近い状態であることが推測できる．実際には神経細胞の膜電位に寄与するイオンは単一ではなく，K，Na，Cl の 3 種類を考慮するのが一般的である．それぞれの膜透過度を p_K，p_{Na}，p_{Cl} で表すと，全体の平衡電位 E_s は以下の式で与えられる（Goldman-Hodgkin-Katz（GHK）の式）．

$$E_s = \left(\frac{RT}{F}\right) \ln \frac{p_K K_{out} + p_{Na} Na_{out} + p_{Cl} Cl_{in}}{p_K K_{in} + p_{Na} Na_{in} + p_{Cl} Cl_{out}}$$

この式から，細胞膜に対する K，Na，Cl それぞれの透過性に応じて膜電位に対する寄与の程度が決まることがわかる．定常状態で支配的なのは K イオンの透過性であり，このときの膜電位（約 −70 mV）を静止電位と呼ぶ．これに対し，一時的に Na イオンの透過性が支配的になる場合があり，Na の平衡電位に近づくことによる過渡現象が生じることになる．このときに発生する約 1 ms，100 mV のパルス信号を活動電位と呼んでいる[4]．

3. 細胞膜電位と細胞外計測信号

　生体電気現象の発生源が細胞膜電位であることを考えれば，細胞内と外部とに電極を設置し，両者の間の電位差を測ることが最も直接的な計測法である．実際に，ガラス管の先端を細く引き伸ばして内部に電解質溶液を充填した微小電極を細胞に結合させるパッチクランプ[5]，あるいはホールセルクランプと呼ばれる手法が電気生理学分野で標準的な手法として確立され，広く利用されている．しかし，細胞内に電極を挿入するのは限られた実験環境下であり，多くの場合，電極は細胞の外部にある．脳波計測における

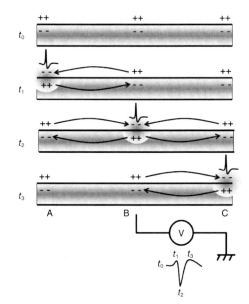

図2　活動電位の伝播と細胞外記録信号

頭皮上の電極と電気信号を発生する細胞の間には大きな距離がある．ここでは，まず細胞外であるがその近傍に電極が設置できる場合に観測される信号について考えてみる[6]．

　細胞をとりまく環境は，電解質溶液である．細胞が静止状態にあり，電流が流れなければ導電性を有する電解質溶液内は定電位であり，細胞外の 2 点間に電位差は生じない．これに対し，細胞が活動電位を発生するとイオンの移動が起こる．細胞外から内部に流れ込む Na イオンが代表的なものであり，このイオンの流れが局所的な電位変化を引き起こすことになる．神経細胞ではその信号出力部分である軸索突起上を活動電位が伝播することが知られており，このとき発生する細胞外電位変化の時間経過は定性的に図2のように表せる．時刻 t_0 は静止状態，細胞内が一様に負に帯電した状態であり，このとき細胞外は等電位である．時刻 t_1 において A 地点に活動電位が発生し，細胞外から細胞内に Na イオンが流入，細胞内の極性が反転する．このとき AB 間での閉回路を考えると，細胞内外に矢印で示すような電流が流れることになり，細胞外で見ると B の電位が A よりも相対的に高いことになる．その後 B（t_2），C（t_3）へと伝播する活動電位に対応して図のようにイオンの流れが生じると考えられる．B 点に測定電極を設置する場合を考えると，ここで観測される電位変化は ＋－＋ という 3 相性の時間経過を示すと予想される．

　図3（A）（B）に，実際の神経細胞から記録した活動電位信号の例を示す．単離培養という手法により，個々の細胞が可視化された試料を利用したものである．（A）の中央付近の細胞に右側から接触しているのがガラス管微小電極であり，この電極を通じて計測された細胞膜電位が（B）の一番上のトレース（$V_{int}1$）である．上向き数 10

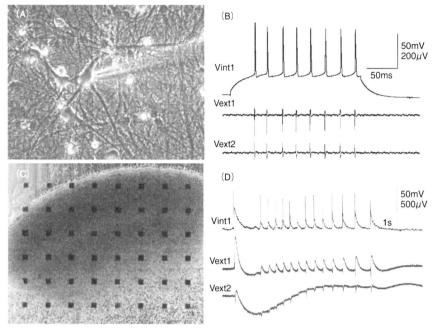

図3 細胞膜電位と細胞外計測信号　（A）ガラス管微小電極による細胞膜電位の計測　（B）細胞膜電位と活動電位に対応した細胞外信号の同時計測　（C）脳切片試料と細胞外信号記録用電極群　（D）切片試料から記録された細胞内・細胞外電気信号

mV の振幅を示す 8 回のパルス状の電位変化が活動電位である．これに対し，2，3 段目のトレース（$V_{ext}1$，2）には細胞外に設置した 2 つの電極で計測された信号を並べて表示している．細胞内信号として記録された活動電位に対応してそれぞれパルス状の信号が観測されている．2 つのトレースで逆極性の波形となっており，記録電極付近での電流分布が異なることが示唆される．このように，観測される波形が細胞との相対的な位置関係に依存して様々な形状を示すことが細胞外計測の 1 つの特徴である．また，観測される信号強度も細胞内と細胞外では著しく異なる．この例では，細胞内で 100 mV に近い信号が，細胞外では 100 μV の桁になっている．細胞外環境が導電性の溶液であり，この体積導体中を流れる電流のごく一部が計測系への入力になることを考えれば当然であるが，この段階での信号の減衰が避けられないという事実に注意が必要である．

次に，脳切片試料から記録した信号を図3（C）（D）に示す．（C）で規則的に配列している格子点が細胞外に設置した電極であり，その上に切片試料を置いた形になっている．前述の単離培養とは異なり，切片試料では多数の神経細胞が脳内での 2 次元的な配列を保存した状態で並んでいる．厚さ方向にもある程度の数の細胞があり，これらすべての細胞群の活動に伴う信号が加算された形で計測されることになる．多数の細胞の信号加算は大きな信号を生じる可能性がある反面，活動に伴って細胞外溶液中を流れる電流の向きによっては互いに打ち消し合うこともあり得る．（D）に示す例では，（B）との比較においてゆっくりした時間経過の信号が顕著に見られる．最上段のトレース

（$V_{int}1$）は細胞内記録，下 2 段（$V_{ext}1$，2）は細胞外信号であるが，$V_{int}1$ に見られる活動電位とその後のゆるやかな電位変化に対応して，$V_{ext}1$ では下向きのパルス信号と上向きの電位変化が見える．後者は単一細胞の活動計測では見られなかった現象であり，細胞群の活動が加算された結果と考えるのが妥当である．

細胞外計測では，細胞の電気活動に伴って流れる電流により電解質溶液中に誘起される局所的な電位変化が観測される．電流の時空間的な分布は同時に活動する多数の細胞による寄与をベクトル的に足し合わせたものであり，電流源（source）と吸い込み（sink），そして計測点の相対的な位置関係に依存して信号の極性と強度が変化することになる．このように考えると，脳波として計測される信号と信号源としての細胞レベルでの活動の対応の複雑さが想像できる．筋組織や心臓では，組織の構造や活動する細胞の同期性ゆえに状況はもう少し簡単であり，体表で計測される筋電，心電波形を筋線維や心筋細胞の活動電位と対応づけて理解することも可能である．

4. 電 極 と 雑 音

「生体組織表面に生じる局所的な電位差」が多くの場合生体電気計測の対象となる．計測系への入力インターフェイスは電極であり，ここで電荷の担体—キャリア—について考えておく必要がある．生体組織中のキャリアはイオンであるが，計測システムのキャリアは電子である．そのため電極表面でイオンと電子の間の電荷の授受がどのように行われるかが問題になる．電気化学の分野でよく用いられ

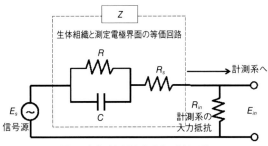

図4 生体電気信号計測系の等価回路

る銀塩化銀電極は，次式に従って界面での電荷の授受が可逆反応として行われるため，その電位が安定している．このような電極を不分極性電極と呼ぶ．

$$Ag \rightleftharpoons Ag^+ + e^-$$
$$Ag^+ + Cl^- \rightleftharpoons AgCl$$

これに対し，生体計測用電極として使用されることの多い金や白金，ステンレスなどの材料は可逆反応がないため，電解質溶液中で電位が安定しない．外部から電流を流し込むと電極/電解質溶液界面に電荷が蓄積し，電極電位が変化する（分極）ことから分極性電極と呼ばれる．ただし，界面での反応がないということは，電極の設置による生体側への影響がないということを意味しており，生体計測における重要な側面である．

銀塩化銀電極の場合，直流および低周波帯では低インピーダンスの抵抗性電極として動作するが，塩化銀の抵抗値が大きいため，高周波帯でもそのインピーダンスはあまり低下しない．これに対し，白金電極では容量性の成分が大きく，その周波数依存性ゆえに 10 Hz 以上では既に同面積の銀塩化銀電極よりも低いインピーダンスを示す．実際の計測においては，これらの要素を考慮した電極の選択が必要になる．

電極と生体組織との界面を抵抗と容量との並列回路にさらに直列抵抗を加えた等価回路で表現し（**図4**），生体の信号源 E_s から計測系入力 E_{in} への伝達特性を考えると，以下の式で表現できる[7]．

$$E_{in}/E_s = 1/[1+(Z/R_{in})]$$
$$Z = (R+R_s)(1+j\omega CR')/(1+j\omega CR)$$
$$R' = RR_s/(R+R_s)$$

ただし，ここで Z は生体側と電極の両者をまとめて簡略化した表現としており，計測系の入力インピーダンスは抵抗成分のみとしている．この式から，計測系の入力インピーダンスは大きく，インターフェイスのインピーダンスは小さくすることが望ましく，また後者の周波数特性に注意を要することがわかる．

体積導体中の伝播過程における減衰の結果，多くの場合生体電気計測の対象は微小信号となる．このため現実の生体計測においては雑音対策が無視できない．雑音は内部雑音と外部雑音に分けられる．前者は計測システム内部で発生するものであり，熱雑音，ショット雑音，$1/f$雑音などがある．計測条件としての温度制御が限られる生体計測において，内部雑音を軽減する要素はあまりない．その中で，電極材料とその表面処理に依存して電極固有の内部雑音が異なる特性を示す場合があることは注意を要する．

外部雑音の主なものは，計測系と雑音源との静電結合，電磁結合，それに漏洩電流である．直流的には絶縁されていても浮遊容量があると交流結合が生じ，外部の交流信号が混入するのが静電結合であり，これに対しては適切なシールドが効果的である．同様に交流電流が作る磁界が計測系の配線などによるループと結合して起電力を生じるのが電磁結合である．基本は交流磁界の発生源を計測系の近くに置かないことであるが，これが避けられない場合は磁界とループとの角度の調整，配線をよるなどによってループ面積を減少させるなどの対策が考えられる．漏洩電流は多くの場合，電源ラインに起因する．通常の交流電源電圧 100 V という値を脳波が計測対象とする 10 μV と比較すれば，ごくわずかな漏れであっても無視できないことは明らかである．適切なグラウンドの設置，一点接地などにより電源の信号が計測系に影響しない系とする必要がある．

5. ま　と　め

生体電気計測の基礎的側面として，信号源となる細胞の電気活動，発生した電気信号の計測システムへの伝達過程，インターフェイスとなる電極の特性に分けて解説した．生体というウェットな系と計測システム—電子回路—というドライな系を接続するゆえにやや多岐にわたる要素の理解が必要になる．下記文献2)では生体電気現象を定量的に扱う筋道が詳しく記述されている．文献7)には生体計測用電極の特性，計測系の雑音対策など実際の計測において必要となる基本的な事項がわかりやすく解説されている．生体電気計測に興味をおもちの方は是非一読されることをお勧めする．

参　考　文　献

1) H. Berger : Arch. f. Psychiat., **87** (1929) 527-570.
2) J. Malmivuo and R. Plonsey : Bioelectromagnetism, Oxford Univ. Press, (1995).
3) T. Musha, Y. Terasaki, H. Haque and G. Ivanitskym : Artif Life Robotics, **1** (1997) 15-19.
4) O. Hamill, A. Marty, E. Neher, B. Sakmann and F. Sigworth : Pfluegers Arch., **92** (1981) 85-100.
5) D. Johnston and S. Wu : Foundations of Cellular Neurophysiology, The MIT Press, (1995).
6) M. Bear, B. Connors and M. Paradiso : Neuroscience, Lippincott Williams & Wilkins, (2006).
7) 星宮，石井，塚田，井出 : 生体情報工学，森北出版，(1986).

はじめての精密工学

光回折・散乱を利用した加工表面計測

Machined Surface Measurement Using Scattered and Diffracted Light
/Yasuhiro TAKAYA

大阪大学大学院工学研究科機械工学専攻　高谷裕浩

1. はじめに

加工技術が飛躍的な進歩を遂げ，ナノメートルオーダの加工精度に到達した今日において，加工表面計測は重要な役割を担っている．例えば，光学部品としての機能を果たさない場合や半導体シリコンウェハのようにより微細な回路パターンの形成が困難になる場合などの例は，表面粗さや表面欠陥を測定，評価することの必要性をよく示している．さらに，最近では，表面にナノメートルオーダの規則的な微細凹凸パターンを加工することにより，部品に高度な機能を与えることも多くなってきており，加工表面計測の方法は，加工の目的によっても多岐にわたっている．

一般に，加工表面は3次元的で，複雑な形態から成り立っている．被測定面に垂直な平面で被測定面を切断したとき，その切り口に現れる輪郭を断面曲線（Profile Curve）といい，この断面曲線よりうねり成分を除去したものを粗さ曲線（Roughness Curve）としている．算術平均粗さRa，最大高さRy，十点平均粗さRzなどの表面粗さパラメータはこの粗さ曲線から算出される．

光を用いた加工表面の測定法は，表面凹凸形状が直接得られる「直接法」と表面凹凸形状を幾何学的統計量として得る「間接法」に大別される．光切断法，光点変位法，光干渉法などの「直説法」触針式によって得られる断面曲線との比較が容易で信頼性が高いというメリットがあるが，測定時の機器調整や測定環境の制約などの点で，製造工程中に使用することは難しい．一方，「間接法」は高速化，簡易化，低コスト化が容易なことから，オンマシン計測やインプロセス計測などの製造工程中における加工表面計測に適している．

そこで本稿では，「間接法」としての光回折・散乱を利用した加工表面計測法の原理とその利点について，特にナノメートルオーダーの超精密加工表面計測に関する具体例によって紹介する．

2. 表面による光回折・散乱現象の基礎

2.1 特徴的な光回折・散乱

物体表面の微細凹凸による光の反射は，ごく日常的な現象である．したがって，ここでは反射光の特性を支配する主な要因と微細な凹凸による回折，散乱現象の基本的な考え方を中心に述べることにする．

初めに，レーザ光を表面に照射したときの，特徴的な光回折・散乱現象を分類してみる．まず，図1はレーザ光を，表面に凹凸が全くない，理想的な鏡面に入射した場合の反射を表している．入射角θ_i，反射角θ_rとすると，光学の教科書の最初に登場する反射・屈折の法則に従って，反射光は$\theta_i = \theta_r$の方向にのみ現れる．このような反射光を正反射光といい，その方向を正反射方向といっている．次に，図2は表面に不規則で微細な凹凸が均一に分布している場合の反射を示しており，入射光はその凹凸によって様々な方向に均一に散乱される．このような反射光を完全拡散反射光と呼んでいる．完全拡散反射の場合，表面の法線方向の強度をI_n，ϕ方向の強度をI_ϕとすると，入射光の角度に関係なく次のランバート（Lambert）の法則に従う．

$$I_\phi = I_n \cos \phi \qquad (1)$$

以上は，表面が理想的な凹凸をもっている場合（あるいは凹凸が無い場合）の反射を表しているが，現実の不規則な凹凸をもつ加工表面の場合は，完全鏡面と完全拡散面の中間的な状態になっている場合が多いため，図3に示すような正反射成分と拡散反射成分からなる反射光となっていることが一般的である．この場合，完全鏡面から表面粗さが大きくなるとともに拡散反射成分が増えていく．そして，表面粗さが，入射光の波長λに対して，$\lambda/2$よりも大きくなると，完全拡散反射に近づいていく．

2.2 光回折・散乱による加工表面計測の基本原理

加工表面の微細凹凸の大きさを表すパラメータと光回折・散乱特性との対応関係をあらかじめ知っておけば，正反射成分や拡散反射成分の光量を測定することによって加

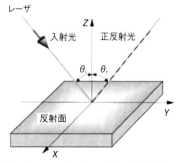

図1 完全鏡面によるレーザー光の反射と反射・屈折の法則

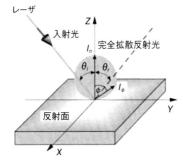

図2 完全拡散面によるレーザー光の散乱とランバートの法則

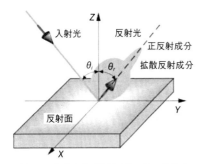

図3 一般的な表面微細凹凸による散乱光

工表面の粗さが推定できる.

　例えば,正反射光法は正反射方向の光強度から表面粗さの高さに関する統計量（二乗平均平方根粗さ R_q）を推定する方法で,研磨加工などによって加工された不規則な微細凹凸をもつ表面の場合,正反射光強度と表面粗さが逆比例の関係にあることを利用している.ただし,粗さ曲線を $f(x)$ とすると,サンプリング長さ l に対して,R_q は次式で定義される.

$$R_q = \sqrt{\frac{1}{l} \int_0^l \{f(x)\}^2 \, dx} \tag{2}$$

いま,R_q が λ より十分に小さく,また表面凹凸の高さの確率密度関数がガウス分布に従うとして,正反射光 I_s は以下の式で表される.

$$I_s = I_0 \exp\left|-4\pi R_q \cos(\theta_i/\lambda)^2\right| \tag{3}$$

ここで,θ_i は入射角,I_0 は全反射光（正反射光＋拡散反射光）である.正反射光法では,上式を利用して R_q を求めている.

　一方,工具形状を表面に転写することによって加工する切削加工表面のように,規則的に繰り返す微細な凹凸がある場合の反射光は,**図4** に示すように,正反射方向の0次光以外に1次回折光,2次回折光などの高次回折光が現れる.この場合,式（3）を用いることはできないが,不規則な凹凸の場合と定性的に同様の現象が起こる.すなわち,表面粗さの大きさが小さくなれば,正反射方向の強度が大きくなり,それとともに1次回折光,2次回折光などの回折光強度が小さくなる.この関係を解析することによって,次章で述べる測定原理に基づいた高精度な加工表面計測が可能となる.

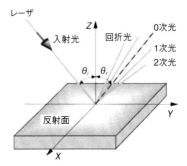

図4 規則的な表面微細凹凸による回折光

3. 超精密切削加工表面粗さ計測の例

3.1 表面微細形状と回折光強度分布

　表面の凹凸が大きい場合は,光の反射現象を幾何光学的に説明できる.すなわち,表面の凹凸を平面や斜面で近似できる微小部分に分割することによって,反射光強度分布を各微小要素による正反射光強度の和として求めることができる.この方法は各微小要素の大きさが波長の10倍以上のときに有効である.しかし,凹凸が微細になってくると回折効果が顕著になり,各微小要素による反射を正反射によって近似することが困難となるため,幾何光学的に求めた強度分布と実際の強度分布が異なってくる.このような場合,回折理論を用いなければ表面微細形状による反射現象を説明できなくなる.すなわち,反射光は各微小要素による回折波の干渉の和として考える必要がある.そこで,周期的な表面による反射現象の解析にFraunhofer回折理論を適用して,回折光強度分布の変化を説明する.

　いま,**図5** に示すようなFourier変換光学系を考える.レーザ光をハーフミラーによって表面微細形状に垂直に入射させ,表面による回折光は再びハーフミラーを通って焦点距離 f のフーリエ変換レンズに到達し,その焦点面でFraunhofer回折像を形成する.このとき,表面における反射直後の物体光の複素振幅分布 $u_0(x, y)$ を開口関数とみなすと,フーリエ変換面における複素振幅 $u(\xi, \eta)$ は次式のような開口関数のフーリエ変換によって与えられる.

$$u(\xi, \eta) = \frac{1}{\lambda f} \iint u_0(x, y) \exp\left\{2\pi i\left(\frac{\xi}{\lambda f}x + \frac{\eta}{\lambda f}y\right)\right\} dx dy \tag{4}$$

一方,表面微細形状は位相物体として作用し,入射光に空間的な位相差を与える.いま,表面微細形状の高さ分布を $h(x, y)$ とおくと,入射光が表面に垂直な場合,反射直後の物体光の複素振幅分布 $u_0(x, y)$ は近似的に,

$$u_0(x, y) = \exp\left[i\frac{4\pi}{\lambda}h(x, y)\right] \tag{5}$$

と表される.そこで,$u_0(x, y)$ を開口関数として式（4）に代入すると,表面微細形状 $h(x, y)$ によるFraunhofer回折は,

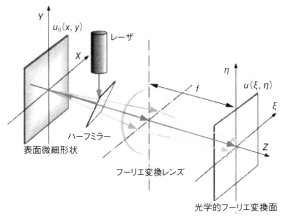

図5 反射型 Fourier 変換光学系の構成

$$u(\xi, \eta)=\frac{1}{\lambda f}\iint \exp\left[i\frac{4\pi}{\lambda}h(x,y)\right]\exp\left\{2\pi i\left(\frac{\xi}{\lambda f}x+\frac{\eta}{\lambda f}y\right)\right\}dxdy$$

(6)

によって与えられる．よって，上式より，表面微細形状を表す関数 $h(x,y)$ を与えてフーリエ変換を行うことによって Fraunhofer 回折光の強度分布を計算することができる．

3.2 超精密切削加工表面粗さの測定原理

ナノメートルオーダの超精密切削加工表面の表面微細形状 $h(x,y)$ を，三角形状の微細な溝としてモデル化し，式（6）に基づいて回折光強度分布を解析すると，溝の深さに相当する最大高さ R_y と回折光強度との関係式を求めることができる．

そこで，測定原理を実際の超精密加工表面に対する Fraunhofer 回折強度分布の実測例によって説明する．触針式によって得られた，**図6** に示すような規則的な表面微細形状をもつ超精密ダイヤモンド切削加工表面にレーザー光を照射し，図5 の光学系を用いて測定した Fraunhofer 回折光強度の測定結果を**図7** に示す．図7（a）は Fraunhofer 回折パターンを，図7（b）は強度分布の測定結果をそれぞれ示している．正反射方向の0次光強度を I_0 とし，1次回折光，2次回折光および3次回折光をそれぞれ I_1，I_2 および I_3 とすると，最大高さ R_y と回折光強度との関係式は次のように表される[1]．

$$R_y=\frac{\lambda}{\pi}\sqrt{\frac{3}{2}\frac{I_1+I_2+I_3}{I_0+I_1+I_2+I_3}}$$

(7)

以上のように，表面微細形状が波長よりも十分小さい場合，回折・散乱光の解析が単純化できる．そのため，光回折・散乱を利用した加工表面計測は，特にナノメートルオーダの高精度な計測への適用性が高く，さらに回折光強度を測定するのみで表面粗さパラメータを直接求めることができる．そのため，粗さ曲線から表面パラメータを求める触針式に比べ，高速で多数の点の計測が可能である．

3.3 ナノ加工表面の測定例

本手法をナノメートルオーダの加工表面計測に適用した

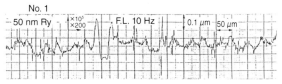

図6 超精密ダイヤモンド切削加工表面の断面曲線（$Ry=50$ nm）

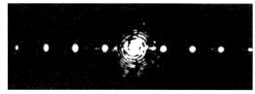

（a）回折パターン

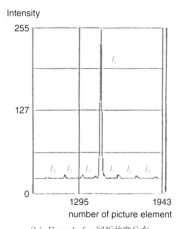

（b）Fraunhofer 回折強度分布

図7 超精密ダイヤモンド切削加工表面による回折パターン

例を紹介する．**図8** の断面曲線は，8 nmR_y に仕上げられた超精密ダイヤモンド切削加工表面の触針式による測定結果を示している断面曲線を示す．図6 に示した 50 nmR_y の加工表面と比較すると，より均一な周期的表面微細形状に仕上げられていることがわかる．さらに，**図9** に Fraunhofer 回折光強度の測定結果を示す．図9（b）の強度分布は0次回折光に 1/800 の光減衰フィルタを透過させて測定したものであり，フィルタの減衰率を補正した実際の強度は0次回折光強度で 118916（A.U.），1次回折光で 127（A.U.）となっている．表面粗さが小さくなったことによって，反射光強度が0次光に集中し，回折光も微弱な1次光のみとなっている．この場合，最大高さ R_y は式（7）において2次回折光以上の強度を0として求められ，42 点の測定において 6.2〜8.5 nmR_y（平均値：7.3 nmR_y，標準偏差：0.5 nm）の測定結果が得られる．

図10 に，上記と同様の表面粗さに仕上げられたアルミニウム合金製の磁気ディスク基板表面（外径 130 mm，内径 40 mm）の写真を示す．この表面を半径方向に8点，円周方向に24点スキャンし，磁気ディスクの両面に対して全面測定を行った結果を粗さマップとして示したのが図

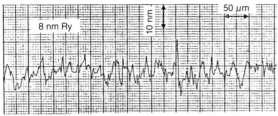

図8 超精密ダイヤモンド切削加工表面の断面曲線（*Ry* = 8 nm）

（a）回折パターン

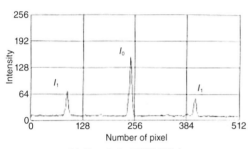

（b）Fraunhofer 回折強度分布

図9 超精密ダイヤモンド切削加工表面による回折パターン

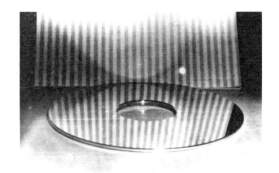

図10 超精密ダイヤモンド切削で加工された磁気ディスク基板

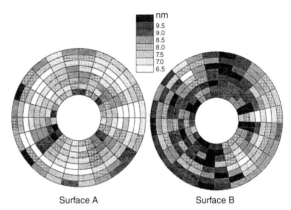

図11 磁気ディスク基板全面のナノ表面粗さ測定結果

11 である．測定結果から，A 面の平均値 7.4 nm，B 面の平均値 8.4 nm が得られており，加工工程における加工精度の違いや表面全体における均一性も評価することができる．このような加工表面全体にわたる評価は，従来の触針式では膨大な時間を要するため非常に困難であり，光回折・散乱を利用した加工表面計測法の大きな利点といえる．

4．まとめ

表面粗さ計測といえば，一般に触針式表面微細形状測定機のおはなしが基本であるが，今回あえて光回折・散乱を利用した計測手法を紹介させていただいたのは，今日の加工技術が光の波長よりもはるかに小さな表面微細形状を実現できるようになったことによって，古くて新しい本技術の適用領域が広がってきていると考えたからである．しかし，「間接法」としての光回折・散乱を利用した計測手法は，「直接法」に比べると汎用性が高いとはいえないため，なるべく一般性の高い基本的な考え方を中心に理解してもらうように努め，さらにできるだけ具体的な測定例を示すことによって，個別のケースに対して基本にもとづいた柔軟な対応ができるよう配慮した．本稿では，主に表面粗さの測定について取り上げたが，光回折・散乱を利用した計測手法は，微細溝形状の形状パラメータ計測[2]，ナノメートルオーダの微細形状の3次元プロファイル計測[3][4]およ

び表面欠陥や表面付着異物の計測など，幅広い応用分野をもっている．また，各種デバイスの高性能化によって，加工工程における高速な計測が可能になってきていることから，加工計測としての高い適用性も有している．紙面の都合で，微細形状による光回折・散乱に関する詳細な理論[5]にはほとんど触れられなかったが，本稿をきっかけにひとりでも多くの読者がそれらの理解に挑戦してくれることを願っている．

参 考 文 献

1) 三好隆志，宮腰貴宏，斎藤勝政：Fraunhofer 回折による超精密ダイヤモンド旋削面の粗さ測定，精密工学会誌，**53**，5（1987）736-742.

2) 高谷裕浩，三好隆志，外山潔，斉藤勝政：回折パターンによる極微細溝形状の測定評価に関する研究―矩形溝形状の測定評価―，精密工学会誌，**57**，11（1991）2041-2047.

3) 三好隆志，高谷裕浩，木下浩一，高橋哲，永田貴之：光逆散乱位相法による微細加工形状計測に関する研究―周期微細溝形状の位相回復―，精密工学会誌，**62**，7（1996）958-963.

4) A. Taguchi, T. Miyoshi, Y. Takaya and S. Takahashi：Optical 3D Profilometer for In-process Measurement of Microsurface Based on Phase Retrieval Technique, Journal of the International Societies for Precision Engineering and Nanotechnology, **28**, 2 (2004) 152-163.

5) 例えば古典的な教科書として，P. Beckmann and A. Spizzichino：The Scattering of Electro-magnetic Waves Feom Rough Surfaces, Pergamon Press, New York, (1963) を薦める.

はじめての 精密工学

金型（前編）

Mold and Die/Hiroshi SUZUKI

九州工業大学情報工学部　鈴木　裕

1. は じ め に

金型は，工業製品の量産化に欠くことのできないツールである．金型を用いることで，同一品質の部品を多量に製造することができることから，電機・自動車部品，生産機器，医療機器，建築資材あるいは身の回りの必需品など金型を用いないで生産されている製品はないといっても過言ではない．高品質な部品を安定して生産するためには，金型の性能が重要であり，日本の金型メーカの多くは，型の設計力と高精度でかつ短納期に型を製作する技術で，優位性をもつ．日本のモノづくり産業を支える重要な産業分野であることが再認識され，政府の政策も変わりつつある．金型の製作には，最新の加工技術，CAD/CAM/CAE 技術が用いられているが，一方で高度な技能も不可欠である．ここでは，金型および金型産業の現状を紹介する．

2. 金型の種類と構造

金型は，オス型，メス型あるいは金型の種類によっては固定型，可動型と呼ばれる一対の型で構成される．型によって作られる空間を利用し，さらに素材を加熱，加圧することで，同一形状の部品・製品を大量に成形加工するために使用される金属製のツールの総称である．素材には，鋼鈑，プラスチック，アルミニウム，マグネシウムあるいはガラスなどが用いられる．**図 1**（a）に示すように板材を成型する金型をプレス型と呼ぶ．一つの工程で成型する単型と複数工程で成型する順送型に分かれる．金型内で板状の材料に対し，抜き，曲げ，絞りといった処理を行うことで部品を製造する．自動車の外板パネルは，プレス型を用いて製作される代表的な部品である．図 1（b）には，鍛造型を示す．金型内の金属材料に高い圧力を加え塑性変形させることで成型する．肉厚が厚い製品の加工に適している．数工程に分けて素材を成型するのが一般的であり，また素材や金型の温度により，冷間鍛造，熱間鍛造に分けられる．プレス加工に比べ，大きな加工力が必要で，また金型が受ける荷重も大きい．したがって，長寿命化のため金型材料に超硬が用いられる場合が多い．図 1（c）には，プラスチック射出成形型を示す．溶融したプラスチック単体や，プラスチックにガラス繊維を混合し金型内に射出し，固化することでプラスチック製品を成型する．プラスチックには，成形時の高温によって硬化する熱硬化性樹脂

と，ガラス転移温度または融点まで加熱することによって軟らかくなり，射出後冷却固化させて製品とする熱可塑性樹脂がある．図 1（d）には，鋳造型を示す．溶融金属を直接型に注ぎ込んで成型を行うための金型である．金属の金型を用いる場合と，砂型を用いる場合があり，前者をダイカスト型と呼ぶ．溶融金属として，鋳鉄，アルミニウム，マグネシウムなどがあり，自動車などのエンジンブロ

（a）プレス金型の例　（株）エノモト
http://www.enomoto.co.jp/ より

（b）鍛造型の例　（株）章城製作所
http://www.ijyouforge.com/shoukai.htm より

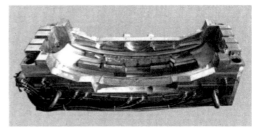

（c）樹脂型の例　川口特殊機鋼（株）
http://www3.ocn.ne.jp/~ktsm/ より

(d) ダイカスト型の例　千曲技研(株)
http://www.chikumagiken.co.jp/dc1.htm より

(e) ブロー成型型の例　(株)柳原製作所
http://www.yanagihara-ss.com/ より
図1　金型の種類

(a) 型閉めおよび射出工程

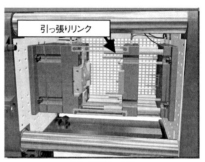

(b) 型開き工程

(c) 離型工程
図2　樹脂型を用いた成型工程

ック，シリンダヘッド，ミッションケースなどはダイカスト金型を用いて生産される．鋳造後に工作機械で後加工を行うのが一般的である．図1 (e) には，ブロー成型型を示す．空気などのガスを原材料に噴きつけて金型に押し付け，成型品を得る．射出成形を利用し，試験管形状のようなプリフォームを成型し，過熱しながらブロー成型する方式が用いられている．プラスチック製品やペットボトルなどがこの工法で生産される．そのほかにも，圧縮成型型，押し出し金型，真空成型型があり，種々の工業製品の製作に用いられている．

3. プラスチック射出成型金型の一般的な構造と成型工程

図2には，プラスチック射出成型金型を用いた成型工程を示す．図2 (a) に示すように射出成型機のプラテンに取り付けられた金型は，油圧またはモータを利用して型閉めが行われる．成型機のスクリュー側に取り付けられる型を固定型と呼ぶ．成型品の製品面側となりキャビティ型とも呼ばれる．一方の型は，駆動源を用いて左右に移動することから可動型と呼ばれる．製品の裏面を構成することになりコア型とも呼ばれる．型閉め終了後，溶融した樹脂

が型内に射出される射出工程となる．

図3に示すように，スクリューから射出された樹脂はスプルー，ランナー，ゲートを介して，型内の空間に充填される．ゲートにはピンポイントゲート，ファンゲート，トンネルゲート等があり，成型品ごとに使い分けられる．成型品のサイズによっては，複数のゲートを用いる多点ゲート方式が用いられる．この場合，型内において溶融した樹脂の流動先端が合流した部分の融着が不充分で，ウエルドラインといった成型不良が発生することがある．その対策として，適切な位置にゲートを配置し，金型温度を高くするといった対策がなされている．樹脂が固化するまで一定時間圧力を一定に保つ保圧期間を経て，図2 (b)，(c) に示す型開き，離型工程となる．図2 (b) に示すように，可動型が開くと同時に，引っ張りリンクにより中間のラン

(a) 射出状況

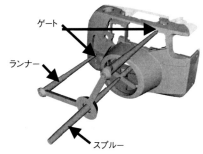

(b) 成型品と溶融樹脂の流入過程

図3　溶融樹脂の射出工程

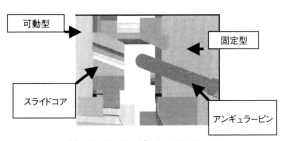

(a) アンギュラーピンとスライドコア

(b) スライドコアの移動

図4　アンギュラーピンとスライドコアによるアンダーカット処理

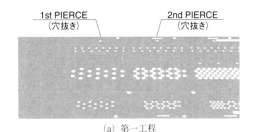

(a) 第一工程

(b) 第二工程

1st BEND（予備曲げ）　　2nd BEND（U曲げ）

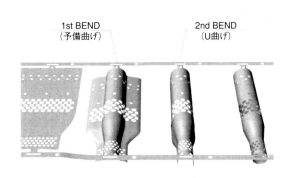

(c) 第三工程

図5　プレス型による成型工程の一例

ナープレートも移動することになる．この動作により成型品とスプルー，ランナー部の分離が行われる．スプルー，ランナー部にヒーターを配置し，樹脂充填後，成型品のみを取り出すホットランナー方式も開発されている．この場合，プレートが3枚で金型が構成されることから3プレートタイプと呼ぶ．また中間プレートがないものを2プレートタイプと呼ぶ．その後，エジェクターピンを押し出すことで，可動型から成型品を離型する工程となる．成型品を離型した後，型締め工程へ戻り上述の工程を繰り返す．こうした型閉め工程から離型工程までのサイクルタイムをい

かに短くして生産性を向上させるかが，重要な課題となっている．

　製品形状によっては，通常の突き出し方式では離型できない形状をもつ場合がある．こうした形状をアンダーカット部と呼び，アンダーカット部にあたる金型の部分には，離型できるように移動させる処理が必要となる．その処理の代表的なものが，スライドコアとアンギュラピンを用いたアンダーカット処理である．図4には，その処理を示す．固定型に斜めに取り付けられたアンギュラーピンが，型閉め時にスライドコア部に挿入され，それに伴いスライドコアが上下方向に移動する構造となっている．

　その他の構造として，金型の温調機構が重要となる．成型品の成型不良の多くは，金型型面の不均一な温度分布に起因している．冷却管内に温度制御した冷却水を流したり，あるいはヒータを挿入し型温を保つといった温度制御が行われている．

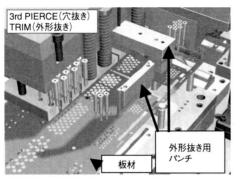

図6 ピアス，トリム部の金型カットモデル

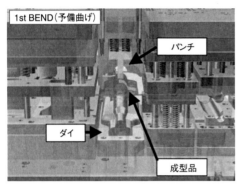

図7 パンチとダイによる成型部のカットモデル

図8 順送金型

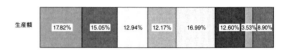

□9人以下 □10〜19人 □20〜29人 □30〜49人 □50〜99人 ■100〜199人 ■200〜299人 ■300人以上

■9人以下 ■10〜19人 ■20〜29人 □30〜49人 □50〜99人 ■100〜199人 ■200〜299人 ■300人以上

図9 金型メーカの規模（経済産業省 工業統計より）

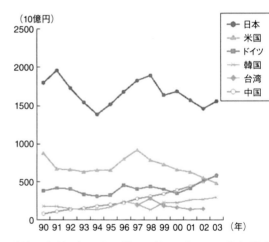

資料：日本，韓国（1998年以降）および中国を除く国は，国際金型協会（ISTMA）統計（2003年台湾はデータ無し）．
日本は工業統計表（産業編），韓国は韓国金型工業共同組合等（2003年は組合予想より推定），中国は中国模具工業協会統計（2002年は工業協会データより推定）．

図10 国別の金型生産額（経済産業省 工業統計より）

4. プレス金型の一般的な構造と成型工程

図5には，順送プレス型を用いた成型工程を示す．プレス金型に送られた板材に対し，小径のパンチを用いて穴加工を行うのが第一工程となる．この工程では，穴加工を行う際の加工バランスを考慮し，3つのピアス工程で構成されている．

第二工程は，板材の不要な部分を取り除くトリム工程となる．図6には，ピアス，トリム部の金型構造をカットモデルにより示す．さらに，図7に示すようにパンチとダイセットを用いて成型を行うのが，第三工程となる．

図8には，順送プレス型の全景を示す．

5. 日本の金型産業の現状

図9に，日本の金型メーカの規模と規模別の生産割合を示す．19人以下の企業が90パーセントを超えており，中小企業の占める割合が極めて高いのが特徴である．しかしながら，19名以下のメーカの出荷額は36パーセントにとどまっているのが現状である．全体の出荷額は1兆6400億円となり，出荷額は平成15年以降増加傾向にある．国別の生産額を図10に示す．生産額を急激に伸ばしているのが，中国である．日本は世界の生産の4割弱を占めているといわれている．

6. お わ り に

日本のものづくりに欠くことのできない金型と金型メーカの現状を紹介した．最後に型構造を紹介するにあたり，(株)クライムエヌシーデーの協力を得たことを記し，感謝の意を表す．

はじめての 精密工学

金型（後編）

Mold and Die

九州工業大学情報工学部　鈴木　裕

1. はじめに

　金型の生産において要求されている条件は，①低コスト，②短納期，③高性能である．こうした要求は，商品の短寿命化によるものである．開発コストをかけず，常に新しい製品を作り出すためには，量産のためのツールである金型にも厳しい条件が課せられる．生産現場では，新しい技術の開発と生産工程の見直しが常に行われている．金型生産のコンカレント化は一般化しており，また金型生産における工作機械依存度は以前に増して高まっている．新しい加工技術は，工作機械とともに海外での展開が容易であることから，難易度の高い成型用の金型を設計する技術の追求が重要になると考える．ここでは，金型生産のための新しい加工技術とトライ工程の削減を目的とする解析技術の適用例を示す．

2. 金型の生産手順

　3次元データで支給される製品データを基に，製品の表側に対応するキャビティ部と裏側になるコア部の設計が最初に行われる．この場合，使用する樹脂に対応する伸び尺をかける．コア形状に対しては，製品取り付け部のボス形状や製品の強度を増すためのリブ形状を追加する．製品形状によっては，可動型の移動方向に対し干渉部をもつ場合があり，こうしたアンダーカット形状に対する機構設計が必要となる．さらに冷却用水管，エジェクタピンを用いる離型機構を設計する．並行して，モールドベースの設計が行われる．

　こうした型設計において，図1に示すソリッド設計技術の導入が行われており，組み立て図による設計に比較し，型構造の可視性が大幅に向上する．その他として複雑な金型構造部の干渉チェック，解析システムへのデータ転送が可能といった利点をもつ．

3. 新しい加工技術

3.1 多軸加工技術

　金型の高速・高速度加工は，CAD/CAMシステム，マシニングセンター，制御装置，切削工具の性能が向上したことにより，一般化している．等高線ダウンカットに基づく荒取り法を含めた種々の加工法が利用可能であり，ブロック状の素材から，形状を削りだす加工工程に関しては，ユーザーのノウハウに依存しているが，設定した加工工程をサポート可能な機能をCAMシステムは有している．

　図2には，工具経路の生成例を示す．各工程で生じる切残し部を認識し工具経路を生成する機能，平坦部を検出し加工効率の良いフラットエンドミル用の工具経路を生成する機能等，CAMシステムの高機能化には著しいものがある．

　Z方向に深い形状の加工には，従来放電加工が用いられていた．近年L/Dが20を超えるような深彫り加工が可能な工法も開発されているが，こうした形状の加工に，多軸加工機の適用が進んでいる．工具姿勢を変えることが可能なことから，素材と工具および主軸系の干渉を回避しながら加工を行うものである．割り出し位置決めを行いながら

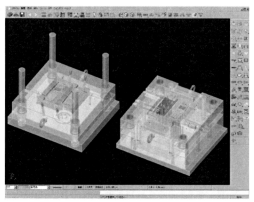

図1 金型のソリッド設計の事例　(株)日本ユニシス提供

図2 工具経路の生成例　(株)グラフィックプロダクツ提供

図3 割り出し位置決めによる同時3軸加工状況

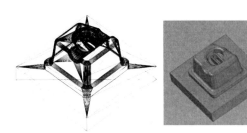

(a) STL データ   (b) 3次元データ

図4 3次元データとSTLデータ

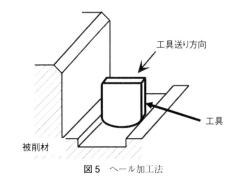

図5 ヘール加工法

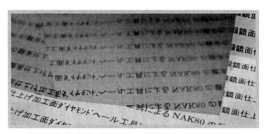

図6 アルミ合金に対する加工結果

図7 仕上げ面の状況 仕上げ面あらさ 0.14 μmRy

同時3軸加工を繰り返す工法と，同時5軸加工法がある
が，割り出し位置決めの精度向上と高速な干渉チェック機
能の開発が課題といえる．工具突き出し長さを最適化でき
ることから，今後金型加工への適用がさらに広まると考え
られる．図3には，多軸加工機による金型の加工状況を
示す．

　高性能CPUの活用に伴い，制御装置の性能も著しく向
上している．サブミクロン単位のデータ処理が一般化して
おり，CAMシステムの一層の高精度化が必要となる．現
状のCAMシステムでは，図4に示すように工具経路生成
にファセット法を用いることが多い．形状を三角形パッチ
で近似した上で，工具形状と三角形パッチとの接触位置を
求めて工具経路とするものである．定義形状と三角形パッ
チとのトレランスを規定した上で，多面体近似することに
なるが，制御装置の精度に合わせて，サブミクロンのトレ
ランスで多面体近似することは，膨大なデータの生成とな
り，工具経路の生成が困難になることが予想される．連続
性を保障した形状データを不連続な多面体近似すること
は，工具経路生成の信頼性向上にはつながるが，工具経路
の連続性は低下する．工具経路には高精度化が求められて
おり，新たな工具経路生成アルゴリズムの開発と3次元
CADデータの高精度化が必要と考える．

3.2 ヘール加工技術

　金型の仕上げ加工技術として，図5に示すようにヘー
ル加工が開発されている．ブレード上の工具を主軸に取り
付け，回転させることなく送り駆動系を用いて加工を行う
方式をとる．切り込みは，数μm以下と小さく，すべての

切削点における切削速度が等しくなることから，均一な仕
上げ面を得ることができる．シェーピング加工，引っかき
加工とも呼ばれ，超精密加工にももちいられている．

　ヘール加工では加工面に対しすくい角を一定に保つた
め，同時6軸制御が必要となる．図6には，加工事例を
示す．被削材はアルミ合金A5052であり，単結晶ダイヤ
モンドをヘール工具として用いている．仕上げ面あらさ
は，最大高さあらさで0.1μmとなっており，鏡面加工が
可能であることを確認している．超硬工具もヘール工具と
して用いることはできるが，単結晶ダイヤモンドに比較し
て，切れ刃稜線のシャープさが不足しており，最大高さあ
らさで0.35μmとなり，鏡面としての仕上げ面を得ること
はできない．

　また，単結晶ダイヤモンド工具による鋼材のヘール加工
を行う上で，超音波加振技術の適応が有効である．図7
は，周波数27kHz，振幅20μmで，送り方向に加振を加

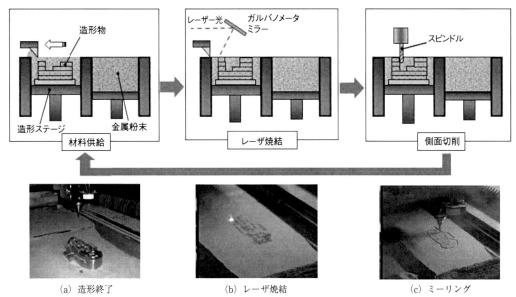

(a) 造形終了　　　　(b) レーザ焼結　　　　(c) ミーリング
図8　金属光造形法の加工プロセス　（株）松下電工提供

え，切り込み1μm，送り速度500 mm/min，ピックフィード0.1 mmの条件でヘール加工を行った結果である．NAK80材に対し，単結晶ダイヤモンド工具を用いることで，0.14μmの面あらさを得ることができた．

3.3　金属光造形技術

　金属粉末に高出力レーザ光を照射し，金軸粉末を溶融固化させることで，3次元形状を積層造形する技術が，開発されている．図8に造形工程を示す．ベースプレート上に金属粉末を供給し，ブレードにより均一な厚さにするのが第一工程である．その後レーザ光を照射し一層分の金属粉末を溶融固化させる．これらの工程を繰り返した後，エンドミルによる等高線加工により形状の側面を仕上げる．その後，金属粉末の供給と溶融固化を繰り返し，再度ミーリングを行い，三次元形状を積層造形する技術である．現在は50μmの厚さで溶融固化させ，10層積層しては，ミーリングを行う方式をとる．

　3次元形状の底の部分から積層造形することをになうため，ミーリング時は，最小の工具突き出し長さで加工ができ，かつ干渉を考慮する必要はないため，工具経路の生成は容易である．

　この技術を用いて，金型を直接造形する試みが行われている．造形領域に制限があることから，小型のプラスチック射出成型金型に適用されている．金型加工の自動化が可能なことから，型納期とコストが大幅に削減可能である．

　この加工法の特徴として，①あらゆる形状のリブ加工が可能，②曲がり冷却管の加工が可能，③素密造形によるエアベント機能の造形が可能といった項目が挙げられる．いずれも，金型の高機能化に欠くことのできない内容である．

　図9には，金属光造形を用いて製作した金型のコア部を示す．形状部には，リブ，エジェクタ用穴の造形も同時

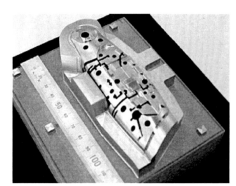

図9　金属光造形により製作した金型

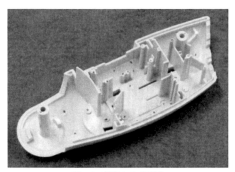

図10　製作した成型品

に施されている．図10には，製作した成型品を示す．

4.　型設計における解析技術の適用

　金型を加工し組み立てた後に，実際に成型を行い，仕様書通りの成型品が得られるまで，金型の調整を行う工程を

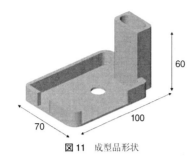

図 11 成型品形状

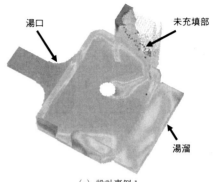

（a）設計事例 1

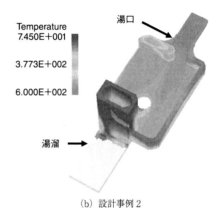

（b）設計事例 2

図 12 型内充填率 85% の状態での温度分布

トライ工程と呼ぶ．この期間が長ければ，納期は遅れることになることから，トライレス化が望まれている．そこで，あらかじめ解析技術を用いることで，成型不良を予測し，解析結果を型設計に反映させることで，トライの回数を極力減らす試みが，行われている．

図 11 には，製品形状を示す．この製品をダイカスト金型を用いて成型する場合，溶融金属の通り道となる湯道，湯口形状と位置を決定する必要がある．そこで，流動解析を用い，成型品内部での溶融金属の流れの状況から，成型不良が発生する可能性を検討した．溶融金属が湯口から型内に流入した際の流速分布から空気の巻き込みによる成型不良が予測できる．

図 12 は，湯口位置を変えて，溶融金属の流れの状況を検討した結果である．型内の充填率 85% の時の状況から，設計事例 1 では，湯溜に溶融金属が充填されているのにもかかわらず，製品部に未充填部があるのが分かる．一方設計事例 2 では，溶融金属の充填がスムーズなのが分かる．

5. 金型産業に対する国の政策

金型産業には，中小零細企業群が圧倒的に多く，人材の確保や技術開発に十分に時間と人材をさけない状況にある．また，短納期での金型製作を実現するため，分業化が進み，金型製造工程全般を理解している技術者が不足してきている．

一方，日本の製造業全般を支えているのは，優秀な技術を有する金型，素形材といった分野の中小企業群であるとの認識に基づき，2005 年経済産業省は，「新産業創造戦略 2005」を作成し，中小企業郡への支援強化を打ち出し，以下に示す 3 つの重点施策が，すでに実施されている．

① 高度部材・基盤産業（サポーティングインダストリー）への施策重点化⇨戦略的基盤技術高度化事業

② 人材，技術等の蓄積・強化

③ 知的資産重視の「経営」の促進

このうち，② 人材，技術等の蓄積・強化に関しては，平成 17 年度より，産学官製造中核人材コンソーシアムが実施され，いろいろな分野での中核人材育成の試みが行われている．金型分野に関しては，岩手大学，九州工業大学，大阪産業大学がプロジェクトを実施している．プロジェクト終了後も，プロジェクト期間に開発したカリキュラムを用いて，教育を継続することが義務付けられており，岩手

大学は平成 18 年度，九州工業大学は平成 20 年度より，大学院での金型教育が行われる．また平成 19 年度から，群馬大学，岐阜大学，大分県立工科短大が，それぞれ金型教育をスタートさせている．大学において，まったく金型教育が行われていなかった日本において，ようやく 4 つの国立大学と公立短大において金型教育がスタートすることとなった．今後，こうした大学が核となり，（社）日本金型工業会，型技術協会等と連携をとりながら，金型人材育成が活発化するものと考える．

6. お わ り に

製造業の海外シフト，韓国，中国といった国々との国際競争の激化，低コスト化・短納期の実現といった厳しい環境にさらされながらも，高品質な金型を短期間に製造する技術により，日本の金型メーカは競争力を維持している．下請け的な体質から脱却し，ブランド力を備えた金型メーカへ変わっていく必要がある．金型メーカの競争力は，型設計に大きく依存している．高いレベルでの設計を教育することは，大学において不可能であるが，ある程度の基本を身につけ，応用力のある学生を輩出することは極めて重要である．また新しい技術開発にも，産官学で取り組めるような体制づくりも必要である．

はじめての不確かさ

Introduction to the Uncertainty in Measurement/Hideyuki TANAKA

(独)産業技術総合研究所 計測標準研究部門 物性統計科 応用統計研究室 田中秀幸

1. は じ め に

近年，トレーサビリティの確保・ISO/IEC 17025「試験所及び校正機関の能力に関する一般要求事項」等に準拠した品質システムの構築が要求され，それに伴い測定における不確かさ評価が重要視されるようになってきたが，校正・試験機関等では普及してきた不確かさもまだ一般には広まっているとはいえない．しかしながら，不確かさ評価は計測結果のばらつきを評価する手段である．つまり不確かさ評価を行えば，測定結果のばらつきがどのような要因によって引き起こされ，大きさがどのくらいになるかということが明示される．この結果は，校正・試験機関だけに利用価値があるものではない．つまり，一般企業で行われる測定・大学等で行われる研究における測定でも有効利用でき，さらにばらつきを求めるための考え方・手法は，不確かさの評価だけではなく，測定すべてに適用できる普遍的なものである．

本解説では，従来の不確かさの解説のように，不確かさの算出法に関する統計的な手法を解説するのではなく，不確かさとはいったい何であるのか，という考え方や，不確かさにまつわる話を中心にした一般の測定・実験でも考慮すべき基礎について解説したいと思う．

2. 測 定 値 を 疑 え

最近ある熟練した測定者から言われたことがある．
「若い人は，測定を行ったとき測定値に表示された結果を鵜呑みにする傾向がある．これは，ディジタル表示の計測器のせいではないか？」

確かに，昔の測定器は指示計器を用いていたので，ある程度以上の精度では値を決定することができない，との認識を直感的に得ることができるが，ディジタル表示ではある値が最小表示桁まで確定的に出てきてしまう．

しかし，ディジタル表示された値も実際は確定値ではなく，ある時間内で積分された平均値であったり，あるサンプリング間隔で取得したデータをそのまま表示したものであったりする．よって，表示値は測定の真値などを表したものではなく，不確かさを含んだものである，という認識を強く持つ必要がある．

このような認識を持たない人は，測定結果を非常に多くの桁数で報告する傾向がある．例えば，測定結果を報告するとき，

37.43547545359 mm

等とするような場合である．これは極端な例であるが，次のような例ではどうだろう．表1に，ある繰返し測定における個々の測定値とその平均値を示す．

この例では，個々の測定値と平均値との桁数は等しい（平均値は個々の測定値より一桁多く表示するときもあるが，今回は個々の測定値の桁数に揃えた）．別にこれで問題ないように思えるが，よく個々の測定値を見てみると，一致している桁は，小数点第2位までであり，それ以降の値は一致していない．つまり，ここまで測定値がばらついているのであれば，下の方の桁はほとんど意味をもたない．それどころか，ここまで桁数が多い場合には，コンピュータで標準偏差等の計算を行った際，計算誤差を引き起こす要因ともなる．よって，この測定結果は表2のように報告する方が望ましい．

さらに言えば，計算を行うときには1.32の部分も除いた方がよい．その方が，計算誤差を引き起こさないですむ．

このようなことは，測定値は不正確なものだ，という認識があれば気がつくことができる．測定結果を評価するためには，まず測定値を疑うことから始めなければならない．

3. ばらつきの要因

不確かさ評価では，1) 測定にばらつきを与える要因をピックアップし，2) それぞれの要因によって引き起こされるばらつきの大きさを評価し，3) 個々のばらつきを合成し，4) 測定結果のばらつきの大きさを算出する．ここで，一番大事なのが，1) 測定のばらつきを与える要因をピックアップすることである．

測定にばらつきを与える要因で一般的なものを次にあげる．

表1 ある繰返し測定の結果報告

1回目	2回目	3回目	4回目	平均値
1.32456458	1.32573463	1.32376540	1.32634297	1.32510190

表2 訂正後の結果報告

1回目	2回目	3回目	4回目	平均値
1.32456	1.32573	1.32377	1.32634	1.32510

- 測定器
- 測定
- 測定対象
- 測定環境

測定器の要因は，その測定を行う装置そのものだけではなく，前処理等を行う際に用いられる装置も含む．また校正の際には用いた標準器の不確かさもここに含まれる．

測定の要因は，測定の行為そのものから引き起こされる要因で，繰返し性，再現性などが含まれる．

測定対象の要因は，被測定物，つまり測定されるものが原因のばらつきである．例えば，円柱の直径測定において，測定場所が異なることによるばらつきや，ロットが異なることによるばらつきなどがある．そのほかにも，サンプリングによるばらつきもこれに含まれる．

測定環境の要因は，室温などである．

一般的にはこのような要因をピックアップし，ばらつきの評価を行うが，非常に気がつきにくい不確かさ要因がもう一つある．それは，「量の定義の不確かさ」である．

測定は，ある測定対象量の値を知るために行う．その測定対象量にはその量の定義が存在する．そして，その量の値を得るために測定方法が規定され，それに則って測定を行うことによって，測定量の値の推定値を得る．しかし，量の定義が不完全であると，その不完全さが由来の不確かさが引き起こされる．

例えば，金属棒の長さの測定を行うことを考えたとき，その定義が「20℃のときの金属棒の長さ」であったとしよう．このような場合，測定環境を整えて20℃のときに測定を行うか，温度を測定しながら長さの測定を行い，20℃からのずれ分を補正すればよい．しかし，定義に「20℃のとき」というのがなければどうだろうか？　このときは，何℃のときに測定を行えばよいのかが分からない．よって，測定時にあり得る温度変化分の金属棒の伸び縮みを不確かさとして考慮する必要がある．

つまり，不確かさの要因を考えるときには，その量の定義がどのようになっているかを考える必要がある．また，そこで大事なのは，量の定義がどのようなものであるか，ということだけでなく，量の定義によって決まっていないものを考える必要がある．この決まっていないものが不確かさの要因になる可能性がある．

例えば，規格等で測定器や測定するための施設の仕様が決まっているときでも，決められていなかった仕様が原因で大きなばらつきを生じるときがある．試験所の試験結果の妥当性を保証するために試験所間比較というものを行うときがある．これは，ある一つの測定対象物を様々な試験所が測定し，その結果を比べあうというものだが，全参加試験所がある規格に則って，同じ測定手順で測定を行っても，測定結果が異なる場合がある．これは参加試験所の能力が原因であることもあるが，量の定義の不確かさが原因であるときも多い．

不確かさ要因をピックアップするときにもう一つ重要な

のが，測定結果に与える影響が大きい要因だけを抜き出すことである．不確かさは二乗和の平方根によって合成される．よって，測定結果に与える影響が大きな要因と比べ相対的に小さな要因はほとんど影響しない．例えば，二つの不確かさ要因があり，それぞれの不確かさの大きさが，1と0.1であるとすると，これらを合成した結果は，

$$\sqrt{1^2 + 0.1^2} = 1.0049\cdots$$

となる．最終的に報告する不確かさは原則2桁となっているので，小さな要因は全く影響しないということが分かるであろう．

またこのことは，製造や測定のばらつきの低減にもいえることである．つまり，ばらつきを低減させるためにばらつきの小さな要因をつぶしてもほとんど意味がない．ばらつきを低減させるためには，一番大きなばらつきの要因をつぶさなければほとんど意味がない．この一番大きなばらつきを知るためにも不確かさ評価は有用である．

4. 実験計画について

不確かさの要因が決まれば，次はその要因によって引き起こされるばらつきを評価する．不確かさ評価では，実際に測定を行ってばらつきを推定するAタイプの評価法と，それ以外の手法であるBタイプの評価法があるが，ここでは，実際に測定を行ってばらつきを評価するAタイプの評価のことを考えよう．

最初に必ず行わなければならないことは，何を評価したいのか，という測定目的の明確化である．つまり，不確かさ評価の場合であれば，評価したいと思っているばらつきを明確化することである．

次は，そのばらつきを評価するための実験を計画する必要がある．しかしながら，この実験を計画するというところがいい加減な場合が非常に多い．よくあるのが，とりあえず測定を行って，その後でどのようにデータ処理をすればよいのか，ということを考えることである．

例えば次のような事例を考えてみよう．
例：ある部品の製造装置を購入したい．その製造装置にはA社製のものとB社製のものがある．よって，その装置を借りて製品サンプルを制作し，そのサンプルを比較することによって，どちらを購入するかを決めたい．製品サンプルを1つ作成するには半日かかり，製造装置は1週間借りるものとする．

このような条件では多くの人は次のような順番で実験を行う．表3にその実験の順番を示す．

別に何の問題もない実験だと思われるが，しかし，このような実験は一番やってはいけない実験である．

前提条件を思い出してみよう．1週間装置を借りる．1つのサンプルを製造するのに半日かかる．もし月曜日の朝から実験を行ったとすると，表4に示すような実験のスケジュールが決まる．

表4を見ると，装置Aでサンプルを製造するのはすべて午前中であり，装置Bではすべて午後となる．もしこ

表3 実験の順番

装置A	(1)	(3)	(5)	(7)	(9)
装置B	(2)	(4)	(6)	(8)	(10)

表4 実験のスケジュール

装置A	月午前	火午前	水午前	木午前	金午前
装置B	月午後	火午後	水午後	木午後	金午後

表5 ランダム化された実験の順番

装置A	(1)	(2)	(4)	(5)	(8)
装置B	(3)	(6)	(7)	(9)	(10)

表6 不確かさの不確かさ

観測値の数　n	不確かさの不確かさ　(%)
2	76
3	52
4	42
5	36
10	24
20	16
30	13
50	10

のような実験を行ったとして，装置Aのサンプルと装置Bのサンプルが異なっていたとしても，これは，装置A，Bが異なることによって現れた差なのか，それとも午前・午後に製造したということが理由で現れた差なのかが区別できない．これでは何のために実験を行ったのかが分からない．このようなデータを得た後で，午前・午後に製造したということが理由の変動と，装置A・Bによる変動とを分離したいと思っても不可能である．つまり，実験データを得た後にデータ処理方法を考えても手遅れなのである．筆者の元にもよく不確かさ評価法についての相談がくるが，たまにこのような「手遅れ」の相談がされることがある．データを取得した後ではなく，データを取得するための実験計画から相談してもらえればよかったということである．

この例の場合では，「実験のランダム化」という手法を行えばよい．実験のランダム化とは，実験を行う順番をランダムにする，ということである．今回の例の場合では，表3で示した順番ではなく，装置A・Bのどちらでサンプルを製造するか，という順番をさいころや，乱数表を用いてランダムに行う，ということである．その一例を**表5**に示す．

このような順番で行えば，装置Aも装置Bも午前・午後両方でサンプルを製造することになり，純粋に装置Aと装置Bで作成されたサンプルを比較することができる．この実験のランダム化は不確かさ評価だけではなくほとんどの実験に適用できる手法である．

このように実験の計画は安易に考えられがちであるが，実験を行う際の最も重要な要素の一つである．実験計画法という手法が品質管理でよく用いられる．しかし，この実験計画法は分散分析等の統計的な側面に注目が集まりがちなのであるが，一番重要なのは，「実験するときには計画を立てる」ということである．

5. ばらつきの推定

不確かさ評価では，測定のばらつきを標準偏差を用いて表すが，その推定された標準偏差はどのくらい信頼がもてるものなのであろうか？

不確かさの算出法を規定した「計測における不確かさの表現のガイド」（原題：Guide to the Expression of Uncertainty in Measurement，略称：GUM）[1]の付属書Eに「不確かさの不確かさ」についての記述がある．「不確かさの不確かさ」とは，推定された不確かさ，詳しくいうと n 個の

データから推定された標準偏差が，真の標準偏差（母標準偏差）に比べどの程度変動するのか，ということを表した指標である．ここで，GUM付属書E内の「表E.1正規分布に従う確率変数 q の独立な n 個の観測値の平均 $\bar{q}$ の実験標準偏差の，その平均の標準偏差に対する比」を本解説「表6：不確かさの不確かさ」として引用する．

表6を見て分かるように，標準偏差の推定精度は非常に低い．たとえ50回の繰返し測定を行って標準偏差を推定しても，母標準偏差と比べて10%値が変化するということが起こっても全く不思議ではない．つまり基本的に，標準偏差は最初の一桁は信頼できても，二桁目は怪しくなってくる．3.ばらつきの要因，でも少しふれたが，不確かさを報告するときは原則2桁となっているのは，2桁目も怪しいので，3桁目など全く信頼できない，というところからきている．これについてはGUMにも，最終的に報告する不確かさはよけいな桁数を与えない方がよい，多くとも2桁の有効数字で十分である，という旨が記載されている．

よって，同様の測定を行った際の不確かさを評価した結果が，異なっていたとしてもそれは当たり前のことである．また，評価された不確かさが有効数字の2桁目で片方の不確かさがもう片方より3，4位小さかったとしても，実際に不確かさが小さいとはいえない．その程度であれば，同等であると見なすべきであろう．わずかな不確かさの大小で一喜一憂することはナンセンスである．

6.「不確かさ」の真の意味とは

不確かさという用語は近年よく使われ始めてきているが，その不確かさの意味を誤解している人は多い．一番多いパターンは，「マイクロメータの不確かさ」という言葉に代表される誤解である．

不確かさの定義は，「測定の結果に付随した，合理的に測定量に結びつけられ得る値のばらつきを特徴づけるパラメータ」である．ここで注目してほしいのは，「測定の結果に付随した」という部分である．

つまり，不確かさとは，「測定の結果に付随」するもの

であって,「測定器に付随」するものではないということである.不確かさとは測定の結果に付随するので,測定器のみではばらつきを評価することはできない.これは例えば,ノギスで金属板の厚さを測定したときのばらつきと同じノギスで豆腐の厚さを測ったときでは,測定のばらつきが異なるのは当然である.つまり,何を測定するのか,という測定対象物が決定しない限り,測定結果のばらつきは評価できない,ということである.

しかし,「マイクロメータの不確かさ」というような,いかにも不確かさが装置に付随しているということをイメージさせる言い方は一般的によくされている.これは,「マイクロメータの校正の不確かさ」のことを短縮して言っているのである.

では,「校正の不確かさ」とは何なのであろうか.マイクロメータを例にとって言うと,マイクロメータは,ブロックゲージを用いて校正される.校正という作業は,標準器を用いて,被校正物に値付けを行う作業のことである.つまり,校正の不確かさとは,標準器によって被校正物に値付けしたその値の不確かさのことである.よって,校正の不確かさも測定結果に付随した不確かさの一つといえる.

次に不確かさの定義内の「ばらつきを特徴づけるパラメータ」という部分を見てみよう.不確かさは測定のばらつきを表すが,それには裏の意味がある.つまり,「かたよりが分かっているのであれば,そのかたよりは補正して,その補正後のばらつきを評価する」ということである.

しかし,不確かさではかたよりを全く扱わない,というわけではない.不確かさでは「未知のかたより」を「ばらつき」として扱う.この典型的な例は,ディジタル表示に起因する不確かさである.例えば,電圧を測定した結果が,2.3 V であったとしよう.この電圧計の最小表示桁は0.1 V である.よって,2.3 V と表示されていても,この値は2.25 V〜2.35 V の間に存在している,ということだけしか言えない.不確かさではこの2.25 V〜2.35 V で値がばらついている,と考えて評価を行うが,実はこれは未知のかたよりを扱っているのである.つまり,2.25 V〜2.35 V 内のどこかには真の電圧が存在している(本来であれば,2.25 V〜2.35 V 内に真の電圧が存在するという保証は全くないが,ここでは便宜的に真の電圧という言葉を用いる).これは,2.3 V からのかたよりである(**図1**).しかし,そのかたよりの大きさは現在持っている情報だけでは全く知ることができないので,これはばらつきと同じ性質をもつ.つまり,不確かさとは測定のばらつきと未知のかたよりを扱うパラメータなのである.

7. おわりに

ここまで本解説は不確かさとは何か,また不確かさに関する周辺の話を行ってきた.ここでは,結びの言葉の代わ

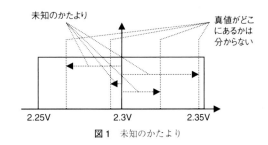

図1 未知のかたより

りとして,さらに不確かさに関して調べてみたい人のために参考文献を紹介したいと思う.

・計測における不確かさの表現のガイド[1]

これは,不確かさ評価におけるバイブルである.不確かさを評価する人はGUM を持っているべきである.しかしながら,不確かさの初心者がGUM を用いて不確かさを学習するのは,慣れ親しんでいない統計に関する記述故に非常に困難である.学習する場合には以下にあげる解説を用いた方がよい.しかしながらGUM は非常に注意深くかかれた文書であり,実に細かなところまで記述されている.よって,不確かさを他の本などを用いて学習した人が,実際に不確かさ評価を行ったときに他の本に書かれていなかったことに直面したときに,GUM にそのことに関する記載がないかを辞書のように用いて調べるとよい.ほとんどのことはGUM に記載されている.

・(独)製品評価技術基盤機構HP[2]

HP 内適合性認定分野のページには,JCSS,JNLA といったISO/IEC 17025 の認定プログラムに関する情報が載っている.その中でも公開文書一覧には,「測定の不確かさに関する入門ガイド」「校正の不確かさに関する表現」と各量の不確かさの見積もりの事例が公開されている.また,JNLA のほうの公開文書には,校正ではなく,試験における不確かさの評価事例が公開されている.

・不確かさWeb[3]

筆者が所属する応用統計研究室が運営するHP で,当研究室と日本電気計器検定所が共同で開発した初心者用不確かさセミナーテキストの半分がダウンロードできる.

・日本電気計器検定所HP[4]

初心者用不確かさセミナーテキストの残り半分がダウンロードできる.

これらの文書類を有効利用し,不確かさへの理解を深め,不確かさを有効に利用してほしい.

参 考 文 献

1) 監修 飯塚幸三:計測における不確かさの表現のガイド,日本規格協会,第1版,(1996).
2) http://www.nite.go.jp
3) http://www.nmij.jp/stats-partcl/uncertainty/uncertainty.html
4) http://www.jemic.go.jp/

はじめての 精密工学

環境振動と精密機器

Precision Machine Dynamics and Environmental Vibration/Masashi YASUDA

特許機器株式会社　技術開発本部　安田正志

1. 機械のダイナミクスを考える

1.1 機械要素を振動制御系として見る[1]

　精密機器と環境振動との関わりを考察するためには機械要素を動的に捉えることが必要になる．ここでは線形集中要素モデルを用いて基本要素の振動特性を表すところから始めたい．

　ニュートンの第2法則が導くところを**図1**のように捉えて，振動問題の制御対象を質量の逆数と置き，制御対象はばねと減衰要素でフィードバックする補償器によって定置されていると考える．質量系の運動を考えるときばねや減衰はフィードバック要素なのである．このモデルは制御システムへの見通しが良いことと，振動制御の制御対象である機械要素の基本特性について多くの知見を視覚的に与えてくれる．制御対象は位置決めステージのシステムであってもよいし，除振支持された機械システムであってもよい．図は集中系1自由度を想定して描かれているが，マトリクス，ベクトルの自由度を上げればほぼそのまま6自由度の剛体システムの記述として読める．図中の s はラプラスの s で，機械システムは質量，減衰，ばねを M, Z, K，力ベクトルや変位ベクトルは d, n, x, x_0 である．

　図1上段の入出力関係から

$$\begin{bmatrix} x \\ n \end{bmatrix} = \begin{bmatrix} \dfrac{1}{Ms^2+Zs+K} & \dfrac{Zs+K}{Ms^2+Zs+K} \\ \dfrac{Zs+K}{Ms^2+Zs+K} & \dfrac{-Ms^2(Zs+K)}{Ms^2+Zs+K} \end{bmatrix} \begin{bmatrix} d \\ x_0 \end{bmatrix}$$

$$= \begin{bmatrix} g_{11} & g_{12} \\ g_{21} & g_{22} \end{bmatrix} \begin{bmatrix} d \\ x_0 \end{bmatrix} \tag{1}$$

のように機械システムの伝達関数行列が得られる．（1）式下段の関数 g_{11} は x/d でコンプライアンス（compliance），g_{12} は x/x_0 で除振特性（変位伝達特性），g_{21} は n/d で防振特性（力伝達特性），g_{22} は n/x_0 で動剛性（制御系であればサーボ剛性）を与える．これらが機械系の基本的な特性を示す．この行列の対角 g_{11}, g_{22} は単位をもつことからここでは構造関数と呼び，g_{12}, g_{21} は無次元であることから伝達関数と呼んで区分の助けとする．

　コンプライアンス g_{11} の縦軸を剛性 K 倍して規格化し，横軸は固有振動数 $\omega_0=\sqrt{K/M}$ で規格化して振動数比 $u=\omega/\omega_0$ に直して無次元化すると

$$\dot{g}_{11}=\frac{K}{-M\omega^2+jZ\omega+K}=\frac{1}{1-u^2+j2\zeta u} \tag{2}$$

となり，これを減衰比 $\zeta=z/2\omega_0 M$ をパラメータとして図示したのが**図2**左の g_{11} である．g_{12} と g_{21} は振動伝達関数（変位入力に対する変位出力，力入力に対する力出力）を与え，コンプライアンスの場合と同じように伝達関数を書き換えると，

$$g_{12\cdot21}=\frac{jZ\omega+K}{-M\omega^2+jZ\omega+K}=\frac{1+j2\zeta u}{1-u^2+j2\zeta u} \tag{3}$$

のように与えられる．防振装置や除振装置の特性を与えるものとしてよく用いられる．g_{22} は m で割って規格化して同じように構造関数を書き換えると，

$$\dot{g}_{22}=\frac{-\omega^2(jZ\omega+K)}{-M\omega^2+jZ\omega+K}=\frac{-u^2(1+j2\zeta u)}{1-u^2+j2\zeta u} \tag{4}$$

となる．（3）（4）式も同様に図2に示す．

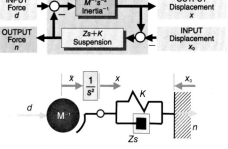

図1 機械システムの入出力モデル

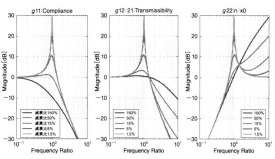

図2 伝達関数行列の特性

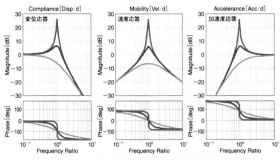

図3 異なる観測量でみた構造関数

2. 振動の応答あるいは現象

2.1 外乱の出力応答

入出力の関係から振動特性を示す関数を導いたが，振動問題は現象としての応答だけが与えられることが多い．例えば制御量とされる変位応答は $x = g_{11}d + g_{12}x_0$ のように外乱が含まれたものとなっている．制御量にとっては外乱の時間的変化が重要なのである．系に入力される振動外乱について，d は直動外乱，x_0 は地動外乱と呼んでその作用を区分している．d を抑制するためにはコンプライアンス特性を操作する制振技術を用い，x_0 を抑制するためには伝達関数を操作する絶縁技術を用いる．しかし，制御量は外乱そのものの大きさ，時間変化に大きな影響を受けるのである．

2.2 時系列応答と振動特性

コンプライアンスと同じ特性を与える構造関数に，出力を速度にとったモビリティ（mobility），加速度にとったアクセレランス（accelerance）などがあり，これらを図3に示す．いずれも制御対象の揺れやすさ＝構造特性（ダイナミクス）を表す関数として用いられる．環境振動の分野では加速度を計測して評価することが多く，構造関数もアクセレランスを用いるのが便利である．最近では露光装置などの精密機器の設置床の特性を示す関数としてアクセレランスが用いられている．

振動現象を変位で見るか速度あるいは加速度で見るかは，得ている情報としては同じであるが，現象としての応答波形には同じ事象を捉えたものとは思えないほど大きく違って見える．環境振動のデータ表示にはトリパタイトチャート（周波数 vs 速度チャートに変位と加速度の罫線を入れたもの）がよく用いられるが，変位・速度・加速度の重みを意識して振動特性を見ることができる．しかし現象は時系列であり，時系列の現象の背景に構造関数の振動特性があることを想定することが重要で，そのことによって機械の動特性の把握に近づくことができる．

2.3 機器の制御と振動の影響

ばね・減衰要素 $Zs + K$ で支持されたステージを位置決めする問題は，$x = g_{11}d + g_{12}x_0$ の入出力特性をもつプラント＝ステージ系 $P(s)$ に対して目標位置 r の指令に応じた

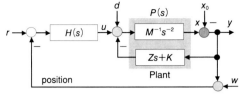

d：直動外乱, X_0：地動外乱, w：観測外乱

図4 位置決め制御ブロック

操作力 u を発生するアクチュエータと制御器 $H(s)$ を付加することによって実現され，制御量 $y = x - x_0$ として図4の制御ブロック図のように示される．

ここで d は風や音，加工力などの直動外乱，x_0 はステージ支持系の振動変位，w は位置の観測外乱を示す．目標値 r からこれらの外乱を含む出力 y までの特性は

$$y = \frac{HP}{1+HP}r + \frac{P}{1+HP}d + \frac{P(-Ms^2)}{1+HP}x_0 + \frac{HP}{1+HP}w$$
$$= \frac{HP}{1+HP}(r+w) + \frac{P}{1+HP}(d - Ms^2 x_0) \qquad (5)$$

のようになる．書き換えた（5）式下段の第二項で明らかなように，制御ゲイン $H(s)$ を大きく取ることができれば，直動外乱や地動外乱の影響は小さくできるのである．ただし第一項に括った観測外乱 w は制御ゲインが前向きに入ることから，制御ゲイン $H(s)$ を大きくしても影響を取り除くことはできない．制御系においては一般的に $H(s) \gg Zs + K$ に制御器が設計されるから，$H(s)$ がばね・減衰特性を決めることになる．$H(s)$ を PID 制御器と考えると K_P（比例ゲイン）はばねと等価になり，K_P がばねに加算されて系の固有振動数を高くすることになる．ばね要素 $Zs + K$ をもたない位置決めステージでは $H(s)$ がばねの替わりを果たすことになる．

位置決めゲインを高めたときに地動外乱の出力への影響が改善される様子を外乱がない場合（黒実線）と比較して図5に示す．ただしこのモデルでは地動外乱が計測系に影響を与えるようにはなっていない．

3. 誤差と振動特性（機械の許容振動）

3.1 精密機器の誤差とダイナミクス

2.3 節で位置決めに外乱が混入することをみたが，位置決め誤差や加工誤差など機械の誤差は，機械座標に対する目標の偏差や運動誤差，相対振動などが誤差として重畳されて出力されている．もちろん熱歪みも大きな要因であるが，ここでは振動に起因するものを考察する．精密機器の誤差にそれ自身のダイナミクスが関連して，振動の影響を受けている．それを伝達特性として記述してみよう．

図6に示すように（ただし図4の x_0 が x に相当している）精密機器の内部座標系は，機器が外乱振動場に置かれることで自らの質量体の慣性力 $-m\ddot{x}$ で歪みを生み，観測量や加工精度の誤差となる．このときの出力誤差が，コン

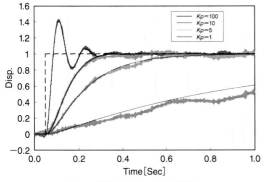

図5 位置決めゲインと地動外乱

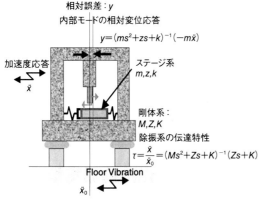

図6 精密機器の動的歪みモデル

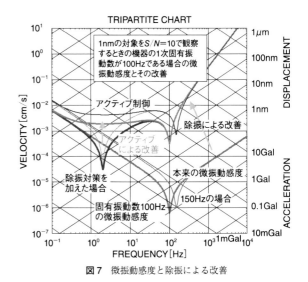

図7 微振動感度と除振による改善

プライアンスで記述できる構造体の振幅で与えられるようにモデル化すると，この変形 y は

$$y = g_{11}(-m\ddot{x}) \tag{6}$$

と機器のその部位のコンプライアンスと慣性力の積になる．外乱が床の振動であるとすると，機器は床の振動加速度に比例する慣性力を受け，それに比例する歪みを生じることとなる．機器の1次固有振動数より低い周波数領域は剛性一定のコンプライアンス特性になるため，歪みはちょうど床の加速度の大きさに比例するものとなる．機器の出力の許容量が変位で規定されるからといって，機械の変位誤差が床の変位振動に比例するわけではない．

3.2 微振動感度と許容振動値[2]

ここで精密機器の最小出力値 Y_{mes}（一般に相対変位 y に比例するものが多いことからその最小出力値を変位で与える Y_{mes} を用いる）に対する許容ノイズの上限を与える微振動入力の最大値を精密機器の微振動感度 $\ddot{X}_s(\omega)$ と定義する．許容ノイズの上限を直接に計測することは一般には困難であるため，機器の出力の線形性を仮定して微振動から機器の出力量までの伝達特性の逆特性を求め，出力精度に必要な S/N で補正することで代用する．機器の最小出力値と S/N の逆数を与える補正パラメータを $A_{S/N}$ と表すことによって，$y < A_{S/N}Y_{mes}$ が成立するから，除振機構

を含む微振動感度は，これにさらに床から機器までの伝達特性 $\tau(\omega) = g_{12}$ を加えて

$$\ddot{X}_s(\omega) = \tau(\omega)^{-1}A_{S/N}Y_{max}|\omega^2 - j2\zeta\omega\omega_0 - \omega_0^2| \tag{7}$$

と考えればよい．これは通常，床振動許容値となる．なお ω_0 はステージあるいは加工部の角固有振動数であり，$\omega_0 = \sqrt{K/M}$ で与えられる．ただし，(7) 式を含むここでの議論は簡単のために除振系との連成を無視している．

一般に精密機器の微振動対策としては機器の剛性の向上と除振対策が双璧である．装置剛性と除振装置がどのように微振動感度に寄与するかをトリパタイトに示したのが図7である．もとのシステムが 100 Hz の1次固有モードをもつとして太い実線でその微振動感度を示している．その固有振動数を 150 Hz にすると感度がどのように動くかを細い実線で示している．共振による谷の位置が右にずれた分，共振点以下の感度特性が向上している．剛性の向上は低域の感度改善に決定的な影響を有することが分かる．このような特性を有した精密機器に除振装置を装着した場合に微振動感度がどのように変化するかを合わせて示している．除振装置はその共振周波数の近傍では伝達特性が劣化してもとの特性の感度を下げてしまう．しかし，共振点より高い周波数領域では大きな改善をする．このシステムでも厳しい感度を有していた 100 Hz や 150 Hz は除振装置の効果によって大きく改善されて，床振動に対してはあまり反応しない特性になっていることが分かる．図は高周波数まで理想的に演算しているが，これほど除振できるわけではない．

床振動の特性がこの感度特性に合致したものであれば除振対策が最も有効なものといえる．しかし，地盤特性や建物によっては除振装置の共振点が引き起こす低域での劣化のために生じる障害が問題となることもある．アクティブ除振技術[3]は除振装置の共振による特性劣化を解消する手

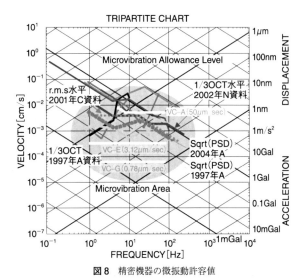

図8 精密機器の微振動許容値

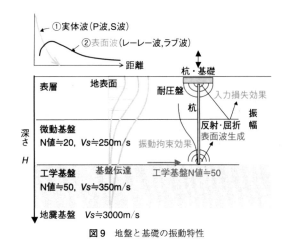

図9 地盤と基礎の振動特性

法として大変有効である.

4. 精密機器の設置環境

4.1 微振動許容値

　精密機器の設置に際してその許容する微振動のレベルが提示されることはかなり一般化したといえる. しかし, 本当にその装置の使用限界を表している許容レベルではなく経験値から相当の範囲で余裕を見た数値が示されていることも少なくない. あまりにマージンが大きいと建物への負担や対策コストが大きくなり, 全体のコスト対応力を欠くこととなる. もっと精密な議論ができるようになることが必要であろう.

　図8のトリパタイトチャートは過去に示された精密機器の許容振動特性を重ねてプロットしている. データは半導体関連の精密機器が多いが, 精密機器の設置点の振動環境と性能実現とが切り離せないようになってきたと考えることができる. また図には最近よく用いられるようになってきたVCカーブを併せて示した. VCカーブは精密施設の環境クライテリアとしてG.C. Gordon氏が提案し, 台湾などの工場建設に用いられて広がった. VC-E～Gは2005年に追加[4]されたが, 要請が厳しくなったと特記されている.

　精密機器の振動許容レベルは時に10 mGal以下という大変厳しい環境を要請するものもあり, 建物の検討, 基礎の検討, 除振・防振の検討は必ず必要とされている. この許容振動特性には当然のことであるが, 精密機器のそれぞれの動特性が大きく反映されており, また, どのような除振特性をもっているかということを含めてその周波数特性を支配している. ただ微細化が進んだ分だけ厳しい許容値になっているかというとそうはなっていない. 設計技術や

制御技術が反映された結果となっている.

4.2 機械基礎の振動特性

　地盤と基礎との関係を**図9**に示す. 地盤振動は地表面が大きく, 表層の表面波（レーレー波, ラブ波）の影響を受ける. 地盤の特性はN値やその剪断速度V_sで示すことが多い. 地震などの影響は工学基盤と呼ぶ固い地盤を伝播してくるが, 微振動はその上面にある微動基盤の影響をより多く受ける. 通例, 建物基盤を表層より深く置くことで地盤振動の影響を小さくすることができる.

　地盤振動に対する対策として独立基礎を採用する例があるが, 注意が必要である. 独立基礎は建物内で発生した振動を遮断するには有効であるが地盤振動に対しては建物と一体であるときに比して基礎の質量が低下した分だけ揺れやすくなっていると考えるべきである. 独立基礎にパイルを併用したり, 複数を連結することはコンプライアンスを下げる意味で効果があるし, 上下振動には大きな拘束効果を発揮する. またここで詳述する紙面はないが基礎や構造物は外部振動に対して入力損失効果を有している.

5. お わ り に

　機械要素の振動特性から環境振動に関係づけて振動問題を概説した. 精密機器にとって振動問題はますます重要になっている. 本稿が振動問題の把握のための一助になればと願う.

参 考 文 献

1) 日本機械学会：機械工学便覧, 基礎編 α2, (2004) 190.
2) 安田正志：微振動測定, 計測と制御, **36**, 2 (1997) 129-136.
3) 野口保行：アクティブ除振・制振による精密機器の微振動制御, 精密工学会誌, **73**, 4 (2007) 410-413.
4) H. Amick, et al.：Evolving Criteria for Research Facilities, Proceedings of SPIE Conference 5933, CA, 31 Jul. 2005.

はじめての精密工学

精密加工・計測における環境とその管理

Environment and Its Control in Precision Processing and Measurements/
Masaji SAWABE

㈱ミツトヨ　沢辺雅二

1. はじめに

　物体は温度が変わると膨張，収縮し，その長さや体積が変わる．したがって，温度が何度のときの長さをもって，そのものの長さとするか，あらかじめ約束し，決めておかなければならない．この温度を標準温度といい，工業的には20℃におけるものと決めている．マイクロメートルとか，それより細かい精度で，機械部品を作ろうとする場合に，その温度に保って作ることをしないと問題となる．これはものづくりにおいて，気をつけなければならないことである．環境条件としては，この温度のほか，湿度，気圧，ほこり，振動などを考えなければならない．湿度は機械部品，特に鉄製部品においてさびが問題となる．気圧は，レーザを使用するときに関係する．ほこり等は精度の高い表面において傷を生じさせる．振動は表面粗さ，光波干渉において問題となる．ほこりに関係する部屋のクリーンの問題は別に述べられるので，ここではそれ以外の環境を温度を中心として，条件と管理について述べる．

2. 環境条件の規格，推奨値

　工業的長さ測定の標準温度が，20℃と決められたのは1932年，国際標準化機構 ISO の全身 ISA においてであった．それは国際度量衡委員会が1931年に決めたことに基づいており，それが ISO に引き継がれて，ISO 1 になっている．この 2002 年版が翻訳規格 JIS B 0680：2007 である．規格本文は1行であるが，制定の経緯，他の規格と関係等が解説に述べられているので参考にしてほしい．

　一方，半導体ほかの試験場所の標準温度は23℃であり，1976年に ISO 554 に決められている．その概要は表1のとおりである．これを受けた日本工業規格は JIS Z 8703：1983 となっており，例えば温度を 20，23，25℃と3種類，許容差は温度 ±0.5〜15℃の5段階，湿度 ±2〜20% の4段階と多く，ISO より広い規定をしている．また日本測定機器工業会の規格 JMAS 5011：1974 は光波干渉計による測定を含んだ規格である．

　表2は，長さ測定の標準室の環境条件として，以前トレーサビリティを議論した計測標準委員会においてガイドラインとして示した条件である[1]．使用者の立場で必要条件を考慮してあり，利用することのできる推奨値である．

3. 温度条件

3.1 測定機器の温度

　熱膨張係数 α，温度 θ の物体の長さ L は温度が20℃より θ 変化すると

$$\Delta L = L\alpha(\theta - 20) \tag{1}$$

となる．比較測定で求める測定物の長さは，基準器に0，被測定物に1をつけて，(1)式に適用し，それぞれ計算して差として示すと

$$\Delta L_{20} \fallingdotseq \Delta L' + L_{20}\{\alpha_0(\theta_0 - 20) - \alpha_1(\theta_1 - 20)\}$$
$$= L' + L_{20}\{(\alpha_0 - \alpha_1)(\theta_0 - 20) - \alpha_1\Delta\theta\} \tag{2}$$

となる．ここで，$\Delta L'$ が測定器で求まる測定値，$\Delta\theta = \theta_1 - \theta_0$，第2項が温度の補正値である．

　この補正値は基準器と測定物の温度が等しく熱膨張係数が異なる場合には

$$\Delta l \fallingdotseq L_{20}(\alpha_0 - \alpha_1)(\theta_0 - 20) \tag{3}$$

である．この式から熱膨張係数の差が 2×10^{-6}/℃のとき20℃から温度がずれたときに生じる誤差は表3となる．

　基準器と測定物の熱膨張係数が等しく温度が違う場合は

$$\Delta l \fallingdotseq -L_{20}\alpha_1\Delta\theta \tag{4}$$

となり，鋼で，両者間の温度差があったときに生じる誤差は表4となる．

　(2)式，あるいは (3)式と (4)式または表3と表4をくらべることにより，基準器と測定物の温度が等しく20℃から離れていても両者の熱膨張係数の差が問題となるだけであるが，温度が等しくないと熱膨張係数そのものが作用するので，温度差の影響が大きいことがわかる．表3，4の合わさったものが実際の温度影響となっている．

　測定機器全体を等しい温度にすることはかなり難しい．温度の不均一のため，その構造に基づくたわみを起こす．その主原因は測定操作者の体温の伝わり，測定環境の変化，照明部からの熱伝導・伝達などで，注意すべきことである．

表1　ISO 554：1976 試験のための標準状態

呼　称	温度（℃）	湿度（%）	気圧（kPa）	注
23/50	23	50		推　奨
27/65	27	65	86〜106	熱帯地域
20/65	20	65		特定分野
許容差（通常）	±2	±5		
許容差（精密）	±1	±2		

表2　長さ標準室の環境条件[1]

条件項目 ＼ 測定の階級 ＼ 環境の種類	E		G	S
	AA	A	B	C
温度（許容範囲を含む）	20℃±0.5℃	20℃±1℃	20℃±2℃	20℃±5℃
温度変化率	0.5℃/h[*1]	1.5℃/h[*1]	特に定めない	
湿度	58%±5%（50～60%で運ぶ）		(45～60)[*2]±10%	(45～60)[*2]±20%
塵埃	電気集塵機，フィルタを用いる[*3]		必要に応じフィルタを用いる	
気圧	760 mmHg（室内を0.1 kPa高く）	すき間から空気が室内に向かってもれる圧力を保つ		
振動	2×10⁻⁵ m/s（rms） 2×10⁻⁴ G（×10⁻⁶ m/s²） 変位 0.3 μm以下	必要に応じ除振台		特に定めない
電磁界・伝導妨害	必要に応じ電気標準室と同じ条件[*4]	特に定めない		
電源条件	電圧±1%以内 周波数±0.5%以内	特に定めない		
接地	10Ω以下[*5]	第3種接地工事		
照明	作業の種類によって電気標準室と同じ（一般：500 lx以上，細かな目盛読取り：1000 lx以上）			
騒音	50ホン以下	特に定めない		

注　*1　0.5℃/hより周期的変化を早くとることもある.
　　*2　上限が70%を超えないようにする.
　　*3　塵は0.5 μm以上のものに対し10⁵/ft³，すなわちISO 7（M5.5）くらいを目安とする.
　　*4　測定に影響を及ぼす外来電磁波・電源線・信号線経由などに対シールド・フィルタなどを設備する.
　　*5　空気調和装置と離し，室内端子からアース端まで10 m以内がよい.

表3　基準器と測定物の熱膨張係数の差が2×10⁻⁶/℃で，20℃から温度がずれたときに生じる誤差　　　単位：μm

測定長（mm） ＼ 20℃からのずれ（℃）	1.0	2.0	4.0	6.0	10
10	0.02	0.04	0.08	0.12	0.20
25	0.05	0.10	0.20	0.30	0.50
63	0.13	0.25	0.50	0.76	1.26
160	0.32	0.64	1.28	1.92	3.20
400	0.80	1.60	3.20	4.80	8.00

表4　基準器と測定物が鋼（11.5×10⁻⁶/℃）で両者間に温度差があったときに生じる誤差　　　単位：μm

測定長（mm） ＼ 温度差（℃）	0.2	0.5	1.0	2.0	4.0
10	0.02	0.06	0.12	0.23	0.46
25	0.06	0.14	0.29	0.58	1.15
63	0.14	0.36	0.72	1.45	2.90
160	0.37	0.92	1.84	3.68	7.36
400	0.92	2.30	4.60	9.20	18.40

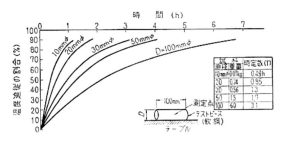

円柱の温度追従（木製テーブル上）

図1　木製机上における鋼円柱の温度追従

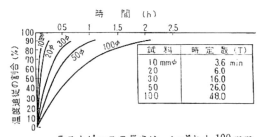

テストピースの長さは，いずれも100 mm

図2　鋳鉄製定盤上における鋼円柱の温度追従

3.2　温度の追従

（1）鋼円柱を外気10℃の外部から20℃の部屋に持ち込み木製机の上においたとすると，鋼の熱容量によってその温度は図1のような一時遅れ系の応答にあう変化をしつつ20℃に近づく[2]．変化量の90%前後からは分布系的な変化になり時間がかかっている．また20℃の室の鋳鉄製定盤上に置いたときは図2のように定盤の温度に引かれて2～4倍の速さで20℃に近づいている．このような現象を用いれば早い処置ができる．

三次元測定機のように，大きい測定機では温度を所定に

し，そして均一にするために数日が必要であり，夏冬では恒温恒湿室を昼夜連続運転することになる．

（2）恒温恒湿室でも上下にて気温が変わっている．還気のため床をあげた格子状床では問題が少ないといえるが，一般床では床上30～40 cm以下は床の温度に近くなっていく傾向の変化をもっている．図3はほぼ均一になっている1 mブロックゲージを立て，1時間後に定盤上に倒し

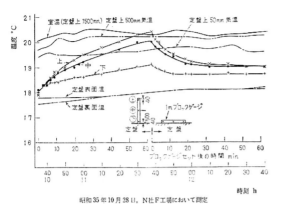

昭和 35 年 10 月 28 日，N社F工場において測定
図 3　長尺ブロックゲージの温度変化例

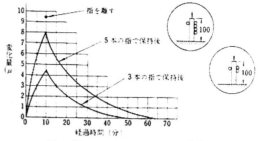

図 5　指からのブロックゲージへの伝熱例

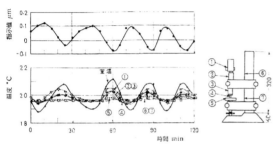

図 4　指針測微器の温度と指示変化例

たときの温度変化例である[3]．立てたその部分の気温によって上部と下部とが変わり，倒した後，均一になるためにはさらに多くの時間を要している．長いブロックゲージを使用するときはすばやい測定が望まれる．

（3）恒温室におけるオンオフの気温変化による比較測定器の指示値，測定器の温度変化の一例を図 4 に示す[2]．室温は ±1℃ の変動で，各部の温度変化は細い部分の変動が大きく，指示は ±0.1 μm 振れている．支柱の⑦は測定器と柱の間は空気の移動抵抗が影響し，柱の外側の変動幅に対して 0.03℃ ぐらい少ない．細かい点では注意しなければならないことである．

（4）基準とするブロックゲージは手で扱うが，図 5 によれば，伝熱を考慮した取扱いとして手袋をしたり竹製ピンセットの利用がのぞまれているといえる[4]．

3.3　室内温度分布と配置機器

空気調和をしている室での作業が多くなっている．その空気の流れを知っておくとよい．垂直一方向流形式か古くからの天井噴出し方式かが関係し，特に噴出口と還気口の位置関係で，空気の流れが決まる．その流れが機器に影響する．ダクトの配置，導入方法においても変わる．

また室内に配置する機械の位置関係で，空気の流れは影響され，対象とする機器に影響することが一般である．

3.4　熱膨張係数

材料の常温付近の熱膨張係数についてはその確からしさが問題となる．また常温に適用できる値であるかについて

も注意が必要である．

鋼製ブロックゲージの熱膨張係数は，現在 3 桁が与えられているが，3℃ とか 5℃ のずれのための補正には 4 桁が必要になる．しかも鋼の組成によって，メーカさらにロットによるものばかりでなく個々のものに 3 桁目の値に不確かな変動がみられる[5]．さらに温度が上昇すると熱膨張係数も変わっている．例えばガラスの熱膨張率係数は，温度とともに変化している．

材料物質の熱膨張係数が，標準温度の検討のための ISO 国際会議の席上で問題とされたのは 1992 年のことである．これによって，多くの国立標準研究所が熱膨張係数の測定を研究課題として取り上げ，順次測定結果を報告してきている．測定法の国際的検討も進められようとしている．

同じような意味で材料の熱伝導性や電気抵抗などの熱特性の検討も必要であるといわなければならない．

3.5　温度計の応答

温度計の応答性にも注意が必要である．機器の表面温度では，その接触のさせ方に注意が必要である．小さい検出器であっても温度測定装置としてシステムとしての特性を考えなければならない．空調機器の室内検出器の位置は還気口近くの壁面に設置される．空気の壁面近くの流れは壁の抵抗を受けている．壁面上に台を入れ，その上に設置するのがよい．また検出器を移動できるようにして，必要な区域に置き換え効果を上げていることもよい．

3.6　異なった物理量間における標準温度の問題

長さの実用標準器として用いられているブロックゲージ，標準尺，リニアエンコーダなどの光波干渉測定は，20℃ の室で，電子装置を用いて行っている．その電子装置の要素の多くが表 1 にみられるように 23℃ における校正値である．反対に 23℃ における LSI などの素子長さの校正は，補正が行われているとはいえ，20℃ における長さ標準器で行われている．素子が小さいのでその違いを助けてはいるが，問題としては潜行して残されている．寸法と電気的量との両物理量の補正値が適したものか，十分な検討がされているか否かについて問題がある．

4.　湿　度　条　件

湿度は，金属に対してはさびと関係する．70% を超えるとさびの発生の頻度が高くなる．図 6 に湿度とさび発

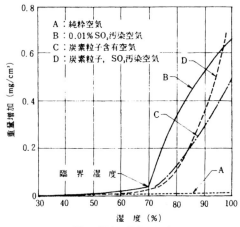

図6 湿度に対するさび

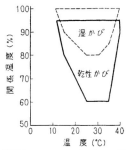

図7 温湿度によるレンズに生じる乾性かび

生の関係を示す[6]. 湿度が70%を超えるとさびやすくなる. 室内の隅の部分や装置のある部分において, 温度との関係で, 90%を超え100%に達するところが生じ, さびが発生しやすくなる. この意味で, 温度の章で述べたと同様空気分布が重要である.

乾性かびは光学レンズに生じる. 最近では組立室などの清浄クリーン度が向上し, その上レンズの積層が少ない構造となって, 乾性かびの発生が少なくなっている.

さび, 乾性かびに対して20℃で70%RHを超えないことが望ましく, 一般には50〜60%に保つことが良い[2].

5. 気 圧 条 件

光波干渉方式を用いる場合には, 温度と並び気圧が重要な管理要素である. 10^{-7}オーダ, (1 mで0.1 μm) の精度で測定する場合, 気圧は40 Paの違いで, 温度0.1℃に相当する影響を与える. 気圧は一般に測定のはじめと終わりの平均値を用いて管理, 補正している. 気圧変化が激しいときは測定値を不採用としなければならないことがある.

恒温室内に槽やブースを設け, そこに装置を設置し, 温度の安定化を図っていることと同様に, その槽の密閉度を増し, 始めの気圧状態を維持し, 安定した測定条件を得ることは行われている. そのときの気圧の測定値で安定した補正値を得る. 気圧による波長の補正は採用する補正式に左右される. 高精度の場合, その式が問題となり, しばしば誰が提案した式かを明示することも行われる.

このような気圧の問題をさけて, 光波干渉計の光路空間を真空にすることも行われている[9]. 真空度そのものはそれほど高くなく, 10^{-3} Tor くらいですむ. ナノスケール測定用光路真空光波干渉計において, 約300 mmの相互比較で, 最大差5 nmという成果が得られている[7]. 工業技術院計量研究所の光波干渉式光学式目盛機械に採用され, ガラス製標準尺が製作されたことがある[8].

6. 振 動 条 件

振動は光波干渉計および表面粗さ測定器を使うときに問題となる. 一つの机においても場所により, 振動は変わっている. 机上のどこにおいて仕事をするかで振動影響は変わる. 節を見つけることはよく行われる. 建物においても同じようなことがあり, 選択することもよい.

一般的にはまず質量の大きい基礎台を設け, 外部からの振動を硬い基礎台で受け止めるようにする. その上に機械を設置する. さらに防振を必要とする機械は防振ゴムを利用する. 幾つかの防振ゴムを用意して試行し, 適したものを見つけ出すことが良く行われている方法である. 良く行われていた砂による防振は全く効果がない[9].

7. お わ り に

環境は精密に加工・測定を進めるときに重要な管理事項である. 常日ごろから保たなければならない事項も多くある. また, 迅速な処置においても考慮すべき事項である. ここで述べたことは, 基礎的なことであるので, それぞれのことを確認の上対処されることを望んでやまない.

参 考 文 献

1) (財)日本産業技術振興協会産業計測標準委員会 (委員長 田島一郎) 技術規準 No. 5, 標準室のガイドライン, (1978) 43.
2) 沢辺雅二:機械工業用恒温恒湿室, コロナ社, (1964) 5.
3) 沢辺雅二:機械工場における恒温恒湿室の問題, 機械の研究, **19**, 6 (1967) 823.
4) 津上研蔵:工場測定器講座 8, ブロックゲージ, 日刊工業新聞社, (1962) 84.
5) M. Okaji et al.: Ultra Precise Thermal Expansion Measurements of Ceramic and Steel Gauge Blocks, Metrologia, **37** (2000) 165.
6) 神山恵三:さびと気象, 山本洋一編さびを防ぐ事典, 産業調査会, (1981) 45.
7) I. Tiemann et al.: An International Length Comparison Using Vacuum Comparator and a Photoelectric Incremental Encoder as Transfer Standard, Precision Eng. **32** (2008) 1.
8) 桜井好正:光波干渉計を用いた標準尺刻線法, 計量研究所報告. **4**, 2 (1965) 137.
9) 沢辺雅二:精密加工・計測における環境制御技術の課題, 精密工学会誌, **68**, 9 (2002) 1137.

組立性・分解性設計

Design for Assembly Disassembly/Yasuyuki YAMAGIWA

東京造形大学 デザイン学科 サステナブルプロジェクト専攻　山際康之

1. 製品のライフサイクルと組立，分解

　製品の「組立」と聞くと工場での生産を連想するが，製品の生産段階から消費者の製品の使用段階，廃棄段階までのライフサイクルで考えると「組立」は繰り返し行われていることがわかる．また同時に，「組立」の逆の行為ともいえる「分解」も同様にライフサイクルにおいて繰り返し行われていることがわかる．

　図1は，製品のライフサイクルにおける「組立」と「分解」の発生を表している．まず，製品の生産段階では，部品の組立を行い製品として完成する．次に使用段階では，製品の定期点検や修理などのメンテナンスを目的として製品を分解し完了後は再び組立が行われる．使用段階では，この他にも，製品の機能を向上させるために部品の交換や取り付けなどのアップグレードを目的とした分解や組立も行われる．廃棄段階では，部品のリサイクルを目的として分解が行われる．部品をリユースする場合は，分解後，再び，新たな製品に対して組立が行われる．

　このようにライフサイクルの各段階において「組立」と「分解」は繰り返し発生するが，いずれも，コスト，サービス，環境問題の観点から「組み立てしやすい設計」や「分解しやすい設計」が要求される．

　特に環境問題の観点からは，その背景として，環境適合設計における ISO TR 14062「環境適合設計のテクニカルレポート」や，ISO Guide64「製品規格に環境側面を導入するための指針」が発行され国際的な規格化がすすめられているためといえる．これらの動向に基づき，家電製品業界では「家電製品　製品アセスメントマニュアル」や電子機器業界による「情報処理機器の環境設計アセスメントガイドライン」などが発行され各企業の製品の開発段階で「分解しやすい設計」が求められている[1][2]．

　組み立てしやすい設計を一般的には「組立性設計」という．また，分解しやすい設計を「分解性設計」という．「解体性設計」という言葉を用いることもあるが，解体には破壊など部品の形を維持しないことを指す意味として区別されるため，ここでは，「分解性設計」を用いて説明する．

2. 組立性，分解性設計の基礎

2.1 設計の基本要素

　製品を生産している工場や，メンテナンス，リサイクルを手がけている現場では，さまざまな組立作業や分解作業が行われている．これらは，一見，多種多様であるが，個々の作業を分割した動作単位で見ると，規則性をもっていることがわかる．

　図2（a）に示す通り，組立作業は，最小の動作単位まで分割した組立動作単位 Man（Motion assembly n）で見ると，「Ma1：つかむ〜Ma7：姿勢変更」の規則的な組み合わせによって構成されている．しかし，これらの動作単位の動作時間を分析すると，同一の動作単位にもかかわらず，製品の設計によって大きな差異がある．

　図2（a）は，テレビ，ビデオ，携帯電話，PC，カメラ，自動車部品などの工業製品を対象に，人間による組立動作単位 Man の最大時間 Ta max（T：Time）と最小時間 Ta min および，その変動幅 Ta max-min を分析した結果である．

　図2（b）は，（a）の動作時間 Ta を変動させる設計の要因を抽出した結果を示す．分析結果から，組立動作単位 Man における，動作時間 Ta は，製品と密接に関係する部品の形状，大きさ，重量や結合方法などの設計の要因 Fa101…Fa702（Factor assembly）により変動する．

　分解動作単位 Mdn（Motion disassembly n）も同様に，「Md1：つかむ〜Md8：姿勢変更」の規則的な組み合わせによって構成されている．

　図3（a）（b）に示す通り，分解動作単位 Mdn における

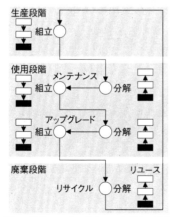

図1　製品のライフサイクルと組立，分解

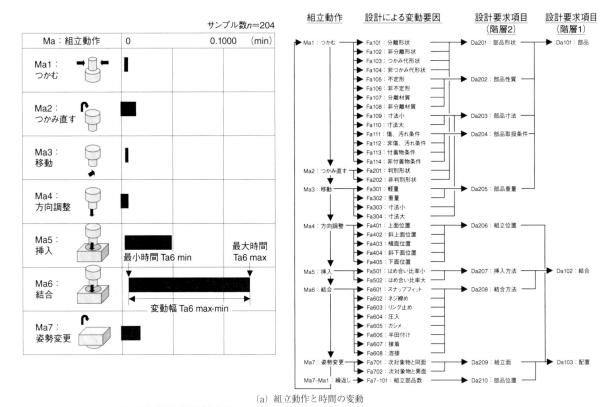

サンプル数 n=204

Ma：組立動作	0	0.1000 (min)
Ma1：つかむ		
Ma2：つかみ直す		
Ma3：移動		
Ma4：方向調整		
Ma5：挿入		
Ma6：結合		
Ma7：姿勢変更		

最小時間 Ta6 min 　最大時間 Ta6 max

変動幅 Ta6 max-min

（b）変動要因と設計要求事項

（a）組立動作と時間の変動

図2　組立と設計の関係

動作時間 Td も，同様に，製品と密接に関係する設計の要因 Fd101…Fd802 により変動する．

図2（b），図3（b）に示す通り，設計の要因を要求項目別に分類すると，組立動作，分解動作のいずれも「Da101/Dd101：部品」「Da102/Dd102：結合」「Da103/Dd103：配置」（D：Design）の3つの共通項目へ集約されるが，これらは，組立性，分解性を設計するうえでの基本的な要素といえる．

組立性，分解性設計の基本的な要素は，個々の「部品」要素と，その接続関係を示す「結合」要素，そして，ツリーの階層を決める「配置」要素を表すが，これらは，部品が階層上に構成されているツリー構造の製品と同様の要素であることがわかる．

図4は，分解性設計における，部品材質の同一化による「部品」設計，単純な動作や工具を用いないなどの結合方法の容易化による「結合」設計，部品の単独での取り出しが可能な「配置」設計の事例を示す．

2.2　設計の優先順位

製品開発は，概念設計，基本設計，詳細設計のプロセスを経てすすめる．概念設計は，製品の大まかな仕組みや構成を考えて基本構想をまとめるプロセスであり，基本設計は，要求機能のなかの基本的な性能を満たすように，製品の基本的な寸法や特性値を定量的に決めることである．また，詳細設計は，基本的な形状や寸法を決定したのちに，

未決定の構成部品の形状と寸法および材質を詳細に決めることである[3]．

一方，組立性，分解性設計の基本要素の「Da101/Dd101：部品」は，部品の，形状，材質，取扱条件などを決定する部品設計を意味する．また，「Da102/Dd102：結合」は，部品間の結合方法を決定する結合設計であり，「Da103/Dd103：配置」は，製品のツリー構造を決定する配置設計を，それぞれ意味する．

図5に示す通り，組立性，分解性設計の基本要素を，製品開発プロセスと同期化させると，ツリー構造を決定する配置設計は概念設計プロセスへ相当する．同様に，部品間の結合方法を決定する結合設計は基本設計プロセスに相当し，個々の部品の，形状，材質，取扱条件などを決定する部品設計は詳細設計プロセスへ相当する．すなわち，製品のフレームから個別の部品へと，製品のツリーの上位構造から下位構造へトップダウン的な優先順位で表すことができる[4]．

3.　組立性，分解性設計の応用

3.1　環境適合製品のモデル別設計

環境適合製品の開発において，資源を最少化するための方法は，「投入資源の最少化」，「使用資源の最少化」，「排出非資源の最少化」の3つがあげられる．

投入資源の最少化は，最少資源で製品を製造することを

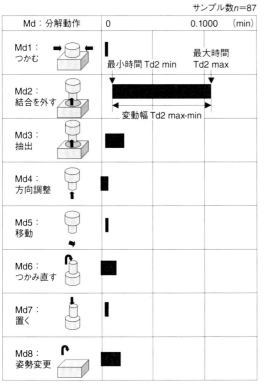

（a）分解動作と時間の変動

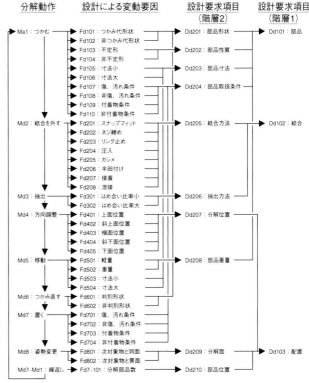

（b）変動要因と設計要求事項

図3 分解と設計の関係

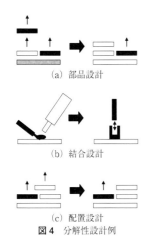

（a）部品設計

（b）結合設計

（c）配置設計

図4 分解性設計例

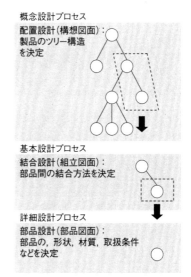

図5 設計プロセスと組立性，分解性設計の基本要素の関係

意味し，そのモデルとして，部品数削減や材質変更などにより軽量化する「リデュースモデル」がある．使用資源の最少化は，長寿命化することにより，時間当たりの使用資源を最少化することを意味する．市場品質を向上させて長寿命化する「ロングライフモデル」は，もとより，消耗部品の交換や修理をすることにより長寿命化する「メンテナンスモデル」や，機能が向上する部品へ交換して長寿命化する「アップグレードモデル」がある．「排出非資源の最少化」は，製品の廃棄段階において，部品や材料を他の製品に活用することにより，非資源である廃棄物を最少にすることをいう．部品を他の製品へ再使用化する「リユースモデル」や，材料を他の製品に再利用する「リサイクルモデル」がある．

環境適合製品モデルは，軽量化を目的とした部品数削減，部品交換の容易化，同一材料への区分の容易化などの

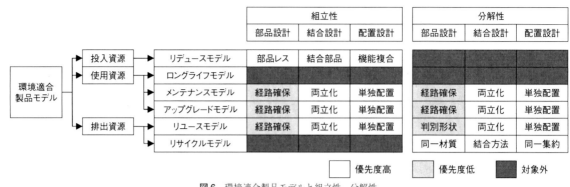

	組立性			分解性		
	部品設計	結合設計	配置設計	部品設計	結合設計	配置設計
リデュースモデル	部品レス	結合部品	機能複合			
ロングライフモデル						
メンテナンスモデル	経路確保	両立化	単独配置	経路確保	両立化	単独配置
アップグレードモデル	経路確保	両立化	単独配置	経路確保	両立化	単独配置
リユースモデル	経路確保	両立化	単独配置	判別形状	両立化	単独配置
リサイクルモデル				同一材質	結合方法	同一集約

環境適合製品モデル → 投入資源 / 使用資源 → リデュースモデル / ロングライフモデル / メンテナンスモデル / アップグレードモデル
環境適合製品モデル → 排出資源 → リユースモデル / リサイクルモデル

□ 優先度高　　▨ 優先度低　　■ 対象外

図6 環境適合製品モデルと組立性，分解性

必要性から，ロングライフモデルを除くいずれのモデルも組立性，分解性設計が求められる．しかし，各モデルにより組立，分解における目的や対象部品は相違する．したがって，**図6**に示す通り，環境適合製品モデルの選定によって組立性，分解性の設計の優先度や主眼も異なる．

「リデュースモデル」は，軽量化のための部品数削減を目的として，配置設計における機能複合化や結合設計による結合部品レスが主眼となる．「メンテナンス，アップグレード，リユース」の各モデルは，部品交換の容易化から，対象となる部品の単独での取り出しが可能となる配置設計が優先される．また，組立性と分解性が同時に求められるため両立化するための結合設計が求められる．「リサイクルモデル」は，リサイクルのための材料区分を目的として，配置設計における同一材質集約化や部品設計による同一材質化が主眼となる[5]．

3.2 組立性と分解性の両立化設計

環境適合製品のうち「メンテナンス，アップグレード，リユース」の各モデルについては，組立性設計と分解性設計が求められるが，この２つの設計は必ずしも共通の効果があるとはいえない．すなわち，「組み立てしやすくすると分解が難しくなる」，またその逆の「分解しやすくすると組み立てが難しくなる」ということである．

図7は，設計要因別の組立と分解の動作時間の比較である．分析の結果から，組立と分解の関係には，共通と相反する設計要因の両者が存在することがわかる．

組立の範囲と分解の範囲は必ずしも同一ではないため，組立性設計と分解性設計の両立を行うにあたっては，まず配置設計などにより組立と分解の「重複範囲の最小化」を行う必要がある．次に，図7の Ta＝Td に位置する組立と分解の両方に共通し，トレードオフにならない要因を用いる範囲，すなわち「対称範囲の最大化」を行うことが効果的といえる[6]．

4. お わ り に

環境問題の高まりから組立性，分解性に関して注目が高まっているが，実際の作業と設計の関係や設計方法の原理については意外と知られていない．また，環境適合製品の

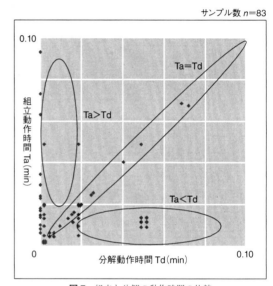

サンプル数 $n=83$

図7 組立と分解の動作時間の比較

特性に対応した組立性，分解性について理解しないと効果的な設計が発揮できない．本内容は，これらをふまえて組立性，分解性設計の基本的な解説を行った．

参 考 文 献

1) JIS ハンドブック 2006 58-2 環境マネジメント，(財)日本規格協会，(2006) 541.
2) 家電製品 製品アセスメントマニュアル概要版，(財)家電製品協会，(2003).
3) 中島尚正，黒瀬元雄，高橋眞太郎，里見忠篤，林洋次，黒田洋司，青山英樹：機械系基礎工学1 機械設計学，朝倉書店，(1998) 1.
4) 山際康之，天坂格郎：製品開発プロセスに対応する組立性，分解性支援システム，日本生産管理学会生産管理，**11**, 1 (2004) 1.
5) 山際康之：情報機器における環境調和性設計戦略，日本機械学会誌，**108**, 1034 (2005) 29.
6) 山際康之，岩田修一，桐山孝司：組立性，分解性の相互比較と両立化のための設計原理，日本設計工学会設計工学，**36**, 3 (2001) 120.
7) 山際康之：環境適合製品の設計計画プロセスによる分解性設計，日本設計工学会設計工学，**42**, 2 (2007) 92.

計測標準

Measurement Standard/Toshiyuki TAKATSUJI

産業技術総合研究所　高辻利之

1. は じ め に

今から20年以上前1980年代の後半,私がまだ学生だったときの思い出です.普段の授業など全然聞いていなかった私は,試験の前日に泥縄式に勉強して計測工学の試験に臨みました.長さの定義についての問題が出ました.単位の定義は教科書の最初に書いてあるので,さすがに勉強済みです.細かい数値は覚えていないものの喜んで答えを書きました.「クリプトン原子のある準位間の遷移に対応する放射の真空中における波長のある倍数に等しい長さ」云々.ところが返ってきた答案用紙には×がついていました.1983年に長さの定義は,現在の定義である「1秒の299 792 458分の1の時間に光が真空中を伝わる行程の長さ」に変わっていたのです.教科書が古かったため,先生は授業の中でそのことを説明していたのですが,そんなことを知るよしもありません.サービス問題だと思っていたら,実は授業に出ているかどうか試すための問題だったのです.単位が時代とともに変わることを知識としては知っていたけれど,それを実感として理解したのはこのときでした.「単位って変わるんだ……」

そもそもごく一部の関係者を除いて,単位(あるいは計量標準や計測工学)そのものに興味のある人は少ないでしょう.ところがゆっくりとではあるけれど,この世界も動いているのです.そして実は,学問的にはノーベル賞がたくさん出ている最先端分野で,実用的にも社会に直接役立っている分野です.この記事を読んで,より多くの人に計量標準に興味を持ってもらえることを期待しています.

2. 国際単位系(SI)

国際度量衡局(BIPM)から国際単位系(SI)[1]という書物が発行されていて,単位について詳しく書かれています.改訂が重ねられて最新は第8版です.国際単位系は英語表記すると The International System of Units となり,頭文字を取るとISのはずです.語順が逆になっている理

由は,公式にはフランス語を使うことになっており,フランス語ではSIと標記されるからです.上記のBIPMもパリにあります(図1).

現在,基本量として7つのものが定義されていますが,思い出せますか.時間(s),長さ(m),質量(kg),熱力学温度(K)くらいまでは簡単でしょう.残りは電流(A),光度(cd),物質量(mol)です.mol は 6.02×10^{23} という数ですから,molって単位だったの,という方も多いでしょう.これら7つの単位の組み合わせであらゆる単位(組み立て単位)が作れます.

キロ(k)やメガ(M)などの接頭語も時代と共にどんどん新しいものが定義されています.10^{21} がゼタ(Z)で 10^{24} がヨタ(Y),小さい方では 10^{-21} がゼプト(z)で 10^{-24} がヨクト(y)です.

3. 長 さ 標 準

3.1 メートル原器

上記のように基本単位だけでも7つあり,その全てを網羅的に解説するには紙面が足りないので,筆者の専門でもあり歴史的にも一番興味深いであろう長さを取り上げます.

小さいころに地球の周長が約40000 kmであると習ったときに,やけに切りのいい数字だなと思いませんでしたか.切りのいいのも当然で,まず地球の周長ありきでそれ

Tips:単位は必ず立体(斜体でないという意味)の英文字を使います.10^{-6} を表すマイクロは μ ではなく µ です.ワープロでは小文字の m を入力してから,フォントを Symbol フォントに変えると μ と表示できます.文字をコピーした際などにフォントの情報が欠落すると μm と書いたつもりが mm になっていたりするので注意しましょう.この間違いはスペルチェックにかからないのでやっかいです.また,数字と単位の間は半角文字分空けることになっています.

図1 セーヌ川沿いの森の中にたたずむ白亜の国際度量衡局 (BIPM)

図2　メートル原器（本物）を手にする筆者

を分割して1mを定義したからこうなったわけです．そうすると逆にどうして40000kmぴったりではなく，微妙な端数が出るのか気になります．フランス革命の直前，メシェンとドランブルという二人の学者が，パリを通る子午線上に位置する二つの町であるダンケルクとバルセロナの間の距離を実測し，その結果から地球の周長を計算してその4000万分の1を1mと定義しました．フランス革命に影響されたり，大けがをしたり，また測定結果に対して疑心暗鬼になったり，様々な人間模様を巻き込んでようやくこの仕事が完了し，1mが定義されました．上記の微妙な端数の理由を含めて，この壮大な測量物語は参考文献「万物の尺度を求めて」[2]に詳しく紹介されているので興味のある方は読んでみてください．なお，日本でも伊能忠敬がほぼ同じ時期に日本全国の測量を行っています．井上ひさし著「四千万歩の男」[3]によると，彼の本来の目的は地図作成ではなく子午線の長さの測定であったとのことです．古来，人は計測に心惹かれてきたのでしょう．

　さて，測量の結果を受けて，それまで町ごとに違う単位を用いていたのを統一的な単位に変えようという試みがなされましたがなかなか受け入れられず，世界的な合意が得られてメートル条約が結ばれるのはそれから100年近く経ってからになります．そのときに加盟各国に配布されたのがメートル原器で，産業技術総合研究所に保管されています．現在はその役目を終えたため，一般展示されています（図2）．

3.2　長さの再定義

　その後，測定技術の向上に伴い，メートル原器の刻線の太さ自体が問題になってきました．また，器物で実現している（現示する，といいます）と，損傷や紛失が問題になりますし，原器をもっていない国は自分で標準を現示できません．余談ですが，戦時中は原器を疎開させて守っていました．

　そこで1960年の国際度量衡総会で，クリプトンランプの波長を基準にした長さの新しい定義が採択されました．これによりマイケルソンの発明以来使われてきた光干渉計（1907年ノーベル物理学賞）を使うと，長さの絶対測定が

容易にできるようになりました．その後，レーザの発明により，さらに高度な干渉計測が可能となったため，この定義でも精度が足りなくなってきました．そこで，より安定な光源であるレーザを使った定義に変更することが考慮されましたが，技術の進歩に応じて次々に定義を変えていくことは好ましくないことから，相対性理論により一定とされている光速度を使った現在の定義に変更されました．

　このように情勢に応じて簡単に何度も変更されているように見えますが，実際には，新しい技術が開発されて，それを標準として使えるまでの精度に高め，さらに世界中のコンセンサスを得るためには何十年単位の時間がかかります．光速度の測定も当時の最先端技術でした．そして世界中の研究者の測定結果から，合意できる定義値を定めました．計量標準の研究は，情熱を傾ける価値のある最先端の研究であり，かつその結果が広く世界に使われる充実感をもたらしてくれます．なお皮肉なことに，光速度が定義になった瞬間，それを測定することに意味がなくなったので，この分野の研究者は研究テーマの変更を余儀なくされました．

3.3　光周波数

　長さの定義が光の速さに変わりましたが，この定義は実用には適していません．一番使いやすいのは，干渉計測にそのまま使える光の波長です．そこで国際度量衡委員会は，レーザの波長リスト（MeP：Mise en pratique）[4]を作っており，そこに載っている波長は校正せずに使ってもトレーサビリティーが保証されます．ごく最近，安定化していない赤のHe-Neレーザの波長が掲載されたので，赤く光っていさえすれば波長が632.9908nm（真空中）で，約6桁の精度が保証されます．

　MePも誰かが作っているわけで，これまで部屋一つを占拠するくらい巨大な周波数チェーンと呼ばれる装置を使って，それを実現できるごく一部の国立標準研が測定をしていました．なお，光速は定義なので，周波数を測れば，波長がわかりますから，周波数測定と波長測定は同義です．ところが数年前に，パルスレーザとフォトニッククリスタルファイバーを使った光周波数コムという技術が発明されました．この発明は画期的で，だれでもデスクトップサイズの装置で周波数の絶対測定が可能になりました．この功績により米国標準技術研究所（NIST）の研究者らが2006年度のノーベル賞を受賞しました．産総研もこの発明の実用化に大きな貢献を果たしています．田中耕一氏がノーベル賞を受賞したのも計測技術であったように，ノーベル賞の多くは標準や計測の研究によるものです．

3.4　長さ測定

　MePにはたくさんの種類のレーザと周波数が載っており，学術的にはそれらを使えばトレーサビリティーが確保できます．ところが日本には計量法という法律があり，長さの定義がどうであろうと法律的には産総研が保有するヨウ素安定化He-Neレーザが国家標準です．

　ヨウ素安定化He-Neレーザの周波数安定度は約13桁

あります．ヨウ素安定化 He-Ne レーザは，安定度は高いのですが計測の用途には不向きであるため，産業界でゼーマン効果などを利用した実用安定化 He-Ne レーザが用いられています．実用安定化 He-Ne レーザの安定度は約9桁です．

レーザを実際に計測に使う際には，空気の揺らぎや屈折率の不確かさが問題となります．さらに測定対象の熱膨張，コサイン誤差，アッベ誤差などさまざまな不確かさ要因があり，特別な環境以外では6桁の測定精度を得ることは極めて困難です．工場などの悪環境下では5桁，つまり1mの測定に対して10μmを達成できていないことも多々あります．高価なレーザ干渉計を使うと常に精度の高い測定ができているように誤解している人も多いようですが，当然のことながら装置は使い方が重要です．

このように実用的な長さ測定の世界と標準の世界はかけ離れているように見えますが，より上位の標準によって正確さが確保されているからこそ，誰もが安心して使える知的基盤たり得るのです．また，高度な標準の開発に用いられた技術が，後になって実用的な技術になってくることもあります．短絡的な経済原理だけでは判断できず，長期的な視点が必要です．

4. 時　間　標　準

7つの基本単位のうち，最も高い精度が実現されているのは時間で，約15桁です．3百万年に一秒しか狂わない時計ですね．これを実現しているのはセシウム原子時計です．セシウム原子にマイクロ波を照射して，その相互作用を観察することにより，測定を行います．原子とマイクロ波の相互作用を利用するので，対象となる原子がいかに安定に存在するかが重要です．大きな不確かさ要因の一つは，原子の運動によるドップラー効果です．その影響を抑えるための様々な技術が開発され，中にはノーベル賞が授与された技術もあります．

近年，レーザを使って原子を補足する光格子時計と呼ばれる技術が日本で開発されました．この技術を使うと18桁の精度が達成できる可能性があり，近い将来時間の定義が変更されるかもしれません．もし定義が変更されたら，ノーベル賞は確実でしょう．

ちなみに GPS 衛星に搭載されているのもセシウム原子時計です．高度20000km以上の軌道から送られてくる時刻の情報を使って，数メートルの精度で位置を測定できます．相対的な位置関係だけなら cm オーダの測定も可能です．約9桁ですから，長さ測定の研究者にとっては驚異的な精度です．

7つの基本量はそれぞれ独立であるようでいて，互いにつながってもいます．時間標準はその中で最も高い精度が達成できることから，時間で他の量を定義することも可能です．長さは，光の速度を定義としたときから，周波数で定義されているといえます．光周波数コムの発明で，その結びつきはさらに強くなりました．メートル原器を採用す

るときにも振り子の長さを定義にするという案が強く推されたのですが，200年以上の時を経て，長さ標準は時間標準に取って代わられました．電気標準の一つである抵抗も，ジョセフソン接合に照射するマイクロ波の周波数で定義されています．また7つの基本量のうち唯一キログラム原器という「もの」で現示されている質量も，ワットバランス法と呼ばれる技術によって，将来周波数で定義される可能性があります（産総研ではシリコン単結晶中の原子の個数で質量を定義する別の技術を開発しています）．

5. 計量標準の世界でのトピック

5.1　トレーサビリティー

計量標準のことを述べてきましたが，多くの人は標準というと JIS や ISO などの工業標準を思い浮かべると思います．工業標準は，製品の互換性や安全性を確保するために満たすべき仕様を定めたり，製品の性能検査をするための条件を定めたりしたものです．工業標準で用いられる検査器具にトレーサビリティーが求められることはよくあり，逆に計測器のトレーサビリティー確保のための検査方法に工業標準を流用することもあります．このように二つの標準は相補的な関係にあり，どちらも大切なものです．

ここで何の説明もなくトレーサビリティーという用語を使いましたが，計測標準とほとんど同じ意味で使っています．最近は食品トレーサビリティーが声高に叫ばれるようになってきたので，トレーサビリティーというとこちらを思い浮かべる人も多いですが，計量標準の世界ではずっと以前からトレーサビリティーという用語を使ってきました．簡単に言うと，ある測定機が上位の測定機により校正されていて，さらにその上位の測定機ももっと上位の測定機により校正されていて，という連鎖をたどっていくと国家標準や国際標準につながるというシステムです．さらに連鎖のそれぞれの段階において，値がきちんと移されているということに加えて，不確かさもきちんと評価されていることが重要です．不確かさについては別の文献を参照してください[5]．

5.2　国際相互承認

トレーサビリティーの整備による効能の一つが，製品の互換性の確保です．各国では，それぞれ最高レベルの標準（一次標準）を整備しており，その国内でのトレーサビリティーが確保できれば，国内での互換性は確保できます．さらに一次標準同士が同じ値であることが確認できれば，世界的な互換性が確保できます．そのためには，一次標準を保有する研究所同士が国際比較をして確かめるしかありません．

各国の国立標準研究所は，日夜国際比較を繰り返して，互いの値の同等性を確認し合っています．キーコンパリゾンと呼ばれる，国際度量衡委員会主催でトップレベルの国だけが参加できる国際比較や，世界の地域ごとに主催される国際比較などさまざまなものがあります．

学術論文はリジェクトされても誰にも知られませんが，

国際比較の結果は全て公開されますから，参加するときは最高の値を出すために寝食を忘れて取り組みます．大変な緊張感を強いられますが，測定結果が客観的に示されますから，自分の値が世界最高レベルであることが証明されたときの喜びは格別です．計測標準の研究に携わる醍醐味の一つです．

国立標準研究所は一次標準を開発し，維持するとともに，それを産業界に供給する責務を担っています．常に最高レベルのサービスを提供するために，ISO 17025（校正ラボに求められる要求事項を定めたもので品質システム規格 ISO 9000 に類似のもの）に基づいたシステムを整え，校正サービスを行っています．

それぞれの国が正しい値の一次標準を維持し，優れたサービスを提供しているかを，互いにチェックし合い（ピアレビュー），同等性が確認されたものについては国際相互承認を行っています．こうして同等性が確保できれば，貿易に際して，輸出国で検査をすれば，輸入国では再検査の必要性がなくなる One stop testing が実現できます．

これらの国際比較[5]および国際相互承認[6]がなされた校正サービスの一覧は，国際度量衡局のホームページで閲覧することができます．

5.3　その他のトピック

ここでは社会への波及効果が大きいトピックをいくつか紹介します．

米国籍の飛行機はすべて，連邦航空局（FAA）の定めた基準に従って整備することが義務づけられています．そこで用いられる計測器はすべて，米国標準技術研究所（NIST）にトレーサブルであることが求められます．

日本の航空会社もその基準に従って整備を行っていましたが，日本から NIST トレーサブルな測定を行うためにすべての計測器を米国に送るのは，時間的にも費用的にも大きな負担です．航空各社からの要望を受けた当時の通商産業省は，FAA と交渉し，前期の国際相互承認を根拠として，日本においては産総研にトレーサブルでよいとの合意に達しました．これにより航空各社の負担が大きく軽減されたのは言うまでもありません．

原子力発電所の冷却水流量は，出力のコントロールのために厳密に測定する必要があります．ところが現在使用されている流量計には 2% 程度の不確かさが存在します．そのため，定格出力一杯で運転したくても 2% の安全を見込んだ 99% での運転しかできません．この不確かさを小さくすることができれば，発電設備そのものは何もいじることなく増出力が可能です．産総研では数年をかけて原子力流量計の校正設備を作り，測定の不確かさを 1% にすることに成功しました（**図3**）．国内には 50 基強の原子力発電設備があるため，そのすべてを 0.5% 出力アップすることができれば，小型の原子力発電設備に匹敵する出力アップが得られます．原子力発電所の新規設置が困難な現状において，計測標準が大きな役割を果たす例です．

これまでの説明では物理量の標準を中心に話をしてきま

図3　原理力流量計の校正設備

したが，近年需要が増しているのは様々な検査に使われる標準物質です．標準物質も従来は，気体や液体などの化学検査用のものが多かったのですが，近年はメタボリックシンドロームの検査を始めとした生化学検査や環境検査などのための標準物質の需要が増しています．最近話題になった輸入食品中の残留農薬の検査は記憶に新しいでしょう．物理標準もたくさんの種類が必要ですが，標準物質の種類はほとんど無限にあるので，どのような標準が必要か産業界と対話しつつ，そして産業界の協力を得つつ整備していくことが必要です．

6.　終 わ り に

私の卒業した学科は計測工学科です．当時でも日本中でほんの 2，3 の大学にしか残っていなかった学科名だと思います．その後，私の出身学科も名称を変更しました．計測工学に関する授業もほとんど行われていないのではないでしょうか．

古来，秦の始皇帝を始めとして，国を治めた後，最初にすることは度量衡の統一でした．計測は国の根幹をなすものなのです．また，あらゆる科学は測定の積み重ねの上に成り立っており，さらに現代の産業においても測れないものは作れない，というように計測は科学や工学の礎をなしています．このように知的基盤として重要であり，かつ本文で説明したように計測工学そのものが学問として先端かつ好奇心を刺激するものです．読者の皆さんも日陰者になりがちな計測に今少し目を向けていただき，若い研究者はぜひこの分野に足を踏み入れてみませんか．

参 考 文 献

1) 国際単位系（SI）日本語版―安心・安全を支える世界共通のものさし，独立行政法人産業技術総合研究所計量標準総合センター訳編，日本規格協会，(2007).
2) ケンオールダー：万物の尺度を求めて―メートル法を定めた子午線大計測，吉田三知世翻訳，早川書房，(2006).
3) 井上ひさし：四千万歩の男（全5巻），講談社，(1993).
4) http://www.bipm.org/en/publications/mep.html
5) ISO 編，計測における不確かさの表現のガイド，今井秀孝翻訳，日本規格協会，(1996).
6) http://kcdb.bipm.org/AppendixB/KCDB_ApB_search.asp
7) http://kcdb.bipm.org/AppendixC/default.asp

はじめての 精密工学

ロボット・マニピュレーションの基礎

Basic of Robot Manipulation/Yasumichi AIYAMA

筑波大学大学院システム情報工学研究科　**相山康道**

1. はじめに―マニピュレーション問題

現在ロボットの大半は，産業用として用いられるアームタイプのロボットマニピュレータである．産業用途としては，組立，溶接，バリ取り，塗装，パレタイズ，搬送，等々様々な作業がロボットによって行われている．これらの作業のなかで，移動させるべき対象ワークがあるようなもの，例えば組立，パレタイズなど「マニピュレーション」と呼ばれる分野について，ここで着目し，その基礎的な理論について紹介する．

マニピュレーションとは，操作対象物をマニピュレータやハンド等で望みの位置・方向へ動かすことと考えられる（確認の意味を込めて：「マニピュレーション」は動かすこと，を指し，「マニピュレータ」は動かす実機，を指しているので，混同しないよう願います）．しかしこのような作業は実は，特に単純な搬送など，付加価値を生み出さない無駄な作業，とみなされるケースが多々あり，なるべく早く効率的に作業をこなすことが望まれている．

このような背景と，後に述べるようにマニピュレーション問題がマニピュレータ自体の運動問題に置き換えられやすいため，これまで，ほとんど教科書等ではマニピュレーションは取り上げられてはこなかった．それでも解説論文等，いくつかは参考となる文献はあるので，参考としていただきたい[1～5]．

ここで，実際にどのようにしてマニピュレーションが行われているか，考えてみる．実際のロボットのティーチングなどをみると，実は多くの場合は，マニピュレータ自体を望みの位置・方向へ動かすことによって，マニピュレーションが実現されている．これはなぜかといえば，対象物がハンド（グリッパ）によってしっかりと把持（固定）されているために，運動学・機構学的に対象物をマニピュレータのリンクの一部とみなすことができるためである．先端リンク，ハンド，対象物が一つの剛体リンクとみなすことができれば，その先端にツール座標系を設定することで，マニピュレータの動作問題と考えることができるのである．

よって，マニピュレーション問題は多くの場合，(1) 対象物をしっかりと把持（固定）する問題，(2) マニピュレータを望みの位置・方向へ動かす問題，という二つの問題で考えることができる．(2) については，上記のようにマニピュレータ自体の動作問題に帰着できるので，実際に考慮するべきは (1) の把持の問題となる．多くの論文や解説なども，「把持」と「操り」という二つのセットで説明をしている．

2. 物体の把持

マニピュレータが物体を把持し，落とさないための条件を考える．まず，**図1**のように単純なグリッパで対象物を持ち上げる場合を考える．

グリッパは対象物の両側から各々Fの力で挟み，対象物に働く重力をMgとする．最大静止摩擦係数をμとすると，物体を落とさないための条件は，$2\mu F > Mg$と書けるため，この結果，$F_0 = Mg/2\mu$よりも大きい把持力Fで把持すれば，対象物を安定に把持可能である．ここで，$F = F_0$では，わずかな下向きの外乱（力）で滑りを生じる危険性がある．FをF_0よりも大きくとることで外乱に対する安定性を増すことができる．

2.1 フォーム・クロージャ

上記のグリッパの例は，摩擦に依存した安定把持を論じていた．しかし摩擦は一般に不確定な要素が多く，クーロン摩擦を仮定したとしても，その係数の大きさが不明であるなどの場合は多々起きる問題である．

これに対し，摩擦に頼らずに幾何的に対象物を拘束し，いずれの方向にも動かなくしている状態を考える．これをフォーム・クロージャ（Form Closure）と呼ぶ．対象物を動かなくし，外乱が加わっても安定にしておく，という点で，フォーム・クロージャは安定な把握の一つと考えられる．

図2のように，対象物に一つの拘束点が接している状況を考える．四角い対象物に点で接触している三角形で，ハンドや他の対象物，壁などの拘束を表している．対象物と拘束点の接点を$P(p_x, p_y)$，接触点における接触法線ベ

図1 グリッパによる把持

79

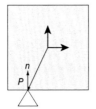

図2 対象物拘束モデル

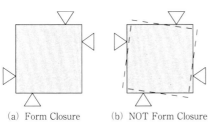

(a) Form Closure　　(b) NOT Form Closure
図3 フォーム・クロージャ

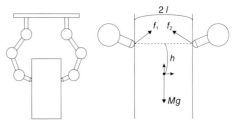

図4 2本指ハンドによる把持

クトルを $\boldsymbol{n}=(n_x,\ n_y)^\mathrm{T}$ とする．この瞬間に対象物が動ける方向を速度ベクトル $\boldsymbol{\nu}=(u,\nu)^\mathrm{T}$ および角速度 ω で表す．これは微小変位 $(\Delta u, \Delta\nu, \Delta\omega)$ で書いても同様である．

このとき対象物は拘束点において，干渉する方向へは動けないので，以下の制約条件を満たす方向へのみ動ける．

$$\boldsymbol{n}(\boldsymbol{\nu}+\omega\times\boldsymbol{p})\geq0$$

ここで $\omega\times\boldsymbol{p}$ は角速度 ω により P 点が動く方向を算出するための演算で，三次元空間中の運動ではベクトルの外積で表されるためここでもそれを用いた．上式を展開し，

$$n_x u+n_y\nu+(n_y p_x-n_x p_y)\omega\geq0$$

という三次元の運動空間 $\boldsymbol{\nu}=(u,\ \nu,\ \omega)^\mathrm{T}$ 中の線形条件式が求められる．この条件を満たす $\boldsymbol{\nu}$ が，対象物の動ける方向を表している．

このような拘束点が複数点ある場合には，各々の拘束点における運動可能な範囲の積集合，すなわちすべての拘束に対しても動ける方向が，全体として動ける方向となる．

これらの拘束によって動ける方向がない，すなわち運動可能な方向として算出される解が $\boldsymbol{\nu}=0$ のみとなるとき，そのような拘束状態をフォーム・クロージャと定義する．

フォーム・クロージャが成り立つためには，最低でも（運動の自由度）＋1 個の拘束点が必要なことがわかっている．すなわち平面運動（並進2＋回転1）の場合には 4 点以上，空間運動（並進3＋回転3）の場合には 7 点以上が必要となる．これは，機械加工におけるフィクスチャの拘束点数，ワイヤ張力による物体の拘束に必要なワイヤ本数などの問題と同じ計算モデルとなっている．

図3 に平面内で正方形物体を 4 点で拘束し，フォーム・クロージャになる場合(a)と，ならない場合(b)を示す．

2.2 フォース・クロージャ

対象物の把持・操りにおいて，フォーム・クロージャとともに重要な考え方として，フォース・クロージャ（Force Closure）がある．これは，ハンドとの接触点など

の拘束点から力を加えることで，対象物に任意方向の力を与えられる状態を表す．平面運動の場合のいくつかの例で紹介する．

例1：2本指ハンド

図4 のような 2 本指ハンドを考える．ハンドの先端の接触点では滑らない範囲で任意方向の力を与えられるものとする．重力 Mg が働き，接触点はいずれも重心から高さ h にあるものとする．各指からは $\boldsymbol{f}_1=(f_{1x},\ f_{1y})^\mathrm{T}$, $\boldsymbol{f}_2=(f_{2x},\ f_{2y})^\mathrm{T}$ の力が伝わるものとする（ただし，f_{1x}, f_{2x} はいずれも対象物内向きを正とし，f_{1y}, f_{2y} は鉛直上向きを正とする）．

任意方向の目標力 f_{dx}, f_{dy}, τ_d が出せる，すなわちフォース・クロージャとなる条件は，任意の f_{dx}, f_{dy}, τ_d に対して以下のすべての条件を満たす $\boldsymbol{f}_1$, $\boldsymbol{f}_2$ が存在することである．

$$\begin{cases} f_{1x}-f_{2x}=f_{dx} \\ f_{1y}+f_{2y}-Mg=f_{dy} \\ -hf_{1x}-lf_{1y}+hf_{2x}+lf_{2y}=\tau_d \\ |f_{1y}|\leq\mu f_{1x} \quad f_{1x}>0 \\ |f_{2y}|\leq\mu f_{2x} \quad f_{2x}>0 \end{cases}$$

これを解くと，

$$\begin{cases} f_{1y}=\dfrac{1}{2}Mg-\dfrac{h}{2l}f_{dx}+\dfrac{1}{2}f_{dy}-\dfrac{1}{2l}\tau_d \\ f_{2y}=\dfrac{1}{2}Mg+\dfrac{h}{2l}f_{dx}+\dfrac{1}{2}f_{dy}+\dfrac{1}{2l}\tau_d \\ f_{2x}\geq\dfrac{1}{\mu}|f_{2y}|+\max\Big(0,\dfrac{|f_{1y}|-|f_{2y}|}{M}-f_{dx}\Big) \\ f_{1x}=f_{2x}+f_{dx} \end{cases}$$

となる．このような $\boldsymbol{f}_1$, $\boldsymbol{f}_2$ は任意の f_{dx}, f_{dy}, τ_d に対して求められるので，この場合はフォース・クロージャとなる．

例2：正方形摩擦なし4点把持

図5(a)，(b) のように正方形物体を摩擦のない 4 点の指先で把持するものとする．正方形の一辺の長さを 4 とし，各接触点の位置は各々中心軸より正または負の方向に 1 ずつずれている．また重力は働いていないものとする．

各接触点から内向き法線方向への力を f_1, f_2, f_3, f_4 と

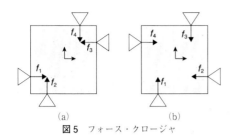

図 5 フォース・クロージャ

書くと，望みの f_{dx}，f_{dy}，τ_d に対して f_1，f_2，f_3，f_4 が満たすべき条件は各々次のように表される．

(a) の場合：

$$\begin{cases} f_1 - f_3 = f_{dx} \\ f_2 - f_4 = f_{dy} \\ f_1 - f_2 + f_3 - f_4 = \tau_d \\ f_1 \geq 0 \quad f_2 \geq 0 \quad f_3 \geq 0 \quad f_4 \geq 0 \end{cases}$$

と書ける．これを整理すると，

$$\begin{cases} f_1 = f_{dx} + f_3 \quad \geq 0 \\ f_2 = \dfrac{f_{dx} + f_{dy} - \tau_d}{2} + f_3 \quad \geq 0 \\ f_3 \geq 0 \\ f_4 = \dfrac{f_{dx} - f_{dy} - \tau_d}{2} + f_3 \quad \geq 0 \end{cases}$$

となる．これより，

$$f_3 \geq \max\left(-f_{dx}, \frac{-f_{dx} - f_{dy} + \tau_d}{2}, 0, \frac{-f_{dx} + f_{dy} + \tau_d}{2}\right)$$

と求められる．任意の f_{dx}，f_{dy}，τ_d に対して，この条件を満たす f_3 が存在し，f_{dx}，f_{dy}，τ_d が発生できるため，この場合はフォース・クロージャである．

(b) の場合：
同様に，

$$\begin{cases} f_1 - f_3 = f_{dx} \\ f_2 - f_4 = f_{dy} \\ -f_1 - f_2 - f_3 - f_4 = \tau_d \\ f_1 \geq 0 \quad f_2 \geq 0 \quad f_3 \geq 0 \quad f_4 \geq 0 \end{cases}$$

と書ける．これを上記と同様に整理すると，

$$\min\left(\frac{-f_{dx} + f_{dy} - \tau_d}{2}, \frac{-f_{dx} - f_{dy} - \tau_d}{2}\right) \geq f_3 \geq \max(0, -f_{dx})$$

と求められる．任意の f_{dx}，f_{dy}，τ_d に対して，この条件を満たす f_3 が存在するとは限らないため，この場合はフォース・クロージャではない．

図 3 のフォーム・クロージャの場合と，図 5 のフォース・クロージャの場合を比較しても分かるとおり，このような摩擦なし点接触の場合には，両者の条件は同じ問題となることが知られている．

2.3 安定把持

マニピュレーションにおいて対象物をしっかりと把持することはとても重要なことである．このため，上記のようなフォーム・クロージャ，フォース・クロージャの概念が重要となる．摩擦を含まないフォーム・クロージャでは接触点が多く必要となってしまうため，多くの場合，摩擦を含めたフォース・クロージャの状態を作り出すことで安定な把持を実現している．これは，把持している対象物にどんな方向の外乱（外力）が働いたとしても，それをキャンセルしてその場に留まらせる力を働かせることができる，という考え方である．

安定把持の概念には他の考え方も存在する．一つは，対象物にどのような方向の変位を与えたとしても，もとの位置へ戻る復元力が働く場合を安定である，とする考え方である．バネで対象物をつりあいの位置に固定させている場合などが相当する．このようなポテンシャル場をもとにした安定把持の考え方も存在する．どのような「安定」を考慮するのかは，対象ごとに使い分ける問題である．

3. 対象物と環境の接触制御

最初に述べたように，マニピュレーションにおいて，対象物をしっかりと把持することは重要な問題である．しかしマニピュレーションを行う目的である組立やパレタイズなどを考えると，把持して運ぶだけでなく，他のワークやパレットなどの周辺環境との接触を伴うのが一般的である．しかし，一般的なマニピュレータで環境と接触を伴う作業を行うことには大きな問題が存在する．一般的なマニピュレータは高減速比で高剛性の関節角度制御が行われている．外部環境と接触する際にわずかな位置誤差でも存在すると，その剛性により対象物を環境に大きな力で押し付けたり，逆に環境から対象物が離れてしまう危険がある．

この問題を避けるためには，(1) 手首部などに受動関節など低剛性部を導入する，(2) 接触力を計測し，能動的に目標値に制御する，という手法がとられる．

3.1 受動コンプライアンス機構

上記のような問題が発生するのは，ハンドで対象物の運動を完全に拘束しているのに環境によってさらに拘束を増やし過拘束の状態を作り出しているためと考えることができる．そこで，手首部にバネ関節やフリージョイントなどの低剛性部を入れることによって，対象物は環境による拘束に沿った動きが可能となり，問題を回避できる．

このような目的で広く実用的に用いられている例として，**図 6** のような RCC（Remote Center Compliance）機構がある．

RCC 機構は図 (a) のような構造となっている．最上部（手首）のプレートから，接続箇所が柔軟に傾く接続部を 2 段介して，最下部（グリッパ）のプレートがつながれている．(b) のように挿入する穴の位置がずれていても，(c) のように姿勢がずれていても，接続部が柔軟に変形して，過大な押し付け力が発生することなく，挿入作業が達成される．

3.2 接触力の制御

上記のように機構で回避する方法とは別の方法として，制御によって，同様の低剛性部を作る方法や，接触方向については位置ではなく力を目標値へ制御する方法がある．

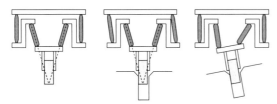

(a)　　　　(b) position error　(c) orientation error

図6　RCC 機構による位置姿勢誤差吸収

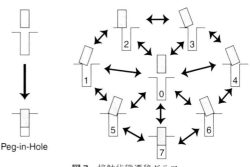

Peg-in-Hole

図7　接触状態遷移グラフ

前者をインピーダンス特性（慣性，粘性，弾性）を制御する「インピーダンス制御」，もしくは弾性（コンプライアンス）を制御する「コンプライアンス制御」と呼ぶ．後者は接触力を制御する「力制御」，もしくはある方向には力を，他の方向には位置を制御する「位置と力のハイブリッド制御」などと呼ばれる．

　例えばインピーダンス制御系は次のように実装される．例えばもとのシステム（実機）の特性を

$$M_o\ddot{x}+D_o\dot{x}=F+u$$

で表されるものとする．x が位置を表し，M_o，D_o はそれぞれ慣性と粘性を表す行列である．F はシステムにかかる外力であり，u は制御系からシステムにかかる駆動力である．

　このシステムに対して，望みのインピーダンス特性を，

$$M_d\ddot{x}+D_d(\dot{x}-\dot{x}_d)+K_d(x-x)=F$$

とする．x_d，$\dot{x}_d$ は目標とする位置，速度であり，M_d，D_d，K_d はそれぞれ目標とする慣性，粘性，弾性である．

　このような特性となるような制御入力 u を求めると，

$$u=-(M_oM_d^{-1}D_d+D_o)\dot{x}-M_oM_d^{-1}K_dx$$
$$+M_oM_d^{-1}D_d\dot{x}_d+M_oM_d^{-1}K_dx_d+(M_oM_d^{-1}-I)F$$

と計算される．このような制御力をシステムに入力することにより，システムは望みのインピーダンス特性の通りに振舞うことになる．

4.　接触状態遷移計画

　これまでに，マニピュレータで対象物をしっかりと把持し，望みの運動（環境との接触を含む）をさせる手法の紹介を行ってきた．最後に，「望みの運動」をどのように作り出すのか，簡単に紹介する．

　組立を例にすると，二つの物体の接触状態を非接触の状態から目標の接触状態へと変化させることが望みの運動である．しかし例えば図7のような軸-穴挿入を考えた際に，非接触の状態から直接目標状態（挿入状態）へ遷移しようと計画しても，実際にはマニピュレータや物体の据付

位置誤差などが存在するため，引っかかってしまう場合がある．

　図7右側は，軸-穴挿入問題における，軸と穴の接触状態とその遷移をグラフで表したものである（一部のみ抜粋）．この場合，状態0から状態7へ遷移しようとしたが，実際には引っかかり，状態1，2，3，4，5，6のいずれかになるのだが，それがどの状態か判別することは困難な問題である．

　もちろんこのような問題に対応するために面取りを行いRCC デバイスを用いるのだが，据付誤差などは面取りでは吸収しきれない場合がある．

　このため，最初からわざと位置姿勢をずらして，遷移する接触状態を決めて実行する手法が用いられることが多い．例えば，状態0→状態1→状態5→状態7といった具合である．このような状態遷移計画を行うことで「望みの運動」を生成する．

5.　お わ り に

　以上，非常に簡単にかいつまんで，ロボット・マニピュレーションに関する基礎的なトピックを紹介した．把持，制御，計画，いずれも専門の研究分野があるので，詳しくはそれらの論文等を参考にしていただきたい．

参 考 文 献

1) 中村仁彦：把持とあやつり，計測と制御，**29**，3（1990）206．
2) 吉川恒夫：把持と操りの基礎理論 1．受動拘束と能動拘束，日本ロボット学会誌，**13**，7（1995）950．
3) 吉川恒夫：把持と操りの基礎理論 2．指先力，日本ロボット学会誌，**14**，1（1996）48．
4) 吉川恒夫：把持と操りの基礎理論 3．制御，日本ロボット学会誌，**14**，4（1996）505．
5) 平井慎一，若松栄史：ハンドリング工学（ロボティクスシリーズ 14），コロナ社，（2005）．

はじめての 精密工学

シリコン・ウェーハのわずかな ジオメトリ変動による問題点

The Impact of Slight Variation in Silicon Wafer Geometry/Tetsuo FUKUDA

富士通マイクロエレクトロニクス(株)　福田哲生

1. 序　論

　半導体デバイスのコストダウンは，1枚のウェーハからいかに多くのデバイス・チップを取得できるかに依存する．このため，ウェーハに対しては品質保証領域（FQA：Fixed Quality Area）の拡大，すなわちエッジ除外領域（Edge Exclusion Area）の狭小化が，デバイス製造技術に対しては狭小エッジのごく近傍までの均一な処理が，それぞれ強く要求されている．

　良品チップの収率は，一般にウェーハの中央部が高くエッジ近傍において低い．エッジ部はウェーハ搬送時やデバイス製造時に治具と部分的に接触するため，局所的な膜剥がれが起こりやすくこれがパーティクルとして観察される．このパーティクルがデバイス製造時のパターン形成を妨害するとき，不良チップが発生する．

　一方CMP（Chemical Mechanical Polishing）やエッチングなどの加工工程では，エッジという物質の不連続性のため，中央部と比べると周辺部ではどうしても不均一性が大きくなる．本稿では代表的な加工技術としてCMPを取り上げ，エッジ付近におけるウェーハ厚さのわずかな減少（エッジ・ロールオフ，次章参照）が，CMPの不均一性に影響することを示す．

2. エッジ・ロールオフ（ERO：Edge Roll-Off）

　ウェーハのエッジ・ロールオフ[1]はかなり前から知られていたが，デバイス・エンジニアに知られるようになったのはごく最近である．エッジ・ロールオフとはエッジに近づくにつれてウェーハの厚さがわずかに（数100nm以下）減る現象であり，FQA外部で発生しているにもかかわらず（後に述べるように）FQA内部のパターン形成に影響すること[2]が問題である．

　図1にエッジ・ロールオフの概念と測定方法を示した．その名前からいわゆるエッジ部の落ち込みを想像しやすいが，そうではないことに注意していただきたい．(社)電子情報技術産業協会（JEITA）およびSEMI（Semiconductor Equipments and Materials International）では，エッジ先端から1mmにおける厚さ減少分を図1に示したようにROA（Roll-Off Amount）と定義し，エッジ・ロールオフを表す指標として標準化している[3][4]．図2は11枚の300mmウェーハにおけるROAを示したもの

で[2]，現在の最先端ウェーハは図の最も小さいROA程度に制御されていると考えられる．

　FQA周辺部においてエッジ・ロールオフが始まっていると，これはウェーハ周辺部の平坦度劣化をもたらすことが図1からわかるであろう．露光工程において周辺部の露光不良を引き起こす原因は実はエッジ・ロールオフである，といっても過言ではない．

　JEITAでは，エッジ・ロールオフがCMPへ与える影響のシミュレーションを実行した[2]．本論ではこれを概説し，個々のCMP条件に対して許容できるロールオフの範囲を見積もる．

3. CMPシミュレーションの方法

　表1にシミュレーションに用いた7種類のROAを示した．これらの中で，#1と記されたROA＝0.00なるウェーハは数学的に仮定したもので現実には存在しない（図3に形状を示した）．

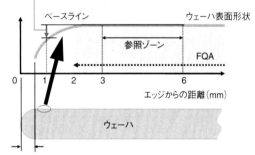

図1 エッジ・ロールオフとROA[1]

表1 シミュレーションに用いたウェーハのROA

ウェーハ	ROA@1mm（μmm）
#1	0.00
#2	0.06
#3	0.15
#4	0.35
#5	0.55
#6	0.75
#7	1.27

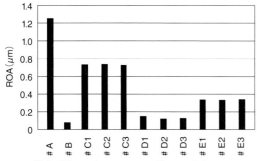

図2 300 mm ウェーハのエッジ・ロールオフ．
ROA@1 mm．参照ゾーン：3〜6 mm[2]

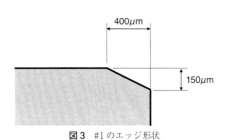

図3 #1 のエッジ形状

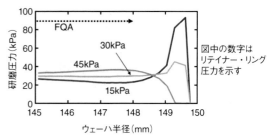

図4 シミュレーション-1（#1 に対して最適な研磨条件の見いだし方）

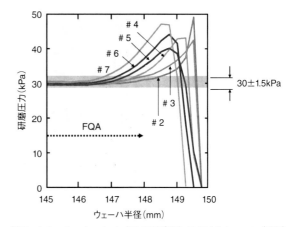

図5 シミュレーション-1（#1 に最適化）におけるウェーハ半径方向の研磨圧力分布（リテイナー・リング圧力：30 kPa）

次に，これらの7種類のロールオフを表すそれぞれの1次元フィッティング関数を作成し，有限要素法（FEM：Finite Element Method）を用いて研磨中における半径方向の研磨圧力分布を求めた．このときの主要な仮定は以下の3点である．

① 研磨速度は，プレストンの式に従う．
② バッキング・フィルムからウェーハへの圧力は30 kPa である．
③ 研磨パッドとして硬質，軟質パッド（それぞれ IC-1000，suba IV）を重ね合わせた2層構造を用い，硬質パッド側がウェーハと接触する．

ここでは3種類のシミュレーションを実行した．1番目は，#1 ウェーハに最適な研磨条件を確立し，それと同じ条件をその他のウェーハ（#2〜#7）に適用するというものである．ここで #1 ウェーハに最適とは，この #1 のFQA における研磨圧力のバラツキが最小となるようにリテイナー・リング圧力を調整した，という意味である．

図4 に，リテイナー・リング圧力を 15，30，45 kPa と変化させたとき，#1 の面内に生じる研磨圧力分布をシミュレーションした結果を示す．図から明らかなように，30 kPa のときに FQA におけるバラツキが最も小さくなった（＝FQA 内において横軸にほぼ平行な直線である）ので，#1 に対する最適な研磨条件とはリテイナー・リング圧力が 30 kPa のときであると結論した．

2番目，3番目のシミュレーションでは，それぞれ #2，#5 に対して最適化した研磨条件を，その他のウェーハ（それぞれ #1，#3〜#7，および #1〜#4，#6，#7）の研磨に適用した．ここで #2，#5 に対する最適な研磨条件の

見いだし方も，1番目のシミュレーションの場合と全く同じである．

4. CMP シミュレーションの結果

実プロセスには必ずバラツキの許容範囲がある．本シミュレーションの場合ウェーハの中央部では仮定②から研磨圧力が 30 kPa であること，および実プロセスでの膜厚バラツキの許容度が ±5% 程度であることから，許容できる研磨圧力バラツキを FQA 内において 30±1.5 kPa と仮定した．

図5 は，#1 に対して最適化した研磨条件を用いて，ウェーハ #2〜#7 を研磨したときの半径方向の研磨圧力分布を表す．研磨圧力のピークは ROA が大きいほどウェーハの内側にずれ，かつより緩やかになっている．その結果 ROA が大きいウェーハほど，FQA 境界（148 mm）における研磨圧力は増大している．

図5 から，FQA 内において研磨圧力バラツキが許容範囲に入るためには，#3 の ROA≦0.15 μm なるウェーハを準備しなければならないことがわかる．#4 の ROA = 0.35 μm では FQA 内部で 30±1.5 kPa の中に入らない．すなわち #1（ROA = 0.00）に対して最適化した CMP では，0.15 μm を超える ROA には対応できないと考えられる．

2番目，3番目のシミュレーションにおいても，1番目

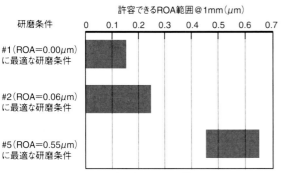

図6　許容できる ROA の範囲

のシミュレーションの場合と全く同様に解析することによって，#2，#5 のそれぞれに対して最適化した研磨条件がどのくらいの範囲の ROA に対応できるかを求めることができる．これら 3 つのシミュレーションから求められた ROA の許容範囲を，まとめて図6に示す．明らかに，小さなエッジ・ロールオフをもつウェーハを準備することに越したことはない．しかし ROA＝0.55 μm のようなかなり大きなエッジ・ロールオフに対して最適化した研磨条件でも，ある限定された範囲にロールオフのバラツキが制御されていれば CMP は問題ないことも明らかである．しかしながら大きな ROA がウェーハ周辺部における平坦度の劣化を引き起こすことを考えると，やはり小さなエッジ・ロールオフを目指したほうがよいのは当然である．

実際の CMP の現場ではいちいち ROA を測定して研磨条件を合わせこむことは行わないし，通常のラインでは少なくとも 2 社のウェーハを用いてデバイスが製造される．したがって先端デバイス製造ラインで用いるウェーハに関しては，ROA の範囲を購入仕様の一つとして規定しておく必要があろう．本考察によって，目標とすべき ROA の範囲を明確にできたと考えられる．

5. エッジ形状について

現在 300 mm 量産プロセスが稼働中であるが，早くも次世代のウェーハ口径を 450 mm と定め，450 mm ハンドリング・ウェーハ仕様が作られた．この取り組みに対して時期尚早と見る向きも多いが，口径 450 mm のシリコン・ウェーハ，それらを用いた搬送系，それらを収容するキャリアが既に数社によって試作されている．

450 mm ウェーハへの大口径化は，エッジ形状を統一するよいチャンスであるともいえる．かつて 200〜300 mm への大口径化の際にエッジ形状を統一（標準化）しようという意見が出されたが，業界の意見がまとまらなかった．450 mm 化の動きが出てきたことによって再びそのチャンスが訪れているわけであるが，それでは統一の駆動力は何

であろうか．われわれはこれこそ平坦度の向上であると考えている．すなわち『（ウェーハ周辺部分の）平坦度向上＝エッジ・ロールオフの低減』という図式が成り立つので，ウェーハ製造時にエッジ・ロールオフを低減しやすいエッジ形状がもし存在するならば，それを目指すべきである．

そこで JEITA では，ウェーハの製造工程に遡りエッジ・ロールオフを低減するために好都合な条件を検討したところ，エッジ部分を中心からできるだけ遠ざけるべきである，という結論に達した．これはエッジ部分の水平長さ（EW：Edge Width）を短くするということである（EW は，図1において＜500 μm と書いた部分の水平長さに相当）．

次に，短い EW をもつウェーハはデバイス製造プロセスにとっても好都合であるかどうかが課題となる．CVD 法やスパッタ法で形成した膜の薄膜化に用いられる CMP を検討したところ，幸いに短い EW が望ましいといえそうである．また搬送，エッジ・ポリシュからはエッジ形状の統一を望む声が寄せられている．残る課題は，パーティクルの発生を抑止する観点からも短い EW がよいかどうかである．

JEITA では，エッジ形状が CMP の膜厚バラツキに与える影響を明らかにするためシミュレーションを実施し，望ましい EW が 250〜300 μm との見通しを得ているが，これについては別な機会に紹介したい．

6. ま と め

エッジ・ロールオフは，数 100 nm 以下の非常にわずかなウェーハの厚さ減少であるにも関わらず，露光や CMP のパフォーマンスに一定の影響がある．複数ベンダーから複数世代のウェーハを購入するデバイス製造工場では，露光や CMP 条件を構築する際にエッジ・ロールオフの影響も念頭において検討し，膜厚バラツキが許容範囲に入るようにすべきである．

次世代ウェーハでは，エッジ形状の統一が主要テーマの一つになるであろうと考えられる．そのために主導的な考えの下に議論や検討を深めるべきである．

参 考 文 献

1) M. Kimura, Y. Saito, H. Hiroshi and K. Yakushiji : Jpn. J. Appl. Phys. (Part I), **38**, 38 (1999).
2) JEITA EMR—3001 エッジ・ロールオフが CMP のパフォーマンスに与えるインパクトに関する調査研究報告書（（社）電子情報技術産業協会，2004 年 10 月）.
3) JEITA EM—3510 シリコン・ウェーハのエッジ・ロールオフの測定方法（（社）電子情報技術産業協会，2007 年 1 月）.
4) SEMI Standard, M69-0307.

Ultrahigh Precision Cutting and the Applications/Yutaka YAMAGATA

(独)理化学研究所　山形　豊

1. 超精密切削加工の歴史

レンズは，紀元前から存在していたといわれており，13世紀ごろには眼鏡としてレンズが用いられていたようである．17世紀初頭には屈折式望遠鏡が発明され，その後ニュートンが反射式望遠鏡を発明している．当時から，比較的最近に至るまでレンズや反射鏡などの加工には一貫して遊離砥粒による研磨が利用されてきた．遊離砥粒による研磨手法は，球面の対称性を利用することで比較的容易に高精度な球面形状を作成することが可能であり，こうした研磨加工技術の進歩と，光学設計の進歩により複数枚のレンズを組み合わせることで，光学特性の優れたレンズが多数生産された[1]．

1980年初頭ごろに米国を中心として，超精密切削加工技術の研究開発が始まった．当初は主に軍事目的であったとされているが，空気静圧軸受けとレーザー測長器を装備したNC制御超精密加工装置によりレーザー集光ミラーなどが開発された．従来は，時間のかかる研磨加工により製作されていた超高精度な光学素子が，材料が軟質金属やプラスチックに限られるとはいえ，数分から数十分の切削加工で作成可能となったことは大変画期的なことであった．1980年後半に入ると，比較的小型の超精密加工装置が開発され，日本でも民間企業を中心に導入が開始された．また，国内でもレーザー加工機用金属ミラー加工装置の開発プロジェクトが国の主導で進められ，超精密加工装置の基礎技術が構築された．その後，国産の超精密加工装置も多数開発され，ハードディスクのメディア，ポリゴンミラーなど様々な民生用機器の部品加工に使用されるようになった．CDプレイヤーが発売されると，光ディスクピックアップ光学系のコストダウンのため，ガラスプレスモールドやプラスチック射出成型による非球面レンズの開発が活発化し，超精密加工装置は多数使用されるようになった．1990年代後半には，1 nm以下の制御分解能をもつ多軸超精密加工装置が開発されるようになり，ホログラム光学素子などのナノメータレベルの微細構造をもつ素子も超精密切削により加工されるようになった．

2. ダイヤモンド工具と被加工材料

単結晶ダイヤモンドは，いまのところ最も硬い材料であり，超精密切削加工といえば，単結晶ダイヤモンド切削

（SPDT：Single Point Diamond Turningとも呼ばれる）の工具として欠かせない材料である[2][3]．ダイヤモンドの次に硬い材料としては，cBN（Cubic Boron Nitride：立方相窒化ホウ素）があるが，cBNは天然鉱物としては存在せず，単結晶材料の製造が困難なため，光学素子などの超精密加工には，あまり用いられていない．超硬合金は，タングステンカーバイドを焼結した合金であり，多くの金属材料の切削に効果的な工具として広く使用されているが，硬度は単結晶ダイヤモンドの方がかなり高い．単結晶ダイヤモンドは，天然のものと人工のものがあるが，人工ダイヤモンドの品質は天然のものよりも安定しており，かなり広範囲に工具として使用されている．単結晶ダイヤモンドは，結晶の方位により硬度や耐摩耗性が大きく異なり，工具の作成にはこうした方位，研磨方向に関するノウハウが欠かせない．これらの高硬度材料の比較を**表1**に示す．**図1**には，各種切削工具の刃先の拡大写真を示す．超硬合金製工具や結晶ダイヤモンド工具と比較すると単結晶ダイヤモンドの刃先の滑らかさがわかる．単結晶ダイヤモンド工具の切れ刃の半径は数十nmから数nmが可能とされている．

また**図2**には，微細な先端形状をもつ工具の写真を示す．このようにμm～サブミクロンの微細な先端形状を有する切削工具も単結晶ダイヤモンド工具によれば製作可能であり，ナノメータオーダーの微細構造形成に欠かせない道具となっている．

被加工材料は，主に銅やアルミニウム，真鍮などの軟質金属が主なものである．リンの含有率を高めアモルファス構造に近い結晶構造をもつ無電解ニッケルリンメッキは，硬度の高さに比較してダイヤモンド工具の磨耗が少ないため，現在では多くのレンズ金型の材料として使用されてい

表1　各種工具材料の代表的特性

性質	単位	ダイヤモンド	cBN	超硬合金
ヌープ硬さ	GPa	60～100	45～50	18～22
ヤング率	GPa	1000	8.9	450～650
密度	g/cm³	3.5	3.5	13～15
熱伝導率	W/mK	600～2100	1300	40～100
耐熱温度	K	600～1700	1300～1600	1700
化学的活性金属	—	W, Ta, Ti, Zr, Fe, CoMn, Ni, Cr など	—	—

数値は代表的なもので，条件により異なる．

図1 各種工具刃先の拡大写真
(左から，単結晶ダイヤモンド，焼結ダイヤモンド，超硬合金，上：単結晶ダイヤモンドバイト全体，工具拡大写真の刃先半径はいずれも 0.5 mm)

図2 微細ダイヤモンド工具の例
(左：30 μm 1 枚刃エンドミル　右：剣先バイト先端 R100 nm 以下)

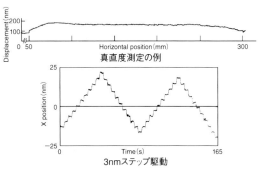

図3 超精密加工装置の精度測定例

図4 1 nm 制御超精密加工装置の例（1995 年）

る.

　ステンレス鋼などの鉄系材料は，金型材料としては理想的な特性を備えているものも多いが，単結晶ダイヤモンド工具で加工した場合は，炭素が被加工材と化学反応を起こし急速に磨耗が進むため，単結晶ダイヤモンド工具による超精密切削加工にはほとんど用いられない．こうした現象は，炭素を固溶する多くの金属材料に対して見られ，化学磨耗とも呼ばれる．

　また，ガラスやシリコン，ゲルマニウムなどのように従来は脆性材料のため，切削は不可能であると考えられていた材料も，極めて小さな切込み量（およそ 100 nm 以下）により加工することで，金属材料と同様の延性モードで加工することが可能であることが判明しており，赤外線用レンズなどの作成に応用されている．

3. 超精密加工装置

　超精密切削加工技術は，超精密加工装置の高精度な運動軌跡を単結晶ダイヤモンド工具により被加工物へと転写することにより達成される．超精密加工装置なくして超精密切削加工技術の発展はあり得ないといえる．さらにこうした超精密加工装置の開発は，案内機構，送り機構（モータ），測長システム，制御装置といった超精密機構要素技術の発展が基礎となっている[4]～[6].

　NC 工作機械の発明は 1960 年ごろに遡るが，超精密切削加工の実現には，ナノメータレベルの精度の実現が必要であり，80 年代初頭から研究開発が開始されている．

　案内機構としては，空気静圧案内（直動，回転），油静圧案内，ローラー式などが開発されている．送り機構に必要な要件としては，真直度，送りの再現性，剛性，温度に対する安定性などが上げられる．近年の案内機構は，数百 mm 程度のストロークでも数百 nm 以下の真直度と数十 nm 以下の再現性を有している．**図3**に静電容量式微小変位計による真直度とステップ駆動の例を示す[7]．また，**図4**には 1 nm 制御の 4 軸超精密加工装置の写真を示す[8].

　送り機構は，当初は，高精度台形ネジから始まり，ボールネジや静油圧ネジなどが使用されて来たが，近年では，リニアモータによる直接駆動が主流となりつつある．リニアモータを使用することで，ボールネジ等の回転イナーシャがなくなるため，高速な駆動が可能なだけでなく，ネジの振れ回りや送りピッチに起因する周期的な運動誤差をも低減することが可能である．

　レーザー干渉計は，精密測長器として最も広く使用されていたが，大気の擾乱による影響などのため，徐々にリニアスケールへと置き変えられていった．リニアスケールは，ガラス等の表面にフォトリソグラフィあるいは写真ホログラムの原理により微細なラインを形成し，レーザー光により読み取るもので，低熱膨張材料を用いることで，温度の影響を極めて少なくすることが可能であり，また大気

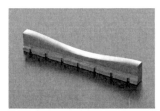

図5 プラスチックレンズ金型の加工事例
(左：fθレンズ金型，右：軸対称非球面レンズ金型)

図7 ホログラム光学素子の加工例
(左：金型，中央：ホログラム部分（φ3 mm），右：溝のSEM写真，ピッチ約3μm)

図6 大型プラスチックフレネルレンズの加工例
(左：加工前，右：超精密切削加工後，レンズ直径500 mm)

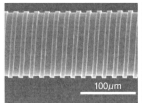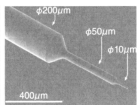

図8 微細構造部品の形成例
(左：直径100μm，ピッチ20μmのネジ，右：10，50，200μmの段付きシャフト，材質は共にアルミ合金)

の屈折率変化等の影響もほとんど受けない．スケールから得られる信号はおよそ数百nm程度のピッチで出力されるが，これを電気的に分割することで，最先端のリニアスケールでは，0.1 nm程度とおよそ原子1個の大きさの分解能をもつものもある．

　こうした機構要素を統合的に制御するのがNC制御装置である．NC制御装置は，半導体製造技術の長足の進歩により，ここ十数年で急速に進歩した．単純な位置・速度制御ループを持つ機構から，予測制御や機構要素の誤差補正，適応制御やモータのデジタル制御を行うことのできるNC装置も出現している．ナノメータレベルの超高精度な形状を加工するためのデータは，数値制御指令にすると数百メガバイトを超える膨大な量となるが，こうした大量のデータも高速に処理することが可能となっている．

4. 超精密切削加工技術の適応分野

　超精密切削加工の現在最も多い応用例は，非球面プラスチックレンズ用金型であろう．無電解ニッケルリンメッキを用いることで，比較的短時間に高精度（形状誤差100〜200 nm，表面粗さ数nm）が得られるため大変生産性が高く，デジタルカメラ，光ディスクのピックアップ光学系，レーザープリンターのスキャン光学系などに広く用いられている．図5にレンズ金型のコアの加工例を示す．

　金型を用いずに直接にアクリルなどのプラスチック材料を切削することも可能であり，少数個しか製造されない科学分析機器などの特殊な非球面レンズ等に多く用いられている．図6に示すのは，直径500 mmのアクリル製非球面フレネルレンズの加工例である．左のようなすりガラス状の素材を単結晶ダイヤモンドバイトにより切削し，透明なフレネルレンズが製作されている[9]．

　回折格子の製造は，電子線描画装置による方法やルーリングエンジンによる方法などが多く用いられているが，超精密切削加工による方法は，溝の幅や断面形状の自由度が高く，単なる分光に留まらない回折型光学素子の製造を可能としている[10]（図7）．回折格子よりやや大きな溝形状の製品としては，液晶ディスプレイのバックライトに使用される導光板などがある．超精密切削加工では，溝の谷部先端のRを1μm以下にすることも可能であり，微細な溝形状の形成には欠かせない手法となっている．

　図8に示すのは，微細機械構造部品を超精密切削により製作した例である[8]．MEMS技術（Micro Electromechanical Systems）として知られる微細加工技術は，フォトリソグラフィによりきわめて微細な構造を形成することが可能であるが，3次元的な構造の形成にはあまり適していない．超精密切削加工は，3次元的な構造を形成することが可能であり，各種の微細構造部品の形成に利用されている．

　近年では，光学素子以外にも超精密切削加工の応用分野が広がりつつある．その一例は，マイクロ流体チップ（μ-TAS：Micro Total Analysis Systems）である．これは，微細な流路内部で化学・生化学反応を行うことによりきわめて微細な流量で高速・高感度に分析や合成を実施しようとする技術である．図9にマイクロ流路の金型をダイヤモンド切削加工により形成した例と，これによるプラスチック成形品の写真を示す[11]．

5. 今後の超精密切削

　これまで説明したように，超精密切削加工技術は，単結晶ダイヤモンド工具と軟質金属材料の組み合わせにより，非球面レンズから，ナノメータ微細構造，高精度・微細部

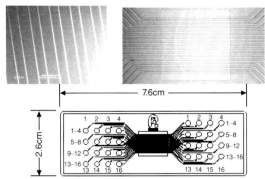

図9 マイクロ流路の加工例
（左上：金型中央部の SEM 画像　右上：プラスチック成型品の顕微
鏡写真　下：マイクロ流路全体図　溝ピッチは 500 μm）

品まで様々な超精密加工を実現してきた．超精密切削加工
分野において今後の研究開発が期待される技術を著者の希
望的観測を含めてあげてみると以下のようになる．

（1）高耐熱性・高硬度かつ工具磨耗の少ない材料の開発
（2）超精密加工装置のさらなる高精度化と多軸化，高速
　　化とこれを支援するソフトウエアシステムの開発
（3）単結晶ダイヤモンドに代わる超高硬度工具材料の開
　　発

こうした技術は半ば夢のような技術はあるが，現在の超
精密切削加工技術は，数十年前には考えられなかった夢の
ような技術であるといってよいだろう．超精密切削加工
は，超高精度あるいは微細な構造物を高能率に加工でき，
高付加価値な製品や最先端の科学機器を製造する手段とし
て重要な精密加工技術の一つとして今後も発展を続けるも
のと考えられる．

参 考 文 献

1) 吉田正太郎：望遠鏡光学，誠文堂新光社，(1978).
2) 丸井悦男：超精密加工学，コロナ社，(1997).
3) 角谷均ほか：SEI テクニカルレビュー，**165** (2004) 68.
4) 江田弘ほか：超精密工作機械の製作，工業調査会，(1993).
5) 超精密加工技術，日本機械学会編，コロナ社，(1998).
6) 田中義信ほか：精密工作法（上，下），共立出版，(1994).
7) Y. Yamagata et al.：Precision Engineering and Nanotechnology, Shaker Verlag, (1999) 342.
8) Y. Yamagata et al.：Proceedings of the 8th International Precision Engineering Seminar, (1995) 467-470.
9) S. Morita et al.：Advances in Abrasive Technology 4 (2001) 35-38.
10) Y. Yamagata et al.：Microelectronic Structures and MEMS for Optical Processing II SPIE Proceedings, **2881** (1996) 148-157.
11) 山形豊ほか：精密工学会 2007 年度秋季大会講演論文集，(2007) 119.

はじめての 精密工学

精密工学におけるリニアモータ

Linear Motor in Precision Engneering/Hiroyuki UCHIDA, Masatoyo SOGABE

ファナック(株)専務取締役　内田　裕之

ファナック(株)第一サーボ研究所 同期ビルトインモータ開発部　曽我部正豊

1. は じ め に

1990年代に工作機械用のモータとしてリニアモータが注目を集め始めたころ,「高速, 高加速」をキーワードとしたリニアモータ搭載の工作機械が多く発表された. 従来機を圧倒するその性能は各地の展示会で「世界最速の機械を見てみよう」という人々の人気を博した. しかし, ビジネス的に成功した例が少数だったことは非常に残念である. これには技術的困難などの様々な背景があるが, 当時はまさにリニアモータ機の黎明期で,「リニアモータをどう使えば良いかを探っていた時代」ともいえるであろう.

その後, ボールネジのハイリード化などによる回転型モータでの高速, 高加速対応が進むにつれて, 従来の「高速, 高加速」だけでリニアモータ機をアピールすることが難しくなってきた.「本当にリニアモータである必要があるのか?」という状況になりつつあった. リニアモータシステムのトータルコストの高さや, 機械設計の難しさ, 制御の難しさも, リニアモータ機の市場拡大を遅らせる要因となっていた. しかし, ここ数年のリニアモータ自身の性能向上, 周辺部品の性能向上, 制御機能のレベルアップ, リニアモータの最適な利用方法の検討などにより, リニアモータ機が再び静かな脚光を浴び始めている.

最近のリニアモータ機のキーワードは,「高速, 高加速」だけでなく,「高精度」「高速揺動」「長尺」へと変わってきている. 変わってきたのはキーワードだけではない. その多くが実用機として登場し始め, 中には「リニアモータ搭載」を表に出さない機械すら存在する. 他の機械と明確に違うのは, これらの実用機が「リニアモータだからできる性能や機能」を身につけ, 他とは強く差別化されていることである.

薄型テレビの大型化や航空機部品の軽量化・大型化に合わせて, これらを生産する設備も年々大型化 (長尺化) と高精度化が進んでいる. あるいは, 携帯電話やモバイル端末などの携帯機器の普及と高機能化により, ナノレベルの高精度な機械が必要とされてきている. さらに, 環境対応が叫ばれている自動車の部品などの分野では, 少しでもエネルギー効率を上げるために部品の高精度化が要求されている. このような時代背景の中, リニアモータがその特長を生かしつつ, 実用的に使われる時代が始まろうとしている.

ここでは, 日本の最先端のものづくりを支える工作機械および産業機械分野における, 実用期に入ったリニアモータの最新事情について, いくつか紹介していきたい.

2. リニアモータと回転型モータの違い

詳細な話に入る前に, リニアモータの原理について簡単に触れておきたい.

リニアモータは回転型モータと異なり水平に移動するため,「特殊なモータ」と見られがちだが, 技術的には決してそうではない. 図1に示す通り, 回転型モータを軸方向に切って開くと, リニアモータになる. 円筒形が平面形になるため, ベアリング→スライド (リニアガイド), ロータリエンコーダ→リニアエンコーダなど, 周辺部品や周辺装置の変更を伴うが, 基本的な仕組みとして同じである.

回転型モータと大きく異なるのが, リニアモータは必然的に「ダイレクトドライブ (直動)」になることである. ボールネジやギアなどの減速機構を介さず, モータがダイレクトに物を動かす. この違いが, リニアモータの特徴を具現化している.

3. リニアモータのメリットとデメリット

リニアモータを実用的に上手に使うには, まずそのメリットとデメリットを理解しておく必要がある. 以下に, 代表例を列記する.

メリット:

① 減速機構がなく結合精度が高いため, 高精度送りが可能

② ボールネジ等の消耗部品が無く, 精度劣化が少ない

③ ボールネジでは実現不可能なレベルの長尺軸が可能

④ 1軸上に複数のモータを配置し, 別々または同時に動かせる

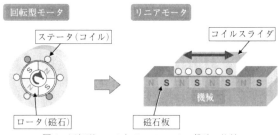

図1 回転型モータとリニアモータの構造の比較

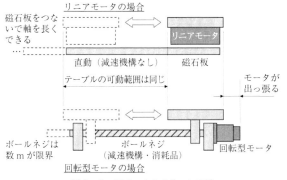

図2 リニアモータのメリットの例

⑤ モータの出っ張りが無く，軸長を短くできる（**図2**）

デメリット：

① 直動のため，外乱の影響を受けやすく制御が難しい

② 減速機構が無いため，大きな力（推力）を得にくい

③ 十分な防塵防水対策，磁気吸引力対策などが必要で，機械設計が難しい

④ 機械の内部に組み込むタイプのモータなので，点検・保守が難しい

これらのメリットを生かしつつ，デメリットをできるだけ少なくすることで，初めてリニアモータならではの特長を生かした実用的な機械を実現することができる．近年，優れた制御機能や機械設計ツールなどの登場によってデメリットの部分が軽減されており，多くの実用機の登場を後押ししている．また，多くのメリットを生かすことがよく考えられた結果，ここ数年リニアモータ搭載の工作機械のトレンドが大きく変わってきたことは，注目すべき点である．これについては，後述する．

4. リニアモータの特長を生かす技術

4.1 高精度化

リニアモータは直動であるがゆえに外乱の影響を受けやすく，減速機構をもつ回転型モータに対する大きなハンデとなっていた．さらにボールネジのハイリード化により，「高速高加速」をうたい文句としてきたリニアモータの採用そのものが，疑問視されかねない状況となりつつあった．

このボールネジ機に対するハンデ，すなわち外乱の影響を受けやすい問題点を克服するためには，サーボ系を高ゲイン化し，外乱の影響を抑え込むことが必要となる．高ゲイン化の阻害要因として，機械共振，ガイドの特性，機械系の摩擦，電気的ノイズなどが挙げられる．これらをいかに抑え込めるかがポイントとなる．**図3**は，モータを含めた駆動システム側で高精度化のために取り組んだ内容を示すものである．高速高精度の電流応答制御，多段の制振フィルタなどの機能を含む，当社独自のサーボ HRV（High Response Vector）制御を積極的に取り入れることで外乱を抑え込むことに成功し，高速でありながら高精度を実現している．

機械設計としては，ダンピングの悪い共振要素の排除と

最新のサーボ制御との融合

● 高速 CPU と高精度電流検出による高精度・高応答電流制御
● 位置検出回路の高応答・高分解能の速度検出によるハイゲイン速度制御
● 低周波から高周波までの機械共振を回避するフィルタ
● リニアモータのコギング改善との組み合わせで滑らかな送りを実現

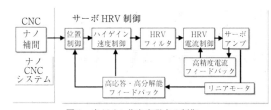

図3 高ゲイン化を実現する制御

キーとなる技術
最新のサーボ制御と最適なガイドとエンコーダの選択

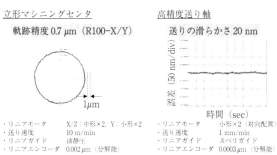

図4 実機での高精度化の例

構造物の共振周波数をより高く設計することが重要である．また，ガイド系の特性や機械系の摩擦も大きく影響する．筆者の経験では，適度な粘性や摩擦が存在する方が，制御的にはやりやすい．位置検出器（リニアスケール）の高分解能化，速度制御のための高応答化，アッベの原理に基づいた検出器の取り付け，検出器自身の高い共振周波数も，忘れてはならない．さらに，外乱の一因となるモータ自身のコギング（磁気吸引力の周期的なうねり）についても，モータの設計を最適化することで，その低減をはかっている．

このような様々な工夫と努力により，**図4**で示すように，10 m/min の送り速度においてもサブミクロンの真円精度を実現することが可能となった．またナノオーダでの送り精度も実現している．このような速度と精度の両立は，剛性の低い減速機構をもつ一般的な従来機では実現が難しく，リニアモータ機ならではの結果である．

ここに実例を示した機械は，精密金型や高精度自動車部品の加工，光学系部品の加工など，高速な精密加工が必要とされる現場で活躍している．

4.2 高推力化

リニアモータは減速機構をもたない直動式であるため，「モータの推力＝軸の推力」となる．したがって，大きな負荷を動かすにはそれに合わせてモータの推力を大きくする必要がある．しかし，モータの大きさ（面積）はその推力に比例するため，推力増大とともにモータも大型化してしまう．一方，ギアやボールネジなどの減速機構をもつ回転型モータでは，最適な減速比を選択することで，小型の

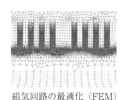

磁気回路の最適化（FEM）

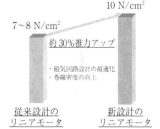

図5　リニアモータの単位面積当たりの推力向上

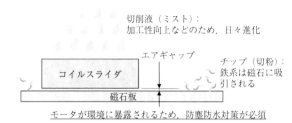

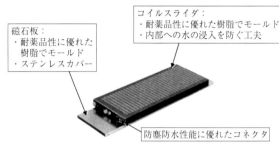

図7　耐環境性能を向上させたリニアモータ

モータであっても回転速度を上げることにより大きな推力を得ることができる．したがって，リニアモータの単位面積あたりの発生推力，すなわち「推力密度」をより一層高めていく必要がある．

当社のリニアモータでは，電気自動車やハイブリッド車で注目を集めている世界最強の磁石である「ネオジム系希土類磁石」をいちはやく採用し，併せて巻線の高密度化，磁気回路の最適化などを進めた．その結果，従来モデルでは $7\sim8\,\mathrm{N/cm^2}$ であった推力密度を，$10\,\mathrm{N/cm^2}$ まで高めることに成功した（**図5**）．これによって，同程度の推力であれば，モータサイズを約30％小さくすることができるようになり，これまでにない小型サイズの機械を実現することができた．リニアモータの採用によるタクトタイムの短縮などとも合わせて，単位面積当たりの生産効率が従来機の4倍に達する機械なども開発され，成功を収めている．もちろん，モータの大推力化・小型化とともに，機械の小型軽量化が図られていることを忘れてはならない．

4.3　防塵防水対策と保守性の向上

先にも述べたとおり，リニアモータは回転型モータを開いた構造である．したがって，回転型モータでは周囲の環境から隔離されていたモータ内部が，リニアモータでは完全に暴露されてしまう（**図6**）．その結果，何も対策がほどこされなければ，チップや切削液の侵入は避けられない．特に鉄系のチップは磁石に吸引され，モータのギャップに挟まってしまうことで重大な障害をもたらすことがある．切削液が，時間の経過とともにモータ表面を化学的に腐食させ，様々な障害をもたらすこともある．加工性向上などの目的で日々進化している切削液は，次々に新しいものが出てくるため，その影響をタイムリーかつ確実に把握するのはかなり難しい．このような腐食の影響が判明するには時間がかかることが多く，このことも耐環境性向上を目指す上で難しい問題である．

チップや切削液の侵入を避けるために，防塵防水カバーなどが必要となってくるが，従来のテレスコカバーなどでは，リニアモータの「高速高加速」についていけないケースがままある．また，シール性を高めるためのパッキンなどが大きな抵抗となり，不要な摩擦熱を発生したり制御の邪魔をしたりする場合もある．

最近になって，高速高加速に耐えるカバーなども登場しているが，カバーだけでは防塵防水対策が十分とはいえ

ず，やはり基本的に機械の設計段階において対策をしておくことが重要である．例えば，モータと加工エリアを分離する，カバー内の内圧を高める，スクレイパーを設置する，などである．しかし，高速で動いたり非常に軸が長い場合には，これでもまだ対策が不十分なケースが多い．そのため，モータ自身の防塵防水性能を向上させることも必要となる（**図7**）．フィールドでの様々な経験をフィードバックし，新たな素材や技術を投入することで，リニアモータ自身の耐環境性能も着実に向上している．

いかにしっかりとしたカバーを取り付け，モータの耐環境性を向上させたとしても，現在の技術では使用環境に暴露されるリニアモータに対する防塵防水対策には限界がある．そこで必要になるのが，「定期的なメンテナンス（清掃）」である．定期的にメンテナンスを実施することにより，良い環境を維持できるとともに，異常をいち早く知ることができるようになる．定期的なメンテナンスをするためには，「メンテナンスの容易な機械構造」であることが欠かせない．特に，リニアモータは機械に直接モータを組み込むビルトインタイプのモータのため，設計的な工夫がなければ保守に時間がかかる可能性が高い．リニアモータ機を実用機として設計する場合，保守性を考えることは，従来機にも増して重要である．

4.4　機械設計環境の進歩と普及

モータやその周辺の技術だけでなく，機械設計においてもリニアモータの特性を上手く生かせるように特別に考慮する必要がある．特に，従来機よりレベルの高い設計を必要とする，「軽量化」，「高剛性化」，「防塵防水対策」，「保守性」は，実用に耐えるリニアモータ機を設計する上で，

避けることのできない重要なポイントである．しかし，機械を軽量化しつつ高剛性化をはかる，防塵防水対策を強化しつつ保守を容易にするなど，その相反する条件を上手くバランスさせるのは決して容易なことではない．

実用機としての歴史が浅いリニアモータ機では，リニアモータに適した機械設計のノウハウの蓄積がまだ少ない．そのため，様々なトライ&エラーを余儀なくされ，機械の開発に多大な時間と費用を必要とすることも少なくなかった．しかし近年，IT技術の発達による高機能な3D-CADの普及や，これに連動する解析ツールの普及などにより，確度の高いシミュレーションが比較的容易になってきた．パソコンレベルでも可能となった高度で高機能な機械設計環境の普及が，リニアモータに適した機械設計のハードルを少しでも低くしてくれていることは，リニアモータ機の未来にとって非常にありがたい．

5. リニアモータ機のトレンドの変化

ここでは，リニアモータ搭載機の最新のトレンドについて触れておきたい．

図8に，先般開催された日本国際工作機械見本市JIMTOF2008と，6年前のJIMTOF2002において出展された，当社製リニアモータを搭載した機械の種別の割合を示す．

JIMTOF2002では「高速高加速」をうたい文句にしたマシニングセンタが70%を超えていたのに対し，JIMTOF2008ではその1/3にまで激減している．また，JIMTOF2008では「高精度」に主眼を置くマシニングセンタが主流となった．

一方で高速揺動軸を特徴とする研削盤やピストン旋盤が，約半数を占めるまでに急増しているのが非常に特徴的である．その多くで，ボールネジ機では実現が難しい高速揺動軸を実現している点が，いかにもリニアモータ向きで興味深い．

旋盤においても変化が起こっている．JIMTOF2002では送り軸だけをリニアモータ化した中大型の旋盤が半数以上を占めたが，JIMTOF2008では主要全軸がリニアモータ化されたコンパクトな旋盤が主流となっている．これは，一時の「とにかくリニアモータ化」的な流行が，クールダウンしたことを示していると思われる．また，リニアモータ搭載のレーザ加工機や専用機の増加も，今後のトレンドとして続くことが予想される．

このほかに，新しいトレンドを形成しそうな動きとして，環境対策としてのリニアモータの搭載が挙げられよう．油圧装置で駆動する大型の機械において，環境面を考える際に油脂類を敬遠する傾向が強まっている．そのため，プレスや射出成型機に電動化の大きなトレンドが形成されたように，油圧装置を搭載した機械，特に揺動軸をもつ大型の研削盤などにおいて，今後リニアモータの採用が拡大する可能性がある．油圧装置は概して高価で大型，保守に手間がかかることも，将来の電動化を後押しするであ

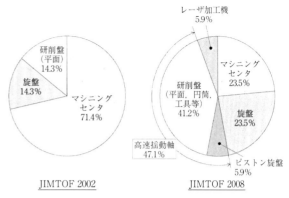

図8　JIMTOF2002とJIMTOF2008でのリニアモータ搭載機種別

ろう．また，電動化により大幅な精度向上が望めることも見逃せない．

なお，その大きさや専門性ゆえにJIMTOFなどの展示会に出展されることはないが，航空機部品の大型軽量化，液晶パネルの大型化などに伴う大型かつ高速な機械の市場においても，市場規模としては決して大きくないものの，リニアモータ搭載機が実績を伸ばしつつあることを付記しておきたい．

6. まとめと今後の展望

これまで述べてきたように，リニアモータはその最先端のイメージが先行した一時のブームを終え，実用期に入ってきている．1990年代から2000年初めごろの華々しさこそ無くなったが，逆にリニアモータの特長を上手く生かしながら，他の機械には真似の難しい分野において，着実にその実績を積み上げつつある．特に，「高速揺動」，「高速高精度」，「長尺」などのリニアモータの得意分野では，これからもリニアモータ機が発展していくであろう．一方で，「とりあえずリニアモータ化してみた」というような機械は，自然淘汰されてきている．

さらに，地球温暖化防止や環境性能の向上が叫ばれる昨今，自動車を含む多くの機械が電動化の方向に流れつつある．中でも，揺動軸をもつ大型の油圧機は，近い将来にリニアモータに向かう可能性が高い．

市場に投入されるリニアモータ機は，その黎明期においても現在でも，従来機の壁や常識を打ち破る機械が多い．そのようなエポックメイキングな機械が誕生し，それらの機械が時代の最先端を行くものづくりを支えていることを思うと，長年リニアモータやその機械の開発に携わってきた技術者としては，感慨深いものがある．今後，本格的に「リニア実用機」の時代に入ると，これまでのボールネジ機との競争だけでなく，リニアモータ機同士で競争する時代がくるかもしれない．また，そんな時代の到来を願っている．

ここで紹介した最新のリニアモータの話題が，これからの日本のものづくりを支える若き技術者たちの，夢のきっかけになればと思う次第である．

はじめての 精密工学

SEM による微細形状・粗さ測定

Measurement of Surface Topography Using SEM with Four Secondary Electron Detectors/Yoshio TAGUCHI and Yukiko OMATA

(株)エリオニクス　田口佳男，小俣有紀子

1. はじめに

走査電子顕微鏡（Scanning Electron Microscope, SEM）は，電子ビーム（一次電子線）と固体試料との相互作用によって，10 nm 程度のごく浅い表面層から放出される二次電子信号を利用している．SEM 像の明暗のコントラストは，主に試料表面の凹凸形状を反映したものであり，二次電子検出器に捕捉された電子の量に対応している．これは，一次電子線の入射する方向と試料表面とのなす角度によって二次電子放出量が変化し，さらに平行に近くなるほど二次電子放出量が増加することに起因する．

本測定法は，二次電子放出量が試料表面の傾斜角度に依存し，また，0°〜75°付近の間で単調に増加することを応用した手法であり，SEM を基盤とした関連技術の一つである．

2. SEM による表面形状の定量化

SEM を用いて定量的に試料表面の凹凸形状を求める手法は大別して 2 つある．地形図作成に用いられる航空写真測量を応用したステレオ観察法と複数個の二次電子検出器を設置した SEM を用いる複数検出器法である．前者は，試料を傾ける，または一次電子線の入射角を傾けるなどして二つの異なる視線方向から SEM 像を取得し，視差の原理により立体形状を構築するもので，その歴史は古く 1969 年にまで遡る．ちなみに SEM が製品化されたのは 1965 年のことである．一方，以下に解説する複数検出器法は 1985 年に，SEM に 2 個の二次電子検出器（A と B）を設置し，その差信号（A−B）から試料表面の X-Z の 2 次元凹凸プロファイルを求める手法[1]として実用化された．当時，アナログレコードからコンパクトディスク（CD）への転換期であり，CD 開発競争の最中，ピット形状の測定に大いに貢献した．その後さらに二次電子検出器 2 個が追加され，合計 4 個の検出器により三次元定量測定が可能になった．

2.1 表面センシング

入射電子と試料との相互作用により放出される種々の信号において，形態情報源として利用できるものには二次電子信号と反射電子信号がある．本手法では，1．一次電子線入射点における信号の放出領域が横方向，深さ方向共に狭く，空間分解能が優れていること，2．入射電子による

試料損傷を考慮し，微弱な入射電流量でも SN 比の良い信号が得られることから二次電子を採用している．

また，使用する装置については，二次電子放出領域をより狭く，より浅くするため，入射電子線のプローブ径を極小にし，かつ低加速電圧での使用に耐え得ることが要求される．

2.2 測定装置の構成と測定原理

まず，二次電子検出器 2 個を設置した SEM を例にとり，凹凸測定の原理を解説する（図1）．

基本的には通常の SEM とほぼ同じ構成であるが，2 個の二次電子検出器 A および B を一次電子線走査方向に対して平行かつ走査中心に対して対称位置に設置してある．

実際の測定では，一次電子線の入射点において放出した二次電子は，試料面の斜度と傾きの方向に応じた比率で A および B 検出器に同時に分配検出され，16bit の DA 変換器を経て PC に記憶される．

検出された二次電子信号には，形態情報の他に，試料の組成に起因する情報を含む場合も考えられるが，検出信号 A と B の差分をとることで排除できる（図2）．図3はろう付けに使用される銀ろう材を表面研磨し，その後にアルゴンイオンエッチングを行った表面であるが，A＋B 像（左）では，銀，銅，リンを主成分とした各々 3 つの偏析域が組成差コントラストとして現れているのに対し，検出信号の差分を画像にした A−B 像（右）では，組成情報は A と B ともに同じ信号レベルで検出されるため相殺されて凹凸のみが強調された像となり，左方向から照明を当てたようになる．

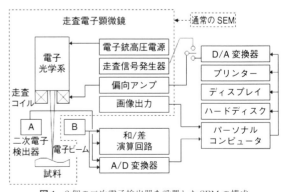

図1 2 個の二次電子検出器を設置した SEM の構成

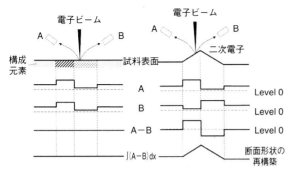

図2 二次電子検出器AとBの配置と凹凸測定の原理

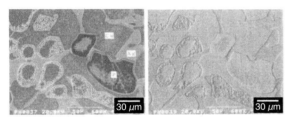

図3 エッチング後の銀ろう材表面のA+B像（左）と同一視野の
A−B像（右）

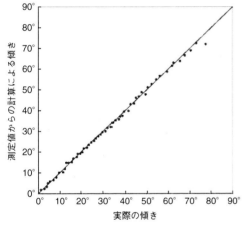

図4 測定値から計算で求めた傾きと実際の傾き

試料表面の一次電子線入射点における勾配は次の近似式
で表すことができる.

$$\tan \theta = k \frac{A^2 - B^2}{(A_n + B_n)^2} \qquad (1)$$

θ：入射点の試料傾斜角, k：定数,

A, B：二次電子検出器の出力,

A_n, B_n：試料が水平なときの二次電子検出器の出力

図4に, 式(1)より計算で求めた試料の傾きと実際の
傾きとの対比グラフを示す. 検証には真球度に優れるラテ
ックス球状粒子（ポリスチレン製）を用いた. 試料表面に
対し垂直入射が前提であるため粒子下部のオーバーハング
形状は得られないが, 傾斜角度 $\theta < 75°$ の範囲でよく一致

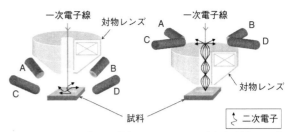

図5 アウトレンズ方式（左）とセミインレンズ方式（右）の4検
出器法

していることがわかる.

前述の近似式は実験より得られたもので, 検出信号A
とBの差分をとることで, 試料表面の組成情報を排除し,
また, $(A_n + B_n)^2$ で割ることで入射電子の強度に対するキ
ャリブレーションにもなっている. さらに, 式(2)によっ
てX-Z方向の断面プロファイルが得られる.

$$\Delta Z = \sum_{i=1}^{n} \Delta X_i \cdot \tan \theta_i \qquad (2)$$

ΔZ：高さ, n：サンプリング点数,

ΔX_i：データサンプリング間隔,

θ_i：測定点における試料傾斜角

実機では, 二次電子検出器を4個設置しており, 一次電子
線の走査方向だけでなく, それに直交する方向の傾斜角度
も測定することができる. 4個の検出器A〜Dを電子光学
軸に対して対角に配置し, 走査方向の傾斜角を (A+C) −
(B+D) の組み合わせ, また, それと直交する方向の傾斜
角を (A+B) − (C+D) の組み合わせにより三次元凹凸形
状の再構築を行う.

2.3 セミインレンズ方式の採用

ごく一般的に使用されているSEMのほとんどは, 対物
レンズ下部に試料が置かれるいわゆるアウトレンズ方式で
あり, 本測定法もこの方式を採用しているが, 近年, 試料
とレンズとの位置関係は同様であるが, 対物レンズの磁場
を試料表面まではみ出させ, 対物レンズ上部に設置した検
出器により二次電子を高効率で検出するセミインレンズ方
式のSEMが注目を集めるようになってきた. セミインレ
ンズ方式のSEMは, 不導体試料の低加速電圧における無
蒸着観察に適しており, われわれは本センシング手法を踏
襲したセミインレンズ方式の三次元測定SEMの開発に着
手し, このほど実用化に成功した. **図5**に4個の二次電
子検出器をもつ従来型の三次元測定SEMの構造と同セミ
インレンズ方式のそれとの違いを示し, **図6**にTFE電子
銃を搭載したセミインレンズ型電子線三次元粗さ解析装置
（ERA-9000型）の概観を示す.

上記ERA-9000型を用いて, 加速電圧1kVの設定で測
定を行った例として, 真球度に優れる $\phi 2\,\mu m$ ラテックス
球状粒子の鳥瞰図を**図7**に示す.

セミインレンズ方式では, 二次電子が対物レンズを通過
する際, 磁場により回転するため（図5）, 傾斜情報その
ものがSEMの視野に対し回転してしまう. 本装置では,

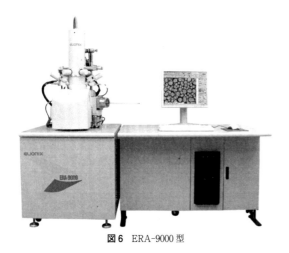

図6 ERA-9000型

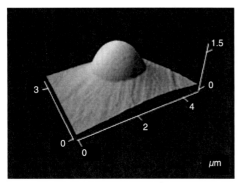

図7 φ2 μm ラテックス粒子の鳥瞰図データ

SEM 凹凸像（A−B 像）の照明方向の回転ずれを電気的に補正し，また，傾斜角度の算出に際しては，ソフトウェアで検出信号の回転補正を行っている．これにより，従来のアウトレンズ方式の装置と同等の角度認識が行える．

セミインレンズ方式の採用により，不導体試料の無蒸着測定への発展が期待される．

2.4　三次元測定 SEM の特徴

SEM を基盤とする本装置では，以下の特長と注意点がある．

焦点深度の深い SEM 像を観察しながら測定箇所の探索が容易に行え，観察している視野がそのまま測定エリアになる．**図8** は，ビッカース硬度計による圧痕の SEM 像である．左図は，通常の SEM 像であるが，SEM 特有の全方向照明効果により明るく影の少ない像になる．一見，ともすれば突起と判断してしまうほど凹凸感は曖昧である．これに対し，右図の SEM 凹凸像では，左方向からの照明効果による陰影コントラストにより，定性的に窪み形状であることが判断できる．また，ブロードな形状が支配的な試料表面についても，通常の SEM 像に比べ，凹凸の認識が容易である点を付け加えておきたい．

本センシング手法は，機械的には非接触方式であり，通

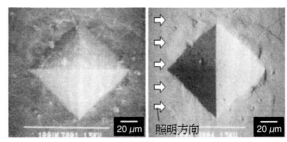

図8 通常の SEM 像（左）と SEM 凹凸像（右）

常アウトレンズ方式では加速電圧 5 kV，セミインレンズ方式では 1 kV の低加速電圧で測定を行う．ただし，試料が不導体の場合，導電コーティング処理が必要になるが，コーティング膜の粒状性は緻密で試料表面の微細構造よりも小さいことが望ましく，白金やその合金，タングステンなどの材料が適当である．

一般に，微細形状測定では縦方向の分解能のみが強調されがちであるが，横方向分解能も同等以上であることが望まれる．本測定法では，電子線プローブ径が横方向分解能を決定する．縦方向のそれは，測定原理上，測定された傾斜角の分解能に依存する．横方向分解能は，1.3 nm（TFE 電子銃搭載の場合），縦方向では 1 nm を保証している．また，測定可能なレンジについては，エリアで 1 μm² から数 mm²，また，凹凸方向では 1 nm から数十 μm までの範囲で測定が可能である．ただし，測定エリアが 500 μm² を超えるような広領域測定では，電子線の垂直入射が前提のセンシング手法であるため，測定エリアの端部ではこれを満足しない．その結果として，測定されたデータのベースラインが凸型に湾曲するが，スプライン関数を用いたハイパスフィルターを用いることで補正できる．さらに，独自のスティッチング機能を用いることにより，SEM の倍率制限を越える広領域での測定も可能である．

2.5　装置の校正

われわれが校正に用いているのは，米国の国立研究機関である NIST（米国標準技術研究所）にトレーサブルな VLSI スタンダード社（米国）の標準試料[2]である．これは表面形状検査装置の校正用として市販されているもので，シリコン基板上の酸化膜表面に高精度なエッチングによって段差が形成されている．

なお，段差の大きさは目的に応じて多数用意されており，われわれは測定可能なレンジ内で，4 水準（最小段差 15 nm）の標準試料を入手し校正に用いている．

一般ユーザーにおいては，通常，二次電子検出系のハードウェアーに異常がなければ，測定ごとに校正作業を行う必要はないが，管理上定期的に行うことが望ましい．

3.　測　定　例

図9 は，めっき条件の異なるクロムめっき表面を SEM 倍率 5 万倍の微小エリア（2.4×1.8 μm²）において測定を行ったものである．本測定法の特徴である電子プローブ径

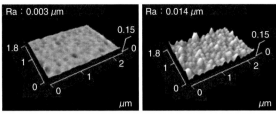

図9 めっき条件の違いによる粗さ比較

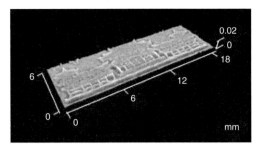

図11 広領域測定結果

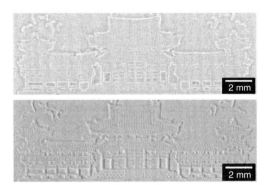

図10 上：スティッチング後のSEM像 下：スティッチング後の凹凸SEM像

相当の優れた横方向分解能によりナノオーダーの粗さの違いが明確に現れている．測定時間は測定点数によるが，本データでは300×225点の測定に対し要した時間は各々80秒である．

図10および図11は，独自のスティッチング手法を用い，10円硬貨の表にデザインされた平等院鳳凰堂の測定を行った例で，1視野あたりSEM倍率40倍のエリア（3.0×2.25 mm²）を設定し，隣接する7×3＝21箇所について接合部のデータオーバーラップ領域を20%に設定後，連続的にX-Yステージを移動しながら測定したものである．データ取得後，各視野のオーバーラップ領域について低周波成分を除去した後，専用ソフトウェアでSEM像と三次元データの接合を行っている．

スティッチングされたデータエリアは，18×6 mm²に拡大されている．

4. 今 後 の 課 題

新たな技術開発のための要素研究過程や部品の製造工程で行われる様々な表面加工や表面処理は，より精密化，複雑化している．最表面の形態を高解像度で観察し，また，三次元で高精度に測定したいという要求が増している．本測定法においても，アウトレンズ方式のSEMを基盤にしていたが，さらに低い加速電圧の下，より高分解能な観察と測定が行えるセミインレンズ方式の三次元測定SEMの実用化へと至っている．加工技術の進歩とともに計測技術の進歩が新たな情報を与えてくれる一方，計測の現場では多様なデータに翻弄されることなく適切な判断をしなければならない．使用する計測機器の原理・原則，特徴を把握し，得られたデータの信頼性を見極める努力が必要である．測定精度の向上と，誰が，いつ，どこで評価しても差が生じない条件の提示[3]が，今後の課題である．

参 考 文 献

1) T. Suganuma : J. Electron Microsc., 34, 4 (1985) 328-337.
2) SHS薄膜段差スタンダード（VLSIスタンダード社）製品カタログ．
3) 柳和久，小林直規，田口佳男：トライボロジー研究における表面形態観察と表面形状測定，トライボロジスト, 3, 2 (1994) 98-104.

はじめての 精密工学

強力超音波用振動子
—BLT の設計とその応用—

High-power Ultrasonic Transducers—A Designing Method for Bolt-clamped Langevin-type Transducers and Its Application—/Kazunari ADACHI

山形大学大学院ベンチャービジネスラボラトリー　足立和成

1. は じ め に

「強力超音波」という用語は非常に誤解を招きやすい．実際，「周波数何 kHz 以上の音波を『超音波』と呼ぶのでしょうか？」とか，「音響強度が何 W/m² 以上の超音波が『強力』超音波なんでしょうか？」といった質問を受けて当惑したことのない斯学の専門家など恐らくいないだろう．「超音波工学」（sonics）というのは，「音響学」（acoustics）や「音響工学」（acoustic engineering）とは異なり，人間に聴かせることを目的としない音波や機械振動の工業的応用に関する学問分野のことだが，それは，医療診断や非破壊検査，音響計測といったその信号的応用の領域と，その物理的なエネルギーを利用する領域の，二つに大きく分かれる．ここで言う「強力超音波」（high-power ultrasonics）の領域とは，後者のことである．したがって，その周波数が可聴帯域であろうが，そのパワー密度がいかに小さかろうが，この定義にあてはまる工学の領域は強力超音波のそれということになる．

とはいえ，やはり一般に強力超音波の技術といえば，超音波加工や超音波洗浄などの比較的パワー密度が高い可聴帯域以上の周波数の音波や機械振動を用いるものが想起されるだろう．そうした領域で使用される，いわゆる強力超音波用の振動子（電気機械振動変換器）は，磁歪現象を利用したものと圧電現象を利用したもの，さらにその他の物理現象を利用したものなどに分類できる．その中でも汎用の高性能振動子としては圧電振動子，わけてもボルト締めランジュバン型振動子（Bolt-clamped Langevin-type Transducer, 略称 BLT）が最もよく用いられている．磁歪振動子もこの領域では用いられるし，圧電振動子と比較して優れた点もあるが，総合的な性能や実用性において，圧電素子を用いた BLT を凌駕する汎用の強力超音波用磁歪振動子は現在まだ現れていない．そこで，本稿では紙数も限られていることから，他の形式の強力超音波用振動子にはあえて触れず，専ら BLT の設計・製作手法とその応用について述べることにする．その設計・製作手法が進歩しつつある BLT について詳述することで，読者に現在の超音波工学，わけても強力超音波の領域における最新の研究の一端に触れていただくほうが，この記事の趣旨に最も適うものではないかと考えたのである．

2. ボルト締めランジュバン型振動子の構造とその技術的意味

ボルト締めランジュバン型振動子（BLT）の基本的な構造を図1に示す．その名称の由来は，これがフランスの物理学者ポール・ランジュバンが 1917 年に考案した振動子を原型としていることによる．基本的には，偶数枚の圧電セラミックス素子（円板）の間に銅電極（りん青銅製かベリリウム青銅製）を挿入し，互いの分極方向を対向させながら積み重ね，それらをジュラルミンなどの機械的な損失が小さく比較的柔らかい金属のブロックで挟み込み，ステンレスなどの硬い金属製のボルトで締め付けて一体化させた構造の振動子のことを，BLT と呼ぶことになっている．圧電セラミックスは，銅電極間に電圧を加えてその内部に電界を生じさせると，その大きさに比例した歪が生じる性質があるため，交流電圧を電極間に印加することで，機械振動を励起することができ，上下の金属ブロックを含む振動子全体が半波長共振する特定の周波数で，最も大きな振動振幅が得られるようになっている．図1の BLT の構造は縦振動励起用のものであるが，捩れ振動励起用のものもある．縦振動用 BLT では圧電セラミックスの分極方向がその厚み方向であるのに対して，捩れ振動用 BLT ではその円周方向になっている．

このように，BLT は一見して極めて単純な構造をもつため，簡単に設計・製作できるように考えられがちだが，

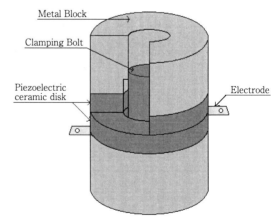

図 1 典型的なボルト締めランジュバン型振動子（BLT）の構造

実際には高性能の BLT の設計・製作は極めて難しい．そのため 1960 年代以降多くの研究がこの型の振動子についてなされてきたが[1],[2]，後述するように，その実用的な設計手法はいまだに確立されていないといってよい．ここでは，まず一般に強力超音波用の振動源に求められる技術的要求を整理し，その観点から BLT 構造の技術的意味について論じることにする．その後に，BLT の設計・製作にまつわる工学的・技術的な問題を説明し，その解決策としての最新の研究成果等を提示したい．

　汎用の強力超音波用振動子は，効率的な電気機械振動変換および大振幅振動励起のためにその共振周波数で駆動される．したがって，それら振動子が満足すべき技術的な要求は，

① 大振幅での駆動が可能な頑丈な構造をもつこと
② 駆動される共振周波数付近での共振尖鋭度（Q）が高いこと
③ 駆動される共振周波数付近での電気機械結合係数が高いこと

などである．

　①について詳しく述べると，BLT のような汎用の強力超音波用振動子の場合，無負荷（空振り）時に単体で最大（常時ではない）1 m/sec 程度の振動速度振幅を実現できることが求められる．これは共振周波数 20 kHz の振動子の場合，変位振幅に換算すると約 8 μm であり，鉄などの一般的な金属材料中での最大応力に換算すると概ね 20 MPa くらいになる．実際に超音波加工や超音波プラスチック接合などを行う場合には振動子に負荷がかかるから，当然その振動振幅は大幅に低下する．振動子の駆動電圧を上げればその振動振幅は当然大きくなるが，それにも限度があるため，実用上必要とされる数十 μm の振幅を実現すべく通常は振動子に同じ共振周波数をもつホーンと呼ばれる振幅拡大用の機械振動素子を接続し，振動子単体の場合の 3〜5 倍の振動振幅を実現できるようにする．

　②の共振尖鋭度 Q とは，横軸に周波数，縦軸に振動子の振動振幅をプロットしたグラフの共振の峰の鋭さを示すもので，共振周波数を f_0，振動振幅が共振時の $1/\sqrt{2}$ に低下する共振点近傍上下の周波数を f_1 および f_2 とすると，$Q=f_0/|f_1-f_2|$ で表される．これが大きい（共振が鋭い）ほど，その振動子の機械的な内部損失は小さいということになる．逆に Q が小さい（共振が鈍い）ということは，振動子の振動エネルギーが熱として消散する割合が高く，電気機械エネルギー変換の効率が低いことを意味する．振動子の共振周波数が高くなるほどこの Q は低くなる傾向があるが，20 kHz 付近の共振周波数のものでは，最低でも 500 程度の Q が実用上求められる．市販の 20 kHz 用 BLT では，Q が 1500 以上あるものも珍しくない．

　また，③の電気機械結合係数は，無負荷時に振動子に投入された電気エネルギーがどのくらいの割合でその内部に機械エネルギーの形で蓄えられるかを示す指標で，この値

は常に 1 以下である．これは電気機械エネルギー変換効率とは異なる指標だが，BLT のような圧電振動子の場合，これがあまりに低いと，駆動電子回路との電気インピーダンスの整合が難しくなる上，大振幅超音波振動のために高い駆動電圧が必要になるため，結果として変換効率が悪くなるから，できるだけ高いことが望ましい．高性能の BLT ではこれが 0.3 を優に超えるものもある．このように，BLT の構造は，上記 3 つの技術的な要求を概ね過不足なく満たし得る点で優れている．次章ではそれら BLT の優れた点をその設計上の問題点とともに具体的に述べてゆく．

3. ボルト締めランジュバン型振動子の設計・製作上の問題

　前章の技術的な要求のうち，①の頑丈な構造を BLT で実現することが最も難しい．圧電セラミックスは BLT の電気機械結合係数を大きくするために，その振動速度分布の節（応力分布の腹）付近に配置されるので，先に述べたように 20 kH 用の BLT なら，金属ブロックと圧電セラミックスの界面には最大 20 MPa くらいの動的振動応力が毎秒 2 万回も生じることになる．通常の接着剤では，このような繰り返し応力に耐えられる界面での接合を実現することが難しいことから，ボルトで締め付けて組み立てる BLT が考案されたのである．

　逆に，この締め付けによって振動応力に抗するだけの十分な静的接触応力（圧縮与圧）をその界面全体で実現してやらないと，そこで起きる剥離やすべりなどによって著しい発熱が生じ，最悪の場合，熱応力によって圧電セラミックスが破壊する恐れがある．そこまで至らない場合であっても，界面でそうした発熱を生じることは振動エネルギーの損失を意味し，大振幅駆動時の BLT の共振尖鋭度 Q の低下，すなわち電気機械エネルギー変換効率の低下という形で現れることになる．こうした発熱は，締め付けの緩み止めなどを目的として界面に接着剤を用いた場合にも，その接着層の厚みによっては顕著になるから気をつけなければならない．

　また，種類にもよるが，圧電セラミックスは一般的には 500 MPa 程度までの圧縮応力には耐えるものの，引張りには著しく弱く，その 10 分の 1 程度の引張応力で破断してしまう．言い換えれば，高々 50 MPa 程度の引張応力で破壊されてしまう場合があるのだ．BLT の利点は，ボルト締めによって十分な大きさの静的圧縮与圧を圧電セラミックスに印加することで，その引張応力への弱さを補える構造になっていることだ．図 2 に示すように，圧電セラミックスの最大引張強度（負荷）と最大圧縮強度（負荷）の応力値のちょうど中間の値の圧縮与圧を圧電セラミックスに印加してやれば，理論上は圧電セラミックスから最大の振動振幅を引き出せることになるが，現実には大きな圧縮与圧は圧電セラミックスの分極反転電界閾値を低下させ，結果としてその圧電性の低下を招く可能性があるから，圧縮

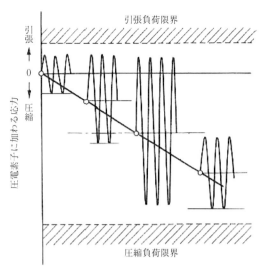

図2 圧電素子に加えるべき最適な圧縮与圧レベル（1点鎖線）の決定

与圧の最適値はそう単純には決められない.

このように BLT は，十分な静的圧縮与圧を圧電セラミック自体や部品界面に加えられる構造になっているからこそ高性能なのである. しかし，十分な静的圧縮与圧を界面で確実に実現することは非常に難しい. ボルト締めによる電極や金属ブロックと圧電セラミックスとの界面における圧電性を考慮した静的弾性接触問題を解くこと考えれば，この圧縮与圧の最適化の困難さが理解できるだろう. また容易に推察できるように，BLT を構成する各部品間の界面のうち，圧電セラミックスと金属ブロックの間のような大きな振動応力が生じるところについては，それらの表面を極めて滑らかに研磨しておく必要がある. さもないと，いかに強力なボルト締めを行っても，それら界面の真実接触面積が小さくなるため，その大部分で十分な静的圧縮与圧が得られなくなってしまう. その結果，大振幅振動時にそこで剥離やすべりが生じ，著しい発熱，すなわち振動エネルギーの大きな損失を招くことになる.

実際 BLT を製作する際には，応力分布の腹（振動速度分布の節）付近の部品界面では，その算術平均荒さ（Ra）を 100 nm 以下にしておく必要がある. それ以外の界面でも，ホーンなどの他の振動要素と接続される界面では，Ra を最大でも数百 nm 以下にしておくことが望ましい. BLT の部品の形状などから，現状ではそうした研磨は手作業のラッピングによらねばならないが，これはかなりの根気と熟練を必要とする作業である. だから「BLT は工業製品ではなく，『工芸品』だ」との揶揄もあながち間違いとはいえず，このことが BLT の大量生産を困難にしている最大の要因であることは確かである.

さらに組立時には，上下いずれかの金属ブロックをレンチなどで回転させて締め付けを行うわけだが，この工程で他の部品（特に銅電極）の位置がずれないようするために

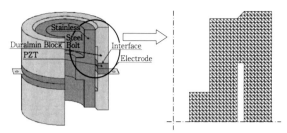

図3 筆者らが研究対象とした中空型 BLT の形状とその有限要素分割の概略図（大凡の要素の形状と大きさを示したもの）. ねじ山部の要素分割の詳細は図4に示す.

は，適当な冶具でそれらを固定するだけでは足りない. それでは，締め付け工程で銅電極などを破損させてしまう可能性が大きい. 締め付けのために回転させる金属ブロックと圧電セラミックスの間には銅電極を入れないようにし，かつその界面に粘度の高い真空グリスなどを塗って，締め付け工程の間だけそこにスクィーズ膜の形で潤滑層を形成し，この工程終了直後には界面からそれらが自然に抜け，部品同士がそれら平滑な界面で密着するようにしてやらないといけない. さもないと，締め付けの過程で，せっかく研磨して滑らかになっていた界面を磨耗によって荒らしてしまう.

4. 圧電性を考慮した弾性接触問題の数値的解法と BLT の設計

上で述べたように，ボルト締めによる部品界面や圧電セラミックスへの静的圧縮与圧を最適化できるようにすることが，困難ではあっても，高性能な BLT を設計・製作する上で重要であり，また BLT の量産技術を確立する上でも必要なことである. そこで，筆者と長谷川，高橋らは，BLT の設計にかかわる圧電性を考慮した静的弾性接触問題の解析とその固有・強制振動解析を，同一計算プラットフォーム上で行うための二次元有限要素解析システムを開発し，それを用いた数値解析の結果を基に，この圧縮与圧の最適化に関する研究に取り組んできた[3]~[6]. 研究開始当初は（おそらくは現在も）類似の解析システムが一切存在していなかったため，その開発は困難を極めた. しかし近年に至って，線形領域内においてなら，BLT の締め付けボルト表面で算出した静的歪がその実測値とほぼ一致するシステムを完成させている[6].

図3 に筆者らが研究対象とした中空構造の BLT の形状とその有限要素分割の概略を示す. 中空構造を選択したのは，ポアソン比による半径方向の変形が金属ブロックと圧電セラミックスとの界面の静的圧縮与圧に大きな影響を与えにくいと考えたからだ. ここで，BLT は上下・軸対称系として取り扱われている. 計算手法の詳細は参考文献 3），5）を参照されたいが，ボルト締め時の静的弾性接触問題を解く場合は，それぞれの部品を独立に要素分割し，部品間の界面で接触する双方の節点同士の結合の仕方に適当な境界条件を設定して，計算を行っている. つまり，締

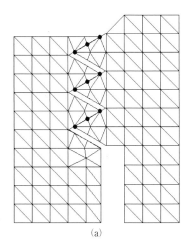

(a)

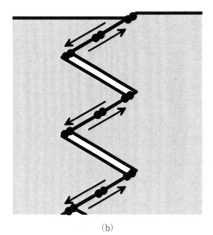

(b)

図 4 （a）ねじ山部の有限要素分割の模式図（この場合はねじ山 3
つ）と（b）接触するねじ山部における節点間の結合条件の模
式図．節点はねじ山に平行な向きに自由に動く境界条件を設定
する．

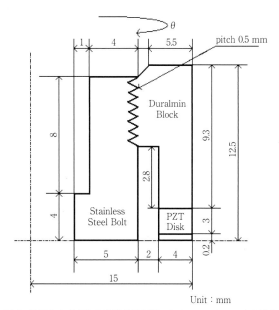

Unit：mm

図 5 圧電性を考慮した弾性接触問題のシミュレーションから得ら
れた，金属ブロックと圧電セラミックス界面で望ましい圧縮
与圧分布を実現する上下軸対称の BLT の形状．図中の θ は，
締め付けのための上下両方の金属ブロックの回転角（実際に
は片方のブロックだけを 2θ 回転させて締め付ける）．

め付けのための両方の金属ブロックの回転角 θ（実際に
は，片方の金属ブロックだけを 2θ だけ回転させて締め付
ける，以下これを「締め付け角度」という）に比例したね
じ山部の有限要素分割の軸方向の「ズレ」を，あらかじめ
雌ねじ部と雄ねじ部の有限要素分割に与えておくことで，
締め付け時に各部品間の界面に生じる静的弾性接触の状況
をシミュレートさせるわけだ（詳しくは文献 3 を参照され
たい）．界面において接触する節点間の結合の仕方は，ね
じ山部を除いて完全結合するものと仮定し，ねじ山部に関
してだけは，**図 4** に示すように，結合する節点同士がね
じ山面に平行な方向には自由に動けるものとしている．ま
た，計算における応力-歪関係や境界条件などについての
構成方程式はすべて線形とした．

さて筆者らは，金属ブロックと圧電セラミックスの界面
での静的圧縮与圧を評価するために，「応力比率」という
指標を導入した．これは，共振周波数における BLT 端面

での振動振幅が特定の値（実用上最大の 5 μm）としたと
きの，着目する部品間界面での振動応力の静的圧縮与圧に
対する比に着目したものである．縦振動用 BLT の場合，
当該界面に垂直な方向の振動応力成分をそこに働く静的圧
縮与圧で割ったものを応力比率として算出するが，そこで
の表面粗さなどを考慮すると，これが 1 より十分小さくな
いと，大振幅振動時に部品間の剥離がそこで起きる可能性
がある．また捩れ振動用 BLT では，部品界面での剪断振
動応力を当該界面での静止摩擦係数（0.3 程度を設定する）
を静的圧縮与圧にかけたもので割ったものを応力比率とす
るが，これが 1 を超えるとそこですべりを生じることにな
る．いずれの場合も，こうした応力比率が部品界面全体で
1 より十分小さくなるような，静的圧縮与圧を実現できる
よう BLT を設計すればよいわけだ．

実際には，**図 3** のような形の共振周波数約 95kHz の中
空構造の BLT について，その各部形状を表す多数のパラ
メータを設定し，それらの値を変えたときの，金属ブロッ
クと圧電セラミックスの界面での応力比率の変化を前述のシ
ミュレーションで片っ端から調べていった．具体的な数値
計算結果は省くが，**図 5** がそれらのうちで最も良好な結
果を得た形状である．特に PZT の内外径比とねじ穴の通
し穴部の長さの選択が難しい．この BLT の形状に関し
て，金属ブロックの締め付け角度 2θ をパラメータとし
て，金属ブロックと圧電セラミックスの界面での圧縮与圧分
布を示したものが**図 6** である．金属ブロックの締め付け
角の 20°程度の違いが，金属ブロックと圧電セラミックス
の界面によって生じる静的圧縮与圧の分布に大きな変化を

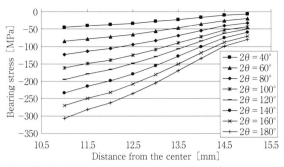

図6 締め付け角度 2θ をパラメータとしたときの，金属ブロックと圧電セラミックス界面の圧縮与圧（静的接触応力）の分布変化．圧縮与圧は θ に比例していない．

表1 図5の形状で締め付け角度 2θ を130°とし，実際に試作した3つのBLTの特性．Q は共振尖鋭度，f_0 は共振周波数，Ym_0 は共振周波数における動アドミタンス，Cd は制動容量，kvn は電気機械結合係数．

	BLT-1	BLT-2	BLT-3	平均値	標準偏差
Q	149.8	385.3	237	257.4	119.1
f_0 [kHz]	95.85	96.33	95.98	96.05	0.2483
Ym_0 [mS]	8.57	27.83	14.7	17.03	9.84
Cd [nF]	2.386	2.54	2.35	2.425	0.1009
kvn	0.1957	0.2118	0.2049	0.2041	0.008077

もたらすことが分かる．ここで注意すべきは，すべての構成方程式が線形であるにもかかわらず，締め付け角度と圧縮与圧大きさとの関係は非線形となることで，偏微分方程式系の移動境界問題でもある弾性接触問題の複雑な性質がここに現れている．

さらに，このときの金属ブロックと圧電セラミックスの界面での応力比率分布の変化も**図7**に示す．この結果から，応用比率の値を十分に小さく，かつねじ山部に加わる応力をできるだけ小さくする上で，図5の形状では締め付け角度 $2\theta=130°$ 程度が適当であると考え，実際にこの形状のBLTを3個作成し，それらの特性を調べた．**表1**にその結果を示す．95 kHz という高い共振周波数のBLTとしては，Q が比較的大きく，共振周波数のばらつきも小さいことから，十分な圧縮与圧をその界面で得ていると推察される．

5. お わ り に

本稿では，BLTの設計・制作上の一般的な問題を解説

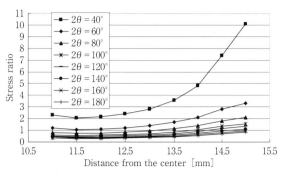

図7 締め付け角度 2θ をパラメータとしたときの，金属ブロックと圧電セラミックス界面の応力比率（振動応力を圧縮与圧で割った値）の分布変化．共振時の振動振幅はBLT端面で $5\,\mu m$ とした．

し，その打開を目的とした圧電性を考慮した静的弾性接触問題を解く数値シミュレーションによるBLTの部品界面における圧縮与圧の最適化を可能にする設計手法を紹介し，その応用としてBLTの設計・制作例とその特性の一部も紹介した．紙数の都合から細かい製造技術上のノウハウなどは割愛せざるを得なかったのが残念だが，筆者らは現在ここで提案した手法によって，共振周波数 100 kHz までの高周波用の高性能BLTの最適形状を探索中であり，最終的な形状を決定したあかつきには，それを実際に試作し，大振幅駆動による耐久性試験などを行ってこの手法の技術的優位性を確かめていく予定である．

参 考 文 献

1) R.Y. Nishi : Effects of One-dimensional Pressure on the Properties of Several Transducer Ceramics, J. Acoust. Soc. Am., **40**（1966）486.
2) 上羽貞行，森栄司：日本音響学会誌，**34**（1978）635.
3) K. Adachi et al. : Elastic Contact Problem of the Piezoelectric Material in the Structure of a Bolt-clamped Langevin-type Transducer, J. Acoust. Soc. Am., **105**, 3（1999）1651.
4) 高橋徹，足立和成：有限要素法による多層構造を持つボルト締めランジュバン型振動子の形状の検討—小型大出力広帯域音源への応用—，日本音響学会誌，**60**, 8（2004）441.
5) K. Adachi, T. Takahashi and H. Hasegawa : Analysis of Screw Pitch Effects on the Performance of Bolt-clamped Langevin-type Transducers, J. Acoust. Soc. Am., **116**, 9（2004）1544.
6) T. Takahashi and K. Adachi : Experimental Evaluation of the Static Strain on the Clamping Bolt in the Structure of a Bolt-clamped Langevin-type Transducer, Jpn. J. Appl. Phys., **47**, 6（2008）4736.

レーザ加工の基礎

The Fundamentals of Laser Material Processing/Tsuyoshi TOKUNAGA

千葉工業大学　徳永　剛

1. は じ め に

　レーザは非常に強力な光で自然界にはない特徴をもっていることから，さまざまな分野で応用されている．材料加工もその1つで，穴開け・切断・溶接・熱処理など多種の作業を速く相応の精度で実現可能であるばかりでなく，たった1台の装置でこれらすべての作業に対応することができる．もちろん対象物の大きさや物性，使用するレーザ発振器の性能に加工限界が依存することは言うまでもない．このような多機能性は一般的な工作機械にはあまり例がなく，例えばフライス盤なら各種の切削工具を付け替えることはあっても，切削以外の使い方にどのようなことがあるか想像していただければ明らかであろう．新しい発想を実験するとき，実験装置を構築することはもちろん大事であるが，レーザ照射条件を設定することも重要である．これには加工の状況やレーザ照射後に対象物がどのような変化をしたかを観察し，思惑の状態に近づけるための修正操作を何度かしなければならない．特に加工部の直径は大きくても $100\,\mu\mathrm{m}$ 程度で，光学，熱伝導，液体・気体の物理などが複合した現象であることや，$1\,\mathrm{ms}$ に満たない時間で加工現象が始終することも観察を難しくしている．そこでここでは身近な現象を取り上げてレーザ照射で起こる様子を置き換え，材料の熱的な作用と加工の関係について述べる．そして温度変化を意識した応用例を示し，材料加工についての1つの考え方を紹介する．

2. 位相の揃った波動の特徴

　レーザの特徴は単一波長で位相が揃った光である．炭酸ガスレーザや YAG レーザなど加工用レーザは赤外線領域の目には見えない光であるが，波長の違いは集光部の大きさや材料に対して吸収率の差として現れ，比較的区別しやすい．しかし位相については実感しにくいので良く似た身近な現象を挙げる．レーザ加工ではほとんどの場合レンズやミラーで集光して対象物に照射する．この様子を波の伝播に置き換えて示したのが図1である．図1（a）は発振器から射出されたレーザ（平面波）が集光レンズにより球面波になり，焦点で収束する様子を模式的に示している．焦点でビームは最も細くなり，波高が最大になる．図1（b）は実際に水面に収束する同心円状の波面を作ったときの挙動である．直径 $400\,\mathrm{mm}$ のリングを $10\,\mathrm{mm}$ 程度振

動させただけでも，位相がそろうことで中心部では $80\,\mathrm{mm}$ 以上の水柱が発生している．この現象は図1（c）のようにさざなみが生じている状態ではこのような高さは得られない．波の強さ（光のパワー）は振幅の2乗であることも重要である．レーザ加工はパワーが集中した焦点部分に材料を配置し，局所的な加熱を効果的に行っている．位相がずれている状態や自然光を集光しても到達温度が低いことを意味する．なお，波動が集中する現象は浮き輪を使えば容易に試すことができる．水の波の伝播と浮き輪の遥動のタイミングを合わせれば $1\,\mathrm{m}$ 程度の水柱が得られる．

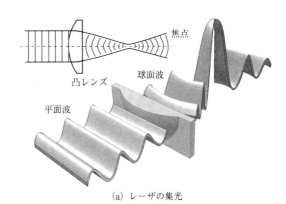

(a) レーザの集光

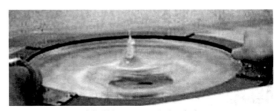

(b) 位相がそろった波の収束

(c) さまざまな位相の波の収束

図1 位相の違いが波動の収束に及ぼす影響

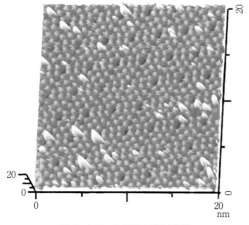

図2 シリコン表面の STM 画像

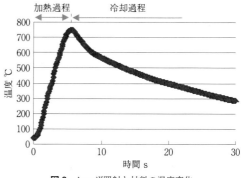

図3 レーザ照射と材料の温度変化

3. 材料の状態と熱加工のイメージ

レーザ照射と加工現象を結びつける前に，簡単ではあるが，レーザ照射がどのようにして材料の温度を高めるのか光から熱への変換について概略を述べておきたい[1][2]．照射するレーザの光子エネルギの高低（紫外線か赤外線か）や単位面積あたりのパワー（フェムト秒レーザは極めてパワーが高い）により光から物質への作用は異なる．また材料表面では自由電子が十分にある金属と，そうでない物質では違いがあるが，まずは材料表面にある原子核の周囲を覆っている電子が光波長に依存した光子エネルギを受ける．なお，光子エネルギは eV の単位であり J ではない．**図2** はシリコンの最表面を走査型トンネル顕微鏡で見た画像で，数 nm の間隔で原子が連なっている様子が示されている．加工用のレーザの集光直径は数 10～数 100 μm 程度であり，微小領域を加工しているように感じるが，原子の大きさからすると広範囲の原子の電子が一斉にレーザを受けていることになる．電子の振動は原子の振動を引き起こし温度として現れる．このとき照射されたレーザの一部は表面で反射する．また材料によっては裏面より透過することもあるので，これらを除いたパワーが加熱に有効な光である．材料内では周囲の温度差に応じた熱伝導により熱は拡散し，吸収したレーザの熱量と拡散する熱量とのバランスが温度に反映される．この状態をビームが照射されている時間持続することで到達温度が定まる．なお，計算上はパワー W と照射時間 s の積でレーザ照射エネルギ J になるが，エネルギだけで加工条件を表現するとパワーと照射時間の値を復元することができない．簡単な例を挙げれば，照射エネルギを変えずに照射時間を大きくするとレーザパワーは必然的に小さくなり加工に至らない値にもなりうる．実験データ公開の際は加工状態を明確にするためにもパワーが分かるように記述すると理解しやすい．

レーザによる熱加工では温度を高めて材料の状態が変化することを利用する．**図3** にレーザ照射で材料の温度が変化する様子を示した．加熱過程はレーザが照射されており，到達温度は溶融材料の粘度と関連する．したがって材料の除去作用を伴う加工特性に影響を及ぼす．なお，実際の加熱過程は冷却に比べて極めて短い時間で行われ，図3 のような緩やかなイメージではない．一方，冷却過程はレーザが材料の当該部分に照射されていない状態で，溶接や熱処理など材料が照射後も留まっている加工をする際に考慮すべき状態である．レーザのパワーを変えることや，焦点距離の異なるレンズを使い照射部の面積の違いを利用すること，レーザパワーに対する点灯時間や走査速度を加減することは温度上昇の勾配や到達温度を変化させることに結びつく．冷却過程は熱伝導が支配的なので，到達温度や周囲の温度分布が変われば冷却速度にも影響を及ぼす．

さて，レーザの照射を受けた材料は当該部分で温度が上昇を始め，融点で融解し，沸点で気化，さらにはプラズマ化する．これにより狭い領域に固体・液体・気体・プラズマが共存する状態になる．固体から液体までに起こる加工現象は熱伝導が支配的であるが，一度液体になると高パワー密度ビームに特有の現象が見られる．実際に加工に使われている値は 10^5 W/cm^2 以上のレベルといわれている[3][4]．このときに重要な役割をするのが材料の気化で生じる圧力である．例えば水の場合液体から水蒸気になるときは 1700 倍に膨張する．レーザ照射するとこのような大幅な体積膨張がわずか 1 μs にも満たない時間で生じる（例えば Q スイッチパルス YAG レーザの場合レーザの点灯時間は 100 ns 程度であり，材料は飛散除去される）．ところが膨張に応じて周囲の空気を押しのける速度は最大でも音速までしか達することができない．この結果，溶融材料の真上に微小な高圧空間が形成される．これと類似する状況を水面で試した．**図4** は水面の上方にわずか 10 kPa 程度圧力の高い領域を局所的に発生させたときの写真である．高圧部直下の水は押しのけられて穴が開いている．図4（b）は側面の様子で，穴の壁面は不安定で形成された波動が表面まで伝播し，（上から圧力がかかっているにもかかわらず）上方に飛散するしぶきが見受けられる．レーザの場合は集光直径に相応の寸法で壁面が溶融材料の穴が発生する．この穴はキーホールと呼ばれ，レーザはこの穴を

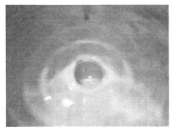 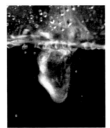

(a) 水面の様子 　　(b) 水中の様子
図4 水面にある高圧部が作るキーホールモデル

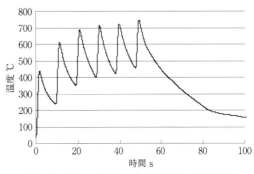

(a) 熱処理用に6回ビーム走査したときの温度履歴

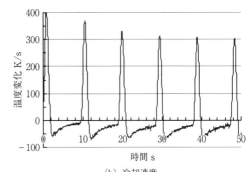

(b) 冷却速度
図5 レーザ走査による熱処理

伝播し材料内面を加熱する．この結果，穴直径の10倍を超える深部にまで溶融部が形成される．これは単純な表面加熱では同心円状に熱が伝播することと比べると著しい相違である．連続して溶接すると溶融部が常時存在し水のモデルとよく似ていることが分かる．X線で透視するとキーホール壁面の波動は表面まで伝播し，溶融池内部では気泡を巻き込みながら金属が循環している[5]．レーザ照射が続いている間に溶融部が裏面に達すれば穴が貫通する．しかしレーザ照射が止むと高圧部が消失する．すると壁面を形成していた溶融材料はキーホールを塞ぎ，表面張力と粘性の釣り合いに依存した表面・裏面を形成する．

穴開け加工ではレーザ照射とともにある程度の圧力で加工部にガスを流す．最初は溶融材料が表面から噴出しているが，溶融が裏面まで達すると裏面から噴出が起こり貫通する．これとは反対にレーザ溶接では溶融部を残すことが重要で，酸化防止のため不活性ガスで表面を覆う．レーザからの熱の供給が止むと周囲への熱伝導により凝固する．レーザ集光部は他の溶接法に比べて溶融領域が小さく，キーホール形成による深溶け込みが得られることで，薄板からある程度厚い材料までひずみが少ない状態で接合できる．しかし条件によっては内部にキーホールから分離した気泡（ポロシティ）を残したまま凝固することがある．残留した気泡は応力集中で破壊の起点になりやすく，溶接欠陥の一種である．

レーザ切断は板材にいったん穴を開け，その穴を起点にレーザを走査する．この際，適当な圧力でガスを上方から裏面に向けて噴射し，溶融材料を押し流す．するとレーザ走査経路に沿って材料が除去され所望の形状を切り抜くことができる．このとき裏面には溶融材料が再凝固して付着する．これをドロスというが，この形状は溶融金属の流動性に依存している．条件によっては溶融材料が裏面に付着しない場合があり，切断加工ではドロスが付着しない状態が望まれる．また酸素を吹き付けると酸化反応熱で溶融材料の排出が容易になり，より厚い材料をより速く加工することが可能であるが，切断面の酸化は避けられない．この点，窒素やアルゴンは酸化作用がなく高品位の表面が得られるが，粘度の高い溶融金属を押し流すために厚さに応じて高圧で吹き付けなければならない．数100 μm という切断幅をガス流が勢いよく裏面まで到達することは板厚の増加とともに難しくなる．

以上がレーザ加工の概略であるが，市販の工作機械ではさまざまな工程の高速化が進められており，展示会などで実際の機械の動きを見ていただきたい．

4. 熱加工の考え方

対象物に何か操作を加えるときは時間的な温度の変化が重要である．これらは加工条件という形で適正化されるが，ここでは少し広い意味で考え，加工装置の設定以外でレーザの使い方を工夫することについて記す．

異種材料の溶接はさまざまな分野で要求が高いが材料の物性値の違いは困難な場合も多い．これから紹介する鋳鉄とステンレス鋼の組み合わせは成分のほとんどがどちらも鉄でありながら難しい．鋳鉄は耐熱性・衝撃吸収性で優れた材料で，例えば自動車の排気系にあるマニホールドのように，複雑な形状を生成する際に鋳物は優れた方法である．またステンレスは加工性，耐食性や美観が良く一般的な鋼材である．今回の要求は将来の排ガス規制に適用するための高温排気に耐えられ，しかも低コストで一体化することをもくろんで作業工程の少ない溶接をすることであった[6]．試してみると鋳鉄は高濃度で炭素を含んでいるので，冷却の過程で熱影響層でも高硬度のマルテンサイトを形成し容易に割れる性質に変化してしまう問題が明らかになった．これには熱処理を施すことで改善できるが，逆にステンレスは1時間程度の熱処理で劣化するので，双方を両立させることが課題である．

この問題の主な対策は冷却の段階でマルテンサイト生成

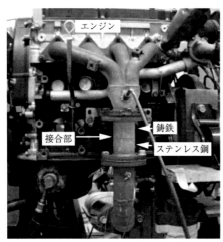

図6 高温排気耐久試験で赤熱した試験片

を極力防止することで，溶接後に金属組織が変化する700℃付近で230 K/s以下という緩やかな冷却速度を実現すればマルテンサイトは減少し，50 K/s以下になれば生成しない．通常の冷却速度より遅くすることは，図3の冷却曲線より上の領域に推移させることであるが，この領域は単純なレーザ照射では実現できない部分である．その原因を考えてみると1回のレーザ照射では与える熱量が少なく，周囲の温度が低いので冷却速度が速すぎることに気がつく．そこで溶接に引き続き溶融しない範囲の適当なパワーでレーザを再照射し，問題の箇所全体を暖めればよい．**図5**は溶接後の試料に6回のレーザ再照射をしたときの溶接部の温度を示す．図5（a）は温度履歴である．4回目の照射で目標の700℃を超えている．図5（b）は測定結果から冷却速度を計算した結果で正の値は加熱，負の値は冷却を示す．このときの照射条件ではすべての照射で最大でも60 K/s程度の冷却速度になっていることが確認できる．サンプルの強度等を確認の後，1回の材料保持で分単位の熱処理までが完了し耐久性のある接合が実現できた．なお，**図6**はこの方法で製作した試験片で，1800 ccの自動車用ガソリンエンジンに取り付け毎分5000回転の状態で100時間耐久試験をしている様子である．排気温度

750℃で試験片自体は赤熱しているが，損傷することなく試験を終了している．

5. ま と め

レーザ加工について，観察しにくいことを身近な現象に例えて表すとともに，特に材料の状態と加工との結びつきを熱的な観点に注意して説明を加えた．材料の状態が液体，気体と変化するレーザ加工は光，熱伝導，流体といった複合領域の現象で複雑である．そして目的の状態を実現するためには現在の加熱過程，到達温度，冷却過程のどの部分が適正で何を最適化すればよいのかを的確に判断することが要求される．レーザを照射する際の各種の条件はこれら複数の領域に影響を及ぼすことが多いが，実際はそれ以上に巧妙な工夫が行われている．例えばレーザ照射中にビームの強度を変えたり，あるいは水をかけながらレーザ照射することで冷却効果を高めることなどである．またフェムト秒レーザやファイバレーザなど新しいレーザが有する特性も興味深い．新しい発想を実験するために装置に手を加えることは機械によっては難しい場合があるが，そのような障害を乗り越えて，さまざまな対象にレーザを適用することを是非試みていただきたい．その結果がレーザ応用技術の発展につながる．なお，実験の際にはレーザ照射で溶融材料が激しく噴出したり有害物質が生成されないかどうか，反射光が不用意に放射されることはないかなど，安全面の意識を忘れないでいただきたい．

参 考 文 献

1) 吉田善一：マイクロ加工の物理と応用，裳華房，（1998）77-81.
2) 永井治彦：レーザプロセス技術，オプトロニクス社（2000）.
3) 新井武二：高出力レーザプロセス技術，マシニスト出版，（2004）.
4) W.M. Steen：Laser Material Processing, Third Edition, Springer, （2003）.
5) 塚本進：中・厚鋼板のレーザ溶接部における欠陥防止，レーザ協会誌，**32**, 2 (2007) 1-12.
6) 桑野亮一，徳永剛，片岡義博，宮崎俊行：溶接から熱処理までの連続レーザプロセスによる鋳鉄とステンレス鋼の接合，精密工学会誌，**70**, 8 (2004) 1070-1074.

ドライプロセスによる表面改質技術の課題と展望

Issues and Outlooks for Surface Treatment Technologies by Dry Processing/
Masaru IKENAGA

関西大学先端科学技術推進機構　顧問　**池永　勝**

1. は じ め に

材料表面に種々の優れた表面改質機能を創り出す表面改質技術への関心の高まりは，目を見張るものがあり，表面改質技術を取り巻く状況は大きく変化しようとしている．まさに製品の優劣は，表面改質で得られた高機能化の程度によって決定される時代になったと痛感する．

環境調和型で，しかも高機能化が期待できるドライプロセスによる，超硬質皮膜コーティングは，セラミック薄膜でありながら，材料機能を格段に向上させるため，耐摩耗性，耐酸化，摺動，離型特性などの機能付与のため自動車産業はもとより，各分野に広く用いられるようになってきた．その理由はコーティング皮膜とバルク材との密着性に関する研究が活発になされ，飛躍的に改善したところにある．その代表的用途は，切削工具・金型・各種部品などへの機能アップによる適用である．これらの表面改質によって，ただ単に寿命を延長させるだけでなく，さらに過酷な使用条件においても使用に耐え，効率向上や信頼性保証に貢献してきた[1]~[5]．

材料自体の特性を向上させることも重要であるが，これらの材料開発は厳しいニーズに対して，表面改質技術を避けては通れないところまできていると思われる．**図 1** に，これからの表面改質技術の方向性について示し，それぞれ

の課題について対応しなければならない項目の一例をあげた．これからの表面改質技術の方向性は，高品質化，いわゆる高性能化と低コスト化がさらに厳しく要求され，しかも環境調和性について満足されなければならない．

このニーズに応えるために，既存材料の高性能化，高機能化をはかるため，種々の表面改質法の開発に拍車がかかってきた．

従来の表面改質法は固体・液体・気体などを利用した処理法が一般的であったが，自動化が容易に可能で，しかも精度のよい制御ができる真空・プラズマエネルギーを利用した表面改質熱処理法は，開発の進む表面改質法の中でも次世代に大きな飛躍が期待される．

本文ではこの表面改質処理技術の中でも，将来性が特に期待され，注目されている蒸着法，いわゆる PVD（物理的蒸着法）と CVD（化学的蒸着法）の原理・特性および工業的応用について述べる[6]~[14]．

2. 蒸着法（ドライプロセス）の成膜法とその特長

表 1 は工具，金型および機械部品などを対象とした場合の各種蒸着法の比較を示し，**表 2** は各種蒸着法に適用できる基材を示した．CVD，プラズマ CVD，PVD にはそれぞれ得失がありその目的にあった使い分けが必要である．

これらの蒸着法の使い分けは，被処理物の要求特性と処理温度に応じて決定しなければならない．例えば超硬合金工具の耐摩耗性向上のためのコーティングは高温 CVD が主流であったが，鋼の場合は基材の熱変形や相変態を考慮すると限界があり，PVD，あるいはプラズマ CVD が比較的多く採用される．従来の表面改質法は，固体・液体・気体などを利用した処理法が一般的であったが，超硬質セラミックコーティングの主役である比較的低温度で処理が可能な PVD（物理的蒸着）法の適用が急速に広がるものと予測する．この処理法は新規の用途拡大もあるが，現在利用されているほかの表面改質法から，プラズマエネルギーを利用した表面改質法に置き換えられていくものと思われる．これからの処理法は，プラズマ浸炭を除き 600℃ 以下という比較的低温度で処理が可能で，基材の相変態が伴わず，しかも薄膜であるため寸法精度の維持が可能で，後加工を必要としないことも大きな特徴である．

従来プロセス
```
固体・気体・液体を用い
温度―時間で
制御したプロセス
```

ニーズ
- 操業性（自動化・高精度な制御・大量生産）
- 環境調和性
- 表面改質およびコーティングの高品質・高機能化
- 低価格（省エネルギー，処理後の省略等）

新プロセス
```
真空（減圧）雰囲気
プラズマエネルギー
を利用したプロセス
```

図 1　表面改質処理プロセスの方向性

表1　各種蒸着法の比較

処理法	原理	被覆物質	処理温度 [℃]	成膜速度 [μm/h]	膜厚 [μm]	前処理	部分処理 (マスキング)	密着度	膜密度	表面粗さ	つきまわり性	寸法精度・変形	適用材の範囲
CVD	成分元素を分子上にガス化し，化学反応によって皮膜を形成させる	TiN, TiC, TiCN, Al₂O₃, SiC（炭化ケイ素などの単層，または複層多重	700〜1200	1〜3	2〜20	簡単	困難	◎	○	△	◎	△	△
プラズマCVD	ガス状元素をプラズマにより分解・イオン化し皮膜を形成させる	TiN, TiC, TiCN, ダイヤモンド, DLC（ダイヤモンド）, cBN（立方晶窒化ホウ素）	〜600	1〜10	1〜10	注意要	可能	○	◎	○	○	○ または ◎	○
PVD	成分物質を蒸発・イオン化し，皮膜を形成させる	TiN, TiCN, CrN, TiAlN, ZrN, HfN	200〜600	1〜10	1〜10	注意要	可能	○ または ◎	◎	○	△	◎	◎

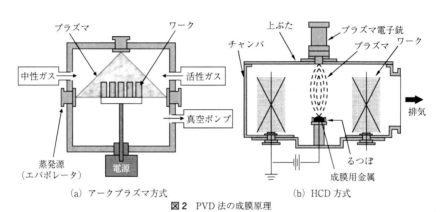

（a）アークプラズマ方式　　　（b）HCD方式
図2　PVD法の成膜原理

3. P V D 膜

PVD法（Physical Vapor Deposition）は，いままでに数多くの原理による成膜法が開発され，用途および目的によって使い分けされているのが現状である．PVD法によって成膜されるコーティングプロセスの成膜原理を図2に示した．主として耐摩耗性を目的として基材とコーティング膜の密着性を必要とする場合，代表的な成膜法としてはAIP法（Arc Ion Plating）とHCD（Hollow Cathode Discharge）の2種類があり，工業的に適用されている実績も多い．この2種類の成膜原理の違いはコーティングしようとする金属中を真空中にて溶融させる方式にある．AIP法はアーク放電，HCD法は電子銃で溶融させ，炉壁にプラスの電圧，被処理物にマイナスの電圧を負荷させ，イオン化したガスと金属原子を被処理材に衝突させ，皮膜をガスと金属イオンに成膜させる．

表3には，AIP法とHCD法のそれぞれの方式による特徴と使い分けを示した．従来，膜種として黄金色の窒化チ

表2　各種蒸着法に適応可能な基材

処理法	適用材質
CVD	超硬合金（WC-Co） 鋼（SKH, SKD, SUS） セラミック（SiC, Si₃N₄, Al₂O₃ など） カーボン
P-CVD およびPVD	鋼のすべての材質（SKH, SKD, SUS, プレハードン鋼, プラスチック金型用鋼, SCM, SNCM, SUJ, SKS, SK, SC など） 超硬合金（WC-Co） サーメット

タン（TiN）膜が一般的であったが，最近では，さらに種々の特性で優れている炭窒化チタン（TiCN）膜・窒化アルミチタン（TiAlN）・窒化クロム（CrN）膜などのコーティング技術が開発され，適用範囲の拡大に拍車がかかってきた．

表4はPVD法で工業的に可能なコーティング皮膜の特性および用途を示した．それぞれの皮膜の特徴を知り，用

表3 PVD方式による使い分け

方式	蒸着法	コーティング膜種	処理温度(℃)	密着性	表面粗度	多層(複合)膜	処理可能寸法および重量	被処理材料
アークプラズマ	アーク放電	TiN TiCN CrN ZrN TiAlN 各種金属	200〜600	◎	○または△	◎	◎ Max 2,500 L 1000 kg	超硬合金 SKH系 SKD系 SUS系 SC, SCM, SNCM プレハードン鋼 Al合金, Ti合金 Cu系, サーメット
HCD	電子銃	TiN TiCN CrN	400〜600	◎	◎	△	○または△ Max 600 L 100 kg	超硬合金 SKH系 SKD 61 SKD 11（高温焼戻材） SUS（オーステナイト系） サーメット

表4 PVDで工業的に可能なコーティング皮膜の特性および用途

膜種	色調	硬度（Hv）	摩擦係数	耐食性	耐酸化性	耐摩耗性	耐焼付性	用途
TiN	金色	2000〜2400	0.45	○	○	○	○	切削工具, 金型, 装飾品
ZrN	ホワイトゴールド	2000〜2200	0.45	○	△	△	△	装飾品
CrN	銀白色	2000〜2200	0.30	◎	○	○	◎	機械部品, 金型
TiC	銀白色	3200〜3800	0.10	○	○	◎	○	切削工具
TiCN	バイオレット〜灰	3000〜3500	0.15	△	△	◎	○	切削工具, 金型
TiAlN	バイオレット〜黒	2300〜2500	0.45	○	◎	◎	○	切削工具, 金型, 装飾品
Al₂O₃	透明〜灰色	2200〜2400	0.15	○	◎	○	○	絶縁膜, 機能膜
DLC	灰色〜黒色	3000〜5000	0.10	○	○	○	◎	切削工具, 機能膜, 金型

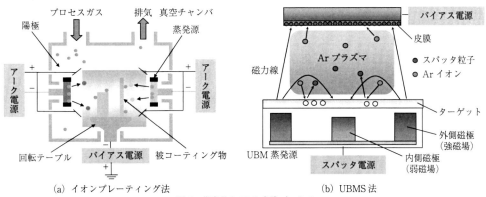

(a) イオンプレーティング法　　(b) UBMS法
図3 代表的なDLC成膜プロセス

途・目的によってコーティング膜の選定をしなければならない.

近年特に注目を集めている硬質膜のひとつが, DLC（Diamond Like Carbon）である[15][16]. DLC は, その名前が表すように, ダイヤモンドに似た性質をもつ炭素材料で炭素原子が規則的な並び方をしていない非結晶（アモルファス）膜である. 図3に代表的なDLC成膜プロセスの原理を示す. 近年マグネトロンスパッタの磁力線を不均衡磁場により, 基板近傍のイオン化を促進する, いわゆるアン

バランスド・マグネトロン・スパッタによりDLCを成膜させる方式が注目され, 今後の工業的応用の広がりが期待される. DLC膜の各種成膜法によってその特性は異なるが, 一般的にはビッカース硬さは3000〜8000, 摩擦係数0.1以下とされている. さらに, 摺動抵抗を小さくした機械部品関係では, 例えば0.02以下の研究がなされており, 幅広く採用される日も, そう遠くないものと思われる.

一方, 図4は, AIP（TiAl）とUBMS（Si）の同時放電により被処理物を回転させながら成膜したTiAlNとSiN

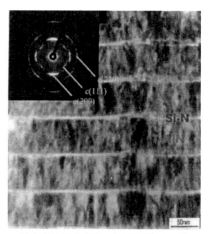

図4 TiAIN と SiN のナノ積層膜 TEM 像

表5 CVD 処理の代表的な化学反応例

膜種	化学反応
TiC	$TiCl_4(g) + CH_4(g) \xrightarrow[950\sim1050℃]{H_2} TiC(s) + 4HCl(g)$
TiN	$TiCl_4(g) + 1/2N_2(g) \xrightarrow[850\sim1000℃]{H_2} TiN(s) + 4HCl(g)$
Al_2O_3	$2AlCl_3(g) + 3CO_2(g) \xrightarrow[950\sim1050℃]{H_2} Al_2O_3(s) + 3CO(g) + 6HCl(g)$

表6 CVD 処理で蒸着可能な皮膜の代表的な例

単 層 膜	※ TiC
	※ TiN
	※ TiCN
	※ TiCNO
多 層 膜	※ TiC/TiN
	※ TiC/Al_2O_3
	※ TiC/TiCNO
	※ TiC/TiCN/TiN
	※ TiC/TiCNO/TiN
	※ TiC/TiCN/Al_2O_3
	※ TiC/Al_2O_3/TiN

※：基材側

のナノ積層膜 TEM 像の一例である．さらなる皮膜特性の向上を図る手段として有望なプロセスであると思われる．

4. C V D 膜

母材の表面で化学反応を起こさせて，蒸着物質を合成，成膜させるのが CVD である．低温で気化した揮発性の金属化合物塩と，高温に加熱された母材との接触による反応が基礎となって，目的とする金属化合物を母材表面に析出させ，被覆膜を得る．

表5に熱 CVD の代表的な化学反応例を示し，また，**表6**には CVD 処理で蒸着可能な単層膜および多層膜の代表的な例を示した．最近の傾向として，切削工具はもとより金型においても単層膜から多層膜に移行しつつあり，種々の特性を兼ね備えたコーティング膜が注目されている．特に金型への CVD コーティングは，従来では TiC 単層が一般的であったが，耐熱やその他種々の特性に優れている，TiC/TiCN/TiN の 3 層コーティングが主流を占めるようになってきた．

5. 今後の開発課題・おわりに

PVD を中心とした低温度で処理が可能な表面改質法は，今後も活発な研究開発により発展を続けるであろう．各種製品の技術課題を要約すると次のようになる．

1）処理特性の信頼評価
2）新規膜種の信頼性評価
3）複合処理法の研究開発と用途拡大
4）新規分野への適用
5）皮膜特性評価法の確立
6）基材の熱処理と表面改質法の技術的研鑽

最後に，最近特に感じることは，豊富な情報化社会のなかで，過大評価されたデータや信頼性の低い不正確な情報を十分に確かめず，工業的にストレートに適用しようとするため，期待されている成果が得られない場合がある．また，ハード，ソフトメーカー側の宣伝や技術的アドバイスの不適格さが起因してくることも少なくない．そのために大幅遅れ，その商品が企業間競争に負けてしまったことをよく聞く．今こそ，これからの技術動向を見極め，表面改質の技術研鑽行い，その方向性を誤らないことが重要であると思われる．

参 考 文 献

1) 池永勝：熱処理，**37**，3 (1997) 148.
2) 池永勝：これからの熱処理技術，日本金属プレス工業出版会，(1988) 59.
3) 浅野求，宮崎忠男：拡大する PVD/DLC コーティング市場の実態と戦略展望，矢野経済研究所，(2006)．
4) 市村博司，池永勝：プラズマプロセスによる薄膜の基礎と応用，日刊工業新聞社，(2005) 247.
5) ジオマテック(株)R & D Center，技術資料．
6) 山本兼司，久次米進，高原一樹：R & D Kobe Steel Engineering Reports，**55**，1 (2005) 2.
7) 池永勝：特殊鋼，**49**，9 (2000) 1.
8) 池永勝：特殊鋼，**47**，3 (1998) 6.
9) 池永勝，鈴木秀人：熱処理，**41**，6 (2001) 305.
10) M. Yakushizi, M. Ikenaga and Y. Ishii : International Conference of Processing & Manufacturing of Advanced Materials, July7-11, 2003, Spain.
11) 池永勝：1st Balzers Technology Forum in Asia, March 28, 2005 Japan.
12) M.Y. Wey, Y. Park and M. Ikenaga : Journal of Materials and Metallurgy, **4**, 2 (2005) 102.
13) 千葉祐二，市村博司，池永勝：日本国特許，NO. 1994196.
14) 池永勝，鈴木秀人：ドライプロセスによる超硬質皮膜の原理と工業的応用，日刊工業新聞社，(2000) 12.
15) 鈴木秀人，池永勝：事例で学ぶ DLC 成膜技術，日刊工業新聞社，(2003) 27.
16) 近畿高エネルギー加工技術研究所，ドライコーティング研究会編：高機能化のための DLC 成膜技術，日刊工業新聞社，(2007) 14.

実は奥深いナノインプリント技術

Nanoimprint lithography is profound!/Takushi SAITO

東京工業大学 大学院理工学研究科 機械制御システム専攻　斉藤卓志

1. は じ め に

近年におけるナノテクブームの火付け役として，21世紀初頭に米国のクリントン政権が示した National Nanotechnology Initiative[1]（NNI, 邦訳としてはナノテクノロジー戦略となるか）が果たした役割は大きい．アメリカ発の研究/技術分野への挑戦に触発される形ではあるが，その対象は材料やプロセス開発といった基盤分野から，バイオテクノロジーや IT といった応用技術にまで拡がり，いわゆる学際的研究を加速する効果も大いにあったと思われる．本稿では，ナノインプリントに関する入門的な解説を書かせていただくが，当該技術についても単にプロセス技術として捉えるのではなく，さまざまなデバイス製造などへの応用展開性をもつ技術として興味をもっていただければ幸いである．なお，限られた紙面の中で当該技術のすべてを説明することは難しいため，本稿の内容では不十分と思われる読者は，既刊の書籍[2~4]なども参照されたい．

さて，インプリントという言葉からも想像できるように，ナノインプリント技術は従来プロセスにおいてエンボスや転写といわれてきた技術を，原理はそのままにスケールダウンすることで微細構造の形成に適用したプロセスである．当然のことながら，対象とするスケールが小さくなるため相応の精度が要求されるものの，平行度のアライメントに配慮したプレス装置と転写形状の元となる型（以下，モールドと呼ぶ）があれば，比較的容易にミクロンからサブミクロンレベルの構造を加工対象となる材料に写し取る（インプリントする）ことができる．このように，直感的にプロセスの概要が理解しやすく，また装置自体も比較的シンプルな点がナノインプリントの魅力の一つだと思われる．このため，従来の射出成形法やフォトリソグラフィプロセスの代替プロセス，あるいは従来技術では実現の難しかった形状・構造を作製できる可能性を秘めたプロセスとして，大いに期待されている．

2. ナノ構造を作る

ナノスケールの構造を作る手法は他にも存在する．例えば半導体集積回路の製造工程で用いられるフォトリソグラフィプロセスがよく知られている．この手法では，基板上に塗布した感光性材料に回路パターンが刻まれたマスクを用いて光を照射し，不要な感光性材料を除去した後にエッチング処理を施すことで基板表面に微細パターンを形成している．これにより大面積の微細構造を効率良く形成できる．しかし，このプロセスは設備コストが高いことに加え，写し取られるパターンの空間分解能が使用する光の波長に依存するため，回路サイズの微細化に合わせて光源の短波長化をはじめとした各種対応が必要となる．一方，電子ビーム（Electron Beam, EB）や集束イオンビーム（Focused Ion Beam, FIB）により基板表面に直接，ナノ構造を描画（刻み込む）プロセスもある．この手法では，電界中で加速された電子やイオンを物質表面に照射することで，その表面に直接パターンを描く，あるいは加工を行うため，適切な集束光学系を用いれば，その空間分解能は一桁ナノスケールまで可能とされている．しかしながら，加工は一筆書きで行うため，加工面積の増加により膨大なプロセス時間がかかる．これらの手法はそれぞれに得失をもっているが，技術的にはほぼ確立されており，ナノインプリントで用いるモールドの作製にも使われている．

一方，ナノインプリントのプロセス形態は，熱プレスあるはホットエンボスと呼ばれるマクロスケールの加工技術と共通部分が大きく，フォトリソグラフィ装置や EB/FIB といった微細加工技術に比べ必要設備が大幅に簡略化される．また，モールドを用いる複製プロセスであるため，安定条件下で得られる製品（転写形状）の繰り返し精度に優れる．また，形成される構造はマザーとなるモールドの等倍複製品であるため，スタンプ形状さえ作製できればナノスケール構造の大量生産も可能となる．ただし，形成する構造の大きさとマスターとなるモールドの大きさが等倍であることから，モールドの仕上がり精度が直接，形成する構造に影響するという点に注意が必要である．

3. ナノインプリント三種

ナノスケール構造を作製する手だての一つであるナノインプリントは，実際のプロセスの形態により，現状では大きく三つのカテゴリーに分けることができると考えられる．すなわち，熱式ナノインプリント（**図1**（a）），光硬化式ナノインプリント（**図1**（b）），およびマイクロコンタクトプリント（**図1**（c））である．厳密には前二者は言葉通りインプリント，すなわちモールドに刻まれた三次元の表面微細形状をそのまま転写対象に写し取るため，形成される構造は凹凸反転（インプリント）となる．一方，三

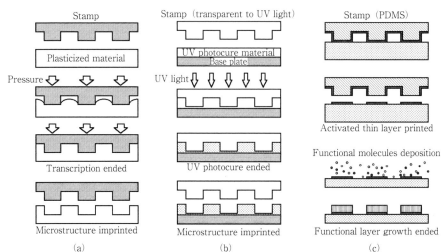

図1 各種ナノインプリントプロセスの概略. (a) 熱式ナノインプリント, (b) 光硬化式ナノインプリント, (c) マイクロコンタクトプリント

番目のコンタクトプリントには，モールド側の凸部形状の
みを二次元的に転写（プリント）するプロセスも含まれ
る．以下ではそれぞれのプロセスの概略を紹介するととも
に，その特徴についてまとめることにする．

熱式ナノインプリントは University of Minnesota の
Chou（現在は Princeton University）らが 1995 年に発表
した研究論文[5]が有名である．一方，国内でもすでに 1970
年代からプロセスの基本概念はほぼ同様ながら，転写スケ
ールがミクロンレベルという報告もあったようである．熱
式ナノインプリントは加工材料に種々の熱可塑性樹脂やガ
ラスを使用することができる（ただし以下では熱可塑性樹
脂に限定して述べる）ため，光学素子，大容量ストレージ
デバイス，ディスポーザブルな医療検査キットなど幅広い
用途への期待がある．しかし，そのプロセスにおいて，基
板となる材料を形状転写可能な温度以上（非晶性樹脂の場
合はガラス転移温度より 20℃ 程度高い温度，結晶性樹脂
の場合は結晶融解温度以上が目安）まで加熱する必要があ
る．また，転写形状の精度向上のため，数 MPa 程度の圧
力を加える場合が多い．温度上昇により基板である樹脂材
料は軟化しているが，上記のような加圧プロセスが存在す
る以上，モールドにはある程度の強度が求められる．この
ためモールド材として，シリコン，シリコンカーバイド，
グラッシーカーボン，タンタルなどの他に，従来の射出成
形における微細パターンで多用されるニッケル電鋳モール
ドなどが用いられる．当然のことながら，パターン転写後
は，製品を取り出すためにモールド全体を基板材料が固化
する温度まで冷却する必要がある．このため，加熱・冷却
サイクルの短縮が生産性向上の決め手となるが，熱容量の
大きな金型の加熱・冷却のハイサイクル化には限界があ
る．これへの対処として，金型の熱交換機構の見直しとと
もに，基板面積の大型化により一プロセスあたりの製品個
数を増やすことも検討されている．しかし，大径化に伴っ
て製品周縁部におけるモールドと基板間の冷却収縮差も増

加するため，転写パターンの損壊を生じるおそれがある．
また，高い転写精度を追求した場合，モールドからの製品
の離型が困難になるというトレードオフも生じる．対処法
としてモールド表面に離型材を塗布する手法[6]があるが，
離型に関する問題は次の光硬化式でも同様である．

紫外（Ultraviolet, UV）光により硬化する材料を基板上
に薄く塗布（スピンコート）して行う光（UV）硬化式ナ
ノインプリントは Philips Research Laboratories の
Haisma ら[7]や University of Texas at Austin の Willson
ら[8]が開発を行ってきた．開発当初は光ディスク基板への
利用も想定していたようであるが，現在の CD や DVD に
代表される光ディスクの製造は激しいコストダウン競争を
経て射出成形をベースとしたプロセスで製造されている．
その意味からは，光硬化式に限らず，インプリントプロセ
ス自体は比較的付加価値の高い製品製造に用いられるべき
手法なのかもしれない．さて光硬化式ナノインプリントで
は，原理的にモールドが紫外光を透過させる必要があるた
め，その波長領域での透過特性が良好な石英ガラスがモー
ルド材として用いられる．UV 硬化式ナノインプリントは
硬化前の材料粘度が低い（0.1 Pa s オーダー）ため，微細
形状および高アスペクト比構造をもつパターンも良好に転
写できる．ただし，光硬化性樹脂は硬化により一般には数
% 体積収縮するため，高精度な三次元転写形状を必要と
する場合には注意が必要である．また，材料粘度の低さの
ために，加工パターンの微細化に伴って顕在化してくる界
面の影響（例えば表面張力など）に対する配慮も必要とな
る[9]．以上のような留意点に配慮すれば，当該プロセスは
材料種が限定されるものの，現状では熱インプリントより
も小さな構造形成を等温プロセスで実現できるという特徴
がある．このため，フォトマスクを用いてレジストにパタ
ーンを形成するという半導体製造プロセスの重要なステッ
プの代替手法としての検討が行われている．**図2**のよう
に，International Technology Roadmap for

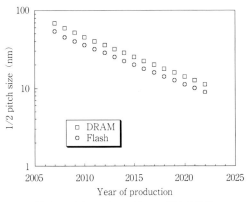

図2 2008年ITRSロードマップ[10]から抜粋

Semiconductors（ITRS）[10]が示す半導体集積回路の線幅目安となるDRAM 1/2ピッチは，2007年時点で68 nm，2015年ごろには25 nmレベルとなっている．改良型フォトリソグラフィとしてのArF液浸露光技術（発振波長193 nmのArFエキシマレーザーを光源とし，対物レンズとターゲットとなる基板の間を屈折率の高い液体で満たすことで解像度を向上させる）や，位相シフト法（Phase Shift Mask，フォトマスクの一部に屈折率や透過率の異なる部分を設けることで，マスクを通過する光の位相や強度を変化させ解像度を向上させる），あるいは超紫外線（Extreme Ultraviolet, EUV）露光技術（波長13.5 nmの軟X線を光源とすることで露光時の解像度自体を向上させる）により45〜30 nmレベルのパターン形成の量産移行が進みつつある中で，はるかに安い設備投資で現状でも10 nm程度のパターンを形成できるナノインプリントは非常に魅力的であると思われる．

上記二者とやや性格が異なると考えられる三つ目のプロセスがHarvard UniversityのWhitesidesら[11]が提案したマイクロコンタクトプリント（mCP法，ソフトリソグラフィーと呼ばれることもある）である．mCP法ではポリジメチルシロキサン（PDMS）製のモールドを用いるが，PDMS自体が柔軟であるため曲面への構造転写も可能となる．また，当該プロセスでは化学反応を利用するケースが少なくなく，形状転写というよりは自己組織化膜などを形成するためのサイトを基板上に設け，物理化学的な吸着による機能膜の生成や微細な金属配線を行う，などの用途展開がある．同一形状のモールドパターンであっても，化学的な性質の異なる低分子等を吸着させることで異なる機能を有する製品が得られるため，例えば生化学用途での利用[12]が期待されている．この意味において，当該手法は前述の二者とは多少ターゲットとする製品群が異なっていると考えられる．

4. ナノインプリントの今後

熱式/光硬化式ナノインプリントの棲み分けとしては，大まかに以下のようになるのではないかと考えている．す

なわち，さまざまな熱可塑性樹脂を加工できるという熱式の特徴は重要であるが，構造の微細化に関しては光硬化式に譲らざるを得ない．また，マイクロスケールオーダーの構造形成では射出成形との競争が激しい．このため薄物/大面積，例えば従来のフィルム成形プロセスとの融合により表面にサブミクロンスケール構造をもつような製品を低コストで供給する，という用途イメージが熱式には考えられる．一方，光硬化式は，基本的に材料コストが熱式よりも高いため，使用した材料自体が製品本体を構成するバルクでの使用は不利である．また，材料自体の硬化収縮があるため，形状精度が厳しく求められる製品ではなく，前述のフォトマスクプロセス代替のように，微細構造の存在自体がさらなる付加価値を生む用途への展開が望ましいと思われる．

経済産業省がまとめたナノテクノロジーロードマップ[13]から，ナノインプリントにより，あるいはナノインプリントと組み合わせた複合技術によりさまざまなデバイスの製造可能性が見えてくる（**表1**）．具体的には，プリズムアレーや光導波路といった光学デバイス，ナノインプリントによる溝形成を利用したパターンドメディア，数ミクロン程度の細胞などをフィルタリングする流路としてのバイオアプリケーション，μTAS（Micro Total Analysis Systems）と呼ばれる化学合成や分析に必要な混合/反応/検出/分離回収などの操作要素をワンチップ上に集積化したデバイスの製造などが挙げられる．

5. お わ り に

非常に微細な機構/機械を作る技術として，ナノインプリントが大きな可能性をもっていることは明らかと思われる．その一方で，その基本コンセプトの単純さに拍子抜けした読者もいるかもしれない．しかし，ナノインプリントの単純さこそが，低設備コスト，幅広い応用展開性につながる優れた資質だと考えることもできる．この意味において，表題に記したナノインプリントの奥深さの意味がお分かりいただけたのではないだろうか．少し厳しい見方をすれば，従来手法の代替という位置づけから脱却できていない現状のナノインプリントは，この手法が本来もっている可能性を十分には発揮していないと思われる．ナノインプリントでしか作り出すことができない製品像が明確となり，それを製造する産業が成立したときこそ，このプロセスが本当の意味でナノテクノロジーの基盤技術の一端を担っているといえるだろう．そのためには，従来の射出成形やフォトリソグラフィの常識にとらわれない自由な発想が大切であり，今後も使用材料やプロセス装置のさらなる発展が望まれる．単純だからこそ大きな発展の可能性をもつ奥深さがナノインプリントの魅力といえるのではないだろうか．

参 考 文 献

1) http://www.nano.gov/
2) 松井真二，古室昌徳：ナノインプリントの開発と応用，シーエ

表1 経済産業省がまとめたナノテクノロジーロードマップ[13]から抜粋

分　野	分　類	製品・部品	要　素	プロセス	材料・技術の名称
医療	再生医療	スキャホールド	2次元ナノスキャホールド	—	熱ナノインプリント，光ナノインプリント
			3次元ナノスキャホールド	—	リバーサルインプリント
		セルチップ	—	微細加工プロセスおよび表面修飾プロセス	ナノインプリント，マイクロコンタクトプリント
	診断	センサ・トランスデューサ	局在表面プラズモントランスデューサ	—	ナノインプリント
			質量検出型センサー MEMS	—	複合ビーム加工（ナノ加工による振動子の作成）
情報家電	半導体・電子部品	Si 半導体	超微細半導体デバイス（LSI, DRAM など）	露光代替技術	光ナノインプリント
				配線工程	光ナノインプリント（デュアルダマシン）
		パワーデバイス	大電力パワートランジスタ（SiC 系）	微細加工プロセス技術	フェムト秒レーザー加工
		その他の新規材料系デバイス	CNT トランジスター論理回路，CNT メモリ，CNT センサ，CNT バイオセンサ	基板加工プロセス	マイクロコンタクトプリント
	光通信	光デバイス	光導波路	—	ナノインプリント，電子ビーム，LIGA
			3D フォトニック結晶	—	フェムト秒レーザー加工，ナノインプリント
			プラズモニクスデバイス	—	電子ビーム，集束イオンビーム，ナノインプリント
			電磁波制御メタマテリアル（パーフェクトレンズ）	—	ナノインプリント，電子ビーム
	ディスプレイ	ディスプレイ（共通技術）	反射防止膜	ナノ構造形成	射出成形+ナノインプリント
	メモリ・ストレージ	磁気系ストレージ	パターンドメディア	ナノパターン形成	電子ビーム，反応性イオンエッチング，ナノインプリント
		不揮発メモリ	Fe-RAM	—	従来リソグラフィー，ナノインプリント
			PRAM	—	従来リソグラフィー，ナノインプリント
燃料電池	—	PEFC/DMFC	電解質膜	高分子膜（ナフィオンなど）ナノ構造形成	ナノインプリント
製造技術	ナノインプリント	ナノインプリント装置	ナノインプリントモールド	熱ナノインプリント装置	電子ビーム，光リソグラフィ，ナノインプリント
				ローラナノインプリント装置	電子ビーム，光リソグラフィ，ナノインプリント
				量産用モールド製造プロセス	集束イオンビーム，電子ビーム，エッチング，電鋳
				半導体用モールド製造プロセス	電子ビーム，集束イオンビーム，ナノインプリント
				半導体用モールド修復プロセス	AFM，電子ビーム，集束イオンビーム

ムシー出版，（2005）．

3) 谷口淳：はじめてのナノインプリント技術，工業調査会，（2005）．

4) 平井義彦編集：ナノインプリントの基礎と技術開発・応用展開，フロンティア出版，（2006）．

5) S.Y. Chou, P.R. Krauss and P.J. Renstrom : Imprtint of sub-25 nm Vias and Trenches in Polymers, Applied Physics Letter, **67**, 21 (1995) 3114.

6) S.W. Youn, H. Goto, M. Takahashi, M. Ogiwara and R. Maeda : Thermal Imprint Process of Parylene for MEMS Applications, Key Engineering Materials, **340-341 II** (2007) 931.

7) J. Haisma, M. Verheijen, K. Heuvel and J. Berg : Mold-assisted Nanolithography : A Process for Reliable Pattern Replication, Journal of Vacuum Science & Technology B : Microelectronics and Nanometer Structures, **14**, 6 (1996) 4124.

8) M. Colburn, S. Johnson, M. Stewart, S. Damle, T. Bailey, B. Choi, M. Wedlake, T. Michaelson, S.V. Sreenivasan, J. Ekerdt and C.G. Willson : Step and Flash Imprint Lithography : A New Approach to High-resolution Patterning, Proceedings of SPIE—The International Society for Optical Engineering, **3676**, 1 (1999) 379.

9) H. Schmitt, L. Frey, H. Ryssel, M. Rommel and C. Lehrer : UV Nanoimprint Materials : Surface Energies, Residual Layers, and Imprint Quality, Journal of Vacuum Science and Technology B : Microelectronics and Nanometer Structures, **25**, 3 (2007) 785.

10) http://www.itrs.net/Links/2008ITRS/Home2008.htm

11) J.L. Willbur, E. Kim, Y. Xia and G.M. Whitesides : Lithographic Molding : A Convenient Route to Structures with Sub-micrometer Dimensions, Advanced Materials, **7**, 7 (1995) 649.

12) 成瀬恵治：ソフトリソグラフィーを用いた細胞研究・医療用チップの開発，表面科学，**28**, 4 (2007) 204.

13) http://www.meti.go.jp/policy/economy/gijutsu_kakushin/kenkyu_kaihatu/str2008/2_2_1_08_r.xls

はじめての精密工学

ライフサイクルの視点に基づく環境影響評価
―ライフサイクルアセスメントの特徴とその手順―

Environmental Impact Assessment from the View-point of Product Life Cycle—The Characteristics and the Procedure of Life Cycle Assessment—/Norihiro ITSUBO

東京都市大学環境情報学部　伊坪徳宏

1. は じ め に

2008年7月29日,低炭素社会へ移行するための具体的道筋を示した「低炭素社会づくり行動計画」が閣議決定された.日本は温暖化対策の柱として2020年までにCO_2排出量を2005年比で15%削減させることを中期目標にしており,これを達成するための具体的な活動へと展開しつつある.この目玉のひとつがカーボンフットプリントやカーボンオフセットを中心とした環境情報の見える化である.現在,環境省,経済省,農水省,国交省などで,これらのガイドライン作成や具体的導入に向けた協議が積極的に行われている.先進的な企業は先行してこれらを活用している.このような動きを経て,環境に関わる情報は「地球にやさしい」といった定性的な表現から,「CO_2排出量〇〇kg」という定量的なものが目立つようになってきた.

CO_2の排出は,エネルギーの消費に伴って発生することが多い[*1].いまやわたしたちの生活はエネルギーの使用が前提になっている.太陽光や風力などの自然エネルギーで完全にこれらをまかなうことはまだ先であるため,現在のわたしたちのほぼすべての生活行動は環境負荷を与えていることを意味する.この総排出量をなるべく削減していくと同時に,自然エネルギーにシフトするための技術革新と社会的普及を同時に進めていくことが求められる.日々購入したり,使用したりしている製品のひとつひとつを環境負荷の低いものに変えていくボトムアップ的なアプローチが必要になってくる.

LCA(ライフサイクルアセスメント)は,製品やサービスに注目して,そのライフサイクルにわたる環境負荷量を定量的に評価する手法で,上に示した課題に応えるものとして近年特に注目されている.本稿では,LCAの実施手順から特徴について解説し,今後の課題や展望についてあわせて説明する.

2. L C A と は

最近,カーボンフットプリントという言葉を耳にした読者もいることだろう.日用品,食品など日頃手にする商品を中心に,CO_2の排出量をラベルとして商品に貼付したものである.昨年実施されたエコプロダクツ2008では30社が自社製品のカーボンフットプリントを開示し,多くの消費者の関心を集めた.早いものは今年からカーボンフットプリント付きの商品が店頭に並ぶ予定である.

このカーボンフットプリントで測られるCO_2は,「ライフサイクル」に注目しているところが最大の特徴である.ライフサイクルとは,製品に使用される資源の採取から,材料の輸送,加工,生産,流通,使用,リサイクル・廃棄に至るまでのすべての工程を含む.ある一側面の環境負荷のみに注目するのではなく,ライフサイクル全体を俯瞰的に分析することで,CO_2削減のための効果的な戦略を練るための判断材料として利用価値が高い.

製品やサービスのライフサイクルに注目し,環境負荷や環境影響を定量的に分析,評価する方法を「ライフサイクルアセスメント(LCA)」と呼ぶ.LCAは1993年に国際標準化機構(ISO)において,企業などの組織が環境に配慮した経営を行うための指針である環境マネジメントシステムを構築するのに有効な手法であると広く認識され,1997年に国際規格(ISO14040)[1]が発行された.以降,世界各国でLCAが活用されるようになり,製品の環境影響評価手法として不動の地位を確立している.わが国においても,自動車,電気製品,事務機器,建築,土木,食品,ICTなど,ほぼすべての産業においてLCAが普及しつつあり,その評価件数の多さは世界でも有数のものであろう.

3. LCAの考え方

さて,読者の方は「再生紙」と「バージン紙」のうち,環境にやさしいものを選んでくださいといわれたら,どちらを選ぶだろうか.それぞれ選んだからには理由があるだろう.再生紙を選んだ場合は,新たに伐採する森林の量が少なく済むから,チップの輸送量を大きく削減できるから,バージンパルプの生産量を少なくすることができるから,などが理由として挙げられよう.一方,バージン紙を選んだ場合は,紙の再生工程は漂白に余計なエネルギーがかかってしまうから,古紙の回収に手間がかかるから,といったところが主な理由として挙がる.このように,製品の環境負荷を低い方を選ぶといっても,さまざまな側面で特徴が異なっており,これらの程度の差異を知らなくては,総合的に見てどちらが小さいのかはわからない.

これを解決するためのひとつの視点がライフサイクルで

[*1] CO_2の排出には,エネルギーの消費以外にも,土地利用の変化,セメントやアンモニア生産といった工業プロセスを通じた排出などがある.

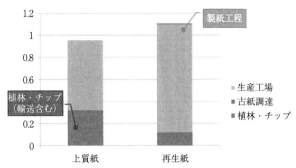

図1 紙のインベントリデータ（CO$_2$排出量/1 kg，LCA 日本フォーラム，製紙連合会による）

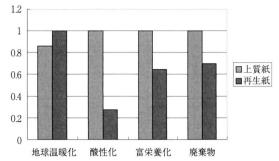

図2 紙の影響評価結果（LCA 日本フォーラム，製紙連合会のデータを利用して著者評価）

ある．評価対象の長所や短所すべて，ライフサイクルという観点から網羅しつつ，全体の環境負荷を評価する．これにより，長所が短所を補って余りあるのか，それとも短所が意外に全体の環境負荷に大きな影響を与えているのか，について情報を得ることができる．

図1に再生紙とバージン紙を対象にした LCA 結果[*2]を示した（日本 LCA フォーラム[2]）．これによれば，バージン紙の方が植林から育林，チップの輸送による負荷が大きいものの，紙を生産する段階の環境負荷が再生紙に比べて小さいことから，全体でも1割程度小さいという結果となった[*3]．このように，製品のライフサイクルの側面から全体を包括することで，環境負荷の総量を把握するとともに，その内訳を認識し，環境負荷削減のための有効なアプローチを検討することに利用できる．この場合であれば，再生紙は製紙におけるエネルギー消費の削減であったり，漂白剤などの薬剤投入量を削減したりすることが効果的であろう．バージン紙の場合は，製紙のみでなく輸送の負荷も大きいため，輸送効率の向上も重要な視点である．

LCA には，もうひとつの捉え方がある．これは，地球温暖化や化学物質，廃棄物といったさまざまな環境影響を対象とするというものである．環境問題には，地球温暖化やオゾン層破壊，資源枯渇といった地球環境問題から，酸性化や光化学オキシダントといった大陸レベルの環境問題，さらには，富栄養化や騒音などの地域性の高い問題まである．これらの関係を十分認識し，特定の環境問題のみに注目することで他の環境影響を悪化させることを極力回避することが求められる．図2に再生紙とバージン紙を対象とした環境影響の評価結果を示した．ここでは，地球温暖化のほか，酸性化や廃棄物といった他の環境影響に及ぼす評価結果についても示した．これによれば，地球温暖化は図1の結果を反映しており，CO$_2$の排出量が低いバージン紙の環境負荷が小さいことが示されたが，そのほか

の環境影響，例えば，酸性化や富栄養化，廃棄物，いずれも再生紙の方が小さいことがわかった．酸性化は窒素酸化物（NOx）や硫黄酸化物（SO$_2$），富栄養化には全窒素や全リン，窒素酸化物（NOx）が主な要因物質である．この場合では，国内で発生した古紙を回収して生産する再生紙よりも，海外からチップを長距離船で輸送する際に発生する NOx や SO$_2$の排出量が大きいことを示している．したがって，酸性化や富栄養化の影響を削減するには，輸送の効率化や輸送距離の削減はより重視されるべきであろう．

このように，さまざまな環境影響を見たときに，その評価結果がかならずしもすべての影響領域で同じ結論が得られるとは限らない．LCA は，「ライフサイクル」と「環境影響の多様性」の双方を考慮した総合的なアプローチである．ただし，LCA はあくまで評価者や報告を受ける意思決定者が最終的な判断を行うのを支援するためのツールである．評価者は自身の評価目的を明確にもって，その目的に応じた LCA を実施し，その結果はあくまで判断基準の一つとして認識されるべきである．

4. LCA の実施方法

LCA の実施方法の枠組みは ISO 14040[1]において規定されている．図3において，その実施プロセスのイメージを示した．以下に主な LCA 手順とその内容を示した．

（1）LCA を行う目的を定める（目的の設定）

なぜ LCA を行うのか．LCA により得られた結果をどのように利用するのか，などについて決める．例えば，カーボンフットプリントを使って新製品の環境優位性を対外的にアピールするため，さらなる環境負荷削減のための優先事項を抽出するため，などが挙げられる．

（2）LCA を行う範囲を決める（調査範囲の設定）

環境負荷を算定する範囲を定める．最も重要なものは，どのプロセスを評価に含めるか定めることである．資源の採掘から廃棄，処理処分まですべての工程を評価に含めることが望ましいが，実施可能性や結果への影響度を考慮して，場合によっては一部調査対象外にすることもある．プロセスの他にも，評価に含める環境負荷物質（CO$_2$，NOx，VOC，廃棄物など），対象とする影響領域（地球温

[*2] ここでは，メタンと N$_2$O を CO$_2$換算したものを示した．

[*3] 日本製紙連合会によるデータを示した．工業会に所属する製紙企業が提示したものから工業会の平均値として公開している．よって，個別企業の操業条件などが異なることで，場合によっては異なる結論が出る場合も想定され得る．

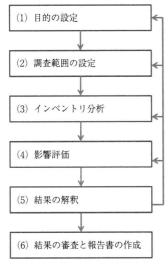

図3 LCA の手順の流れと各ステップの内容（ISO14040 の記述を改変）（伊坪 2006）

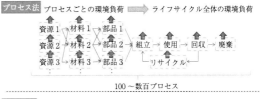

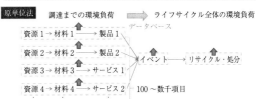

図4 インベントリ分析の計算方法（プロセス法と原単位法の違い）

暖化，酸性化，資源消費，土地利用など）についてもあわせて定める必要がある[*1].

（3）環境負荷物質ごとに注目して環境負荷量を算定する（インベントリ分析）

環境負荷物質ごとにライフサイクルを通じて発生する環境負荷の総量を求める．調査範囲の中に含まれるプロセスごとに環境負荷を算定し，これをライフサイクルレベルに集計することで得る．LCA を行う上で最も労力を要する段階である．実施者は LCA をなるべく効率的に行うために，多くの場合はデータベースやソフトウェアを活用する．

（4）環境への影響量を評価する（影響評価）

環境への負荷を通じて発生する環境影響量を評価する．一般に製品はさまざまな環境負荷があり，多くの環境問題と関連する．地球温暖化や生物多様性の損失といった環境影響に注目して，さまざまな環境への負荷を通じて発生し得る環境影響を測定する．

（5）評価からわかることについて解釈する（結果の解釈）

インベントリ分析や影響評価の結果から，重要なプロセスや影響領域を特定する．結論に大きな影響を与えるプロセスやデータを見直し，必要に応じて再度調査し，結論の信頼性を高める．

（6）得られた結果を関係者で共有し，有効に活用する（結果の審査および報告書の作成）

LCA の実施方法に誤りがないか確認することは重要である．第三者に LCA の実施手順について審査を受けて，適切に実施されているかどうか確認をする．そのうえで，

関係者に対して LCA 結果からわかることについて明快に整理した報告書を作成し，開示する．クリティカルレビューと報告書の作成は国際規格では必須事項ではないが，結果の信憑性を高めるための有効な手段であるといえる．

上に示した通り，LCA の実施は複数の段階に分かれるが，計算の実施という観点では主に（3）インベントリ分析，（4）影響評価が重要である．以下にこれらのステップに注目してその実施方法をより詳しく紹介する．

5. インベントリ分析

インベントリ分析では，環境負荷物質に注目して，ライフサイクル全体における環境負荷量を算定する．この算定方法は大きく以下の二つに分かれる．

（1）プロセス法

プロセスごとに環境負荷を算定し，マテリアルフローに沿って全体の環境負荷量を求める．

（2）原単位法

資源の採取から部材，もしくは製品の生産や調達までの環境負荷量，すなわち，原単位を用いる．

これらの関係を**図4**に示した．プロセス法の方が詳細に検討することができる一方で，時間と労力が求められる．一方，原単位法は時間と労力を低減できる一方で，評価がラフになりやすい．現在，経済産業省において検討されているカーボンフットプリントの算定方法は後者を採用している．以下に原単位法を用いた計算方法を紹介する．ここでは，例として紙カップ[3]を対象にして，インベントリ分析方法を紹介する[*5]．原単位法の場合，以下の要領で環境負荷を計算する．

よって，活動量と環境負荷原単位があれば，インベントリ分析を実施することができることになる．

① ライフサイクルフローを描く[*6]：紙カップの例を図4に示した．ここでは簡単のため原材料等生産，紙

[*1] LCA は評価対象の機能に注目する．例えば，自動車の場合は 10 万 km の走行，冷蔵庫は 400 リットルを 10 年間冷蔵保存，といった形で，実施者が定める一定の機能を得るのに付随して発生する環境負荷量を算定する．上記のような機能を量的に表したものを機能単位と呼ぶ．

[*5] 紙カップ分科会報告書を参考にした．ここでは例として著者が値を加工しており，現実のデータとは異なる．

[*6] 本来は調査範囲の設定の段階で実施されるべき部分であるが，便宜的に今回はインベントリ分析の中で示した．

表1 紙カップ1個当たりの投入物と入力量およびCO₂原単位

ステージ	投入物	原材料	生産	輸送	CO₂原単位	備考	CO₂排出量(g/個)
原材料	板紙	6 g			0.68 (kg/kg)	JEMAI	4.1
	LDPE	0.5 g			1.01 (kg/kg)	JEMAI	0.5
	インク	0.1 g			5.57 (kg/kg)	3EID	0.6
	溶剤	0.1 g			5.33 (kg/kg)	3EID	0.5
生産	電力		0.003 kWh		0.41 (kg/kWh)	JEMAI	1.2
輸送	軽油			0.0002 l	2.72 (kg/l)	JEMAI	0.5
合計							7.5

表2 主なLCAデータベースとその特徴

データベースの分類	積み上げ法	産業連関分析法
開発者	LCA日本フォーラム JEMAI-LCA Ecoinvent など	国立環境研究所 物質材料研究機構 日本建築学会 早稲田大学 東京都市大学など
特徴	プロセスの詳細に踏み込んだ分析や解釈ができる	国内で生産されるすべての製品,サービスを網羅
利用方法	LCAソフトを利用 物量データから計算	表計算ソフトでも利用可 金額データから計算可

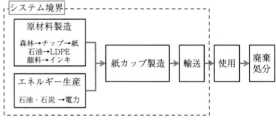

図5 紙カップのライフサイクルフロー

カップ生産,輸送,使用,廃棄の工程に分類した[*7].そのうえで,評価に含める調査範囲を決定する.この例では,使用と廃棄は環境負荷が小さいものと想定して,原材料生産から輸送までを環境負荷の算定対象とした[*8].調査の対象範囲を図示したものをシステム境界と呼ぶ.原材料生産では,容器の主要部材である紙と表面に塗装するためのポリエチレン,さらには,紙カップ生産工場では電力が利用される.配送は生産工場から小売店までの距離をトラックで輸送するときに軽油を燃やす際の負荷がある.

② 基礎データを収集する:部材や用役の種類と量について調べる.環境負荷の発生要因となる種類を特定するとともに,各工程に投入される量を得る.表1に紙カップ1個当たりに投入される項目とその投入量を示した.例えば,1個当たりの紙カップの生産に紙6グラムが,電力は0.03 kWhが必要であったことがわかる.電力消費量や材料の消費量などは実測されることが望ましいが,年間消費量などの工場データから計算により一個当たりを求めることも考えられる.

③ 対応する環境負荷原単位を抽出する.板紙,ポリエチレン,電力など,紙カップのライフサイクルを通じて利用される項目を調達するまでの環境負荷量,すなわち,環境負荷原単位を入手する.原単位は,実施者自ら算定することも考えられるが,LCAデータベースが利用可能である場合は,これらから適切なものを引用すれば良い.

ただし,LCAデータベースはさまざまなものがある.表2に主なLCA用のデータベースを示した.これらは積み上げ法に基づくものと産業連関分析を用いたものに分かれる.積み上げ法ベースのも

のは,資源採掘から調達までの各プロセスの環境負荷量をそれぞれ求めたうえで,これらを積算して求めたものである.プロセスごとにデータを検証できること,実施者が必要に応じてデータを修正することも可能であり,柔軟性が高いことが長所として挙げられる.短所としては,すべての製品についてデータが得られているわけではないこと,各データの間で調査時期や調査範囲が整合していないことがあること,などが挙げられる.

一方,産業連関分析法によるデータベースは,理論上すべてのプロセスをさかのぼった形で分析結果が得られるため,各項目間におけるデータの調査範囲が整合していること,国内で生産されるすべての部門を網羅していること,などが長所として挙げられる.その一方で,部門を代表する数字が出ているため,環境配慮型の製品などその部門の中で特徴のあるものを利用した場合であってもその違いを反映することができないこと,かならずしも物量ベースの原単位(CO₂○○ kg/kg)になっておらず,貨幣単位でのデータ(CO₂○○ kg/百万円)を入力項目として必要になる場合があること,全400分類のデータベースが必ずしも十分詳細であるとはいえないことなどが問題として挙げられる.実施者はこれらの違いについて考慮しつつ,利用するデータベースを決定することが求められる.

表1にそれぞれの入力項目に対して原単位データを割り当てたものを示す.これにより想定しているすべての項目に対する活動量と環境負荷原単位が適用されたことになる.

[*7] ここでは簡略化した例を示すため,実際のデータとは異なっている.
[*8] 焼却では,ラミネートに由来するものと投入するエネルギーによるCO₂が発生するが,種材料である紙の焼却はカーボンニュートラルが適用されることから,ここでは焼却は含めていない.

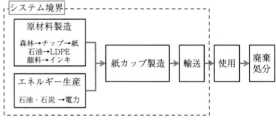

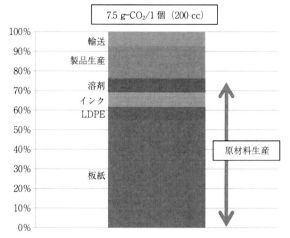

7.5 g-CO₂/1 個（200 cc）

図6 紙カップを対象としたインベントリ分析結果（CO₂）

④　集計作業を行って，計算結果を整理する．

図6に CO_2 の算定結果をまとめたものを示す．CO_2 総排出量とその内訳についてみることができる．1個あたり約7.5グラムの排出があるものと算定された．ライフサイクルステージの中では，原材料の生産までにおける環境負荷が全体の75%を占めており，そのなかでも製紙までの割合が大きいことがわかった．紙は生産工程がほぼ確立しており，環境負荷原単位は相対的に小さいが，主要材料としての使用量が相対的に大きいことが影響していた．よって，ロスの低減や薄肉化など，紙の使用量を削減することをさらに進めることができれば，環境負荷が低減されるものと期待される．つぎに，工場における製品生産時の環境負荷が大きいことがわかる．工場では，ラミネートや印刷，接着などさまざまな工程が含まれる．環境負荷の削減には，これらの省エネルギー化に向けた検討が有効である．ここで示した例は紙カップ生産工程を一括して1プロセスとしてとらえていたので，より細分化して環境負荷の大きいプロセスを特定していくことが有効である[*9]．

6. 影　響　評　価

先に示したように，LCAにおける影響評価では，影響領域や総合的な観点から環境影響の評価を行うが，その実施プロセスや評価結果は手法により異なる．本章では，LCAにおいて利用される影響評価手法について，より詳細に説明する．

図7にISO 14044において規定されたLCIAの一般的手順を示す．LCIAは影響領域の選定からはじまり，分類化，特性化，正規化，重み付けによる統合化といった複数のステップで構成される．その中でも特性化と統合化がLCIAの結果として示されることが多い．特性化は図7に

示すように，地球温暖化やオゾン層破壊，有害化学物質といった環境問題ごとに潜在的な影響量を評価する．例えば，地球温暖化の評価にはGWP（Global Warming Potential）を利用する．GWPは放射強制力をすべての温室効果ガスを対象として計算を行っておき，基準物質としての CO_2 の計算結果で割ることでGWPが求められる．

$$GWP(x) = \frac{\int_0^{TH} a_x[x(t)]dt}{\int_0^{TH} a_r[r(t)]dt} \tag{1}$$

ただし，a_x は温室効果ガス x の放射強制力（W/m²），$x(t)$ は時間 t 経過時の大気中寿命，TH は積分期間を指す．

上記の定義式のように，積分期間の設定によりGWPは異なるが，LCAでは100年を採用したものが活用されることが多い．GWPはIPCC報告書に掲載されており，LCAでもここで示された係数リストを引用する．最新の第四次報告書によれば，CO_2 が1であるのに対して，メタンが25，N_2O が298，CFC-11が4750である．大気中寿命が比較的短いメタンに比べて，安定で大気中寿命が長いフロンのGWP値が大きいのが目立つ．

このような係数が，影響領域ごとに定義されている．これらを利用する場合は，インベントリデータと該当する特性化係数との積和により環境影響の評価を行うことができる．

$$EI_{impact} = \sum_S (Inv._s \times CF_{impact,s}) \tag{2}$$

EI_{impact} は影響領域（例えば地球温暖化）の環境影響，$Inv._s$ は物質 s のインベントリデータ（環境負荷量），$CF_{impact,s}$ は物質 s・影響領域 impact における特性化係数（例えばGWP）を示す．温室効果ガスは CO_2 以外にも，メタンや N_2O，フロンなどさまざまな物質がある．このような計算を通じて温暖化の影響にどの物質の寄与が高いかがわかる．排出量自体は CO_2 が多くても，温暖化への影響から見れば，排出量が少なくても温暖化の寄与度が高い他の排出量を低減する方が重要であるという結果が得られる場合もある．

7. まとめと今後の課題

本稿ではLCAの手順や特徴について解説してきた．LCAの基本的な思想である，「ライフサイクル思考」と「環境影響の多様性」は世界各国で認識され，いまやカーボンフットプリントや環境ラベルなど，さまざまな形で活用されるようになった．今後さらなる発展が期待されるが，以下にLCAにおいて検討されるべき方向性について挙げた．

（1）発展途上国における適切な分析方法の開発

インベントリデータベースは先進国が中心であり，発展途上国では整備されていないのが現状である．現在，タイ，マレーシアなどにおいてもLCAの検討が行われている．産業連関分析表は欧州や日本のみでなく，BRICsなど新興国において開発が進んでおり，近いうちに発展途上国を網羅した環境負荷データベースの開発も進むであ

[*9] LCAの評価結果からわかることを考察したり，必要に応じてプロセスを細分化したりすることは，ライフサイクル解釈で行う．

ろう.

（2）世代内不公平に関する評価手法

　持続可能発展は世代間公平と世代内公平のふたつが要件とされる．地球温暖化は現在すでに発生している問題ではあるが，最近の温暖化に対する社会的関心の高まりは，現世代の「つけ」を将来世代に残さない，という世代間公平に注目しているものといえる．しかし，世代内公平に関する議論は特にわが国では注目度が低いように思われる．例えば，不衛生な水を利用している人は11億人に及ぶ．最近10年間だけで94万km²の森林が消失している．生息地と生物多様性の損失は続いており，1万種以上に絶滅の恐れがある[4]．現在のLCAの枠組みはまだこれらの問題を適切に評価できるインフラは整備されておらず，さらなる検討が求められる．

参 考 文 献

1）ISO14040, Environmental management—Life Cycle Assessment—Principles and Framework, (2006).
2）LCA日本フォーラム，LCAデータベース（http://www.jemai.or.jp/lcaforum/index.cfm）.
3）紙カップ分科会2006年度報告書.
4）ミレニアム開発目標報告, (2005).

正しい硬さ試験の理解のために

How to Make a Hardness Test in the Right Way/Takashi YAMAMOTO

山本科学工具研究社　山本　卓

1. はじめに

わが家では毛足の長い白猫が二匹でじゃれあって，家中白い毛がフワフワと漂っています．時々この可愛い兄弟猫のどちらの方が大きいのだろうかと考えることがありますが，軟らかくて長い毛に覆われていて，精密に身長（体高）測ることは難しそうです．体毛を剃り落したり，猫背を矯正して測れば精密な比較も可能かもしれませんが，そんな哀れな姿は見たくもないし，意味のある測定とはいえないでしょう．硬さ試験も，精密さに気を取られすぎると，本来の試験の目的を逸脱しかねず，この点で，猫の身長測定と事情が似ているように思います[1]．

筆者も，硬さ基準片の専門メーカーとして，硬さ試験については，どちらかというと数値の細かさよりも，正しく試験を行うということに力点をおいています．正しい硬さ試験の実施に大切なことは，試験機のデジタル表示や，平均値で数値の桁数を上げることではなく，硬さという概念と，いろいろな硬さ試験方法の特徴について，よく理解しておくことではないかと考えています．

2. 硬さ試験を理解するための視点

2.1 工業量としての硬さ

われわれは1 mや1 gという量を，少なくとも感覚的には把握していますが，誰も「1硬さ」なるものを，見聞きしたことはありません．硬さは定義に従って試験して初めて得られる値で，工業量と呼ばれています．物理を重んじる人の中には，硬さは測定ではなく，試験だという人が少なくありません．試験という言葉を辞書で調べると，"ものの性質などを試してみること"とあり，むべなるかなとうなずいてしまいます．ですから，「硬さ基準片」も標準物質ではなく，できるだけ硬さの均一な試験片を作り，可能な限り定義に忠実な試験を行ってその値を示した，工業上の「仮の（二次的な）標準」に過ぎません．硬さの本当の標準は，試験方法の「定義」と，実際に用いられる試験荷重とくぼみ寸法測定，すなわち「力」や「長さ」測定の正確さによっています．

2.2 押込硬さと反発硬さ

実際の硬さ試験では，圧子（あっし）を介して荷重をかけ，試料に生じた変形によって硬さを評価します．**図1**には硬さ試験に用いられる代表的な圧子を，また，**図2**

には，硬さ試験における荷重（P）と圧子の押込深さ（h）曲線のモデルを示しました．この曲線のいろいろなくぼみ深さや，除荷後のくぼみの大きさを顕微鏡的に測定する数々の硬さが定義されており，それらの多くは，くぼみの作成に数秒から数十秒程度の時間をかける，静的「押込硬さ試験」に属しています．

これに対して，反発硬さ試験は，試料に圧子をぶつけて，反発後の圧子の運動の変化を見る試験で，くぼみの形成によって消費された，圧子の運動エネルギーに着目して硬さ値を決めています．軟らかいものほど大きなくぼみが

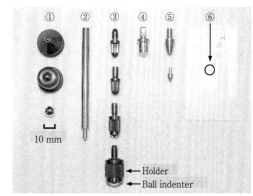

図1 各種硬さ試験用圧子 ①ブリネル ②ショア（D型）③ロックウェル（球圧子）④ロックウェル（ダイヤモンド圧子）⑤ビッカース ⑥ナノインデンテーション（バーコビッチダイヤモンド圧子）②，④，⑤，⑥の先端部はダイヤモンド

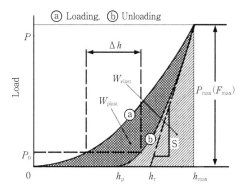

図2 硬さ試験の概念を示す「荷重-押込深さ：P-h曲線」

表1 ロックウェル硬さ試験の原理

硬さ試験方法		硬さ記号	くぼみ寸法の測定方法	硬さの定義：深さ h による		圧子			概念的な分類	発明年
				硬さ定義式（基準試験力 kgf/試験力 kgf）	発明時の単位系	材質	圧子形状	くぼみ形状		
比較的硬い金属など	ロックウェル	HRC など	圧子侵入深さを測定 (1) 基準試験力を負荷し深さの原点を決定 (2) 試験力に到達するまで力を追加負荷 (3) 試験力を除荷し基準試験力に戻す． (3)と(1)の深さの差 h（mm）を測定	硬さ＝100−500 h （10/150 など）	CGS	ダイヤ	先端 R 0.2 mm 円錐角 120°	非相似	マクロ	1919
	ロックウェルスーパーフィシャル	HR30N など		硬さ＝100−1000 h （3/30 など）					マクロ（軽荷重）	
比較的軟らかい金属など	ロックウェル	HRB など		硬さ＝130−500 h （10/100 など）		硬鋼超硬	球		マクロ	
	ロックウェルスーパーフィシャル	HR30T など		硬さ＝100−1000 h （3/30 など）					マクロ（軽荷重）	

できるので，図2に示したように，塑性変形に消費されるエネルギー（W_{plast}）が大きくなり，その分，跳ね返った圧子の運動エネルギーは小さくなるわけです．

2.3 硬さの相似則と圧子の形状

角錐形や円錐形の圧子を用いれば，荷重（くぼみ）の大小によらず，くぼみの断面形状が相似形になるため，原理的には材料に与えられるひずみ（変形量ではありません）が一定になり，試料が理想的に均一であれば，同じ硬さ（力/くぼみ面積）が得られます．これに対し，球圧子の場合は同じ球圧子で同じ試料を試験しても，荷重が変われば，くぼみの断面形状が変わってしまうので，試料に与えるひずみが一定にならず，同じ硬さ値は得られません．これが「硬さの相似則」で，角錐形および円錐形圧子の場合は，相似則が成り立ち，球圧子では3.3節に述べる特殊な場合を除き，相似則が成り立ちません．

2.4 くぼみ深さ測定と顕微鏡的測定

くぼみの大きさの測定には，くぼみの深さを測る方法と，上から顕微鏡的に見て測定する方法がありますが，深さを測る方が，概して試験の実施が簡単で，個人誤差も出にくいといわれています．表1には，深さ測定方式の代表例として，ロックウェル硬さ試験の原理を示しました．ロックウェル硬さのように，くぼみ深さを測り，そのまま硬さを決めてしまう方法と，ナノインデンテーションなどに適用される計装化押込試験方法のように，深さからくぼみの面積を推定し，その面積から硬さを決める方法があります．くぼみ深さの測定には，荷重による試験機や圧子の弾性変形量，すなわち「フレームコンプライアンス」が影響します．また，特に荷重が小さい場合，深さの原点となる「試料表面」を正しく検出するのは難しくなります．このほか，圧子の先が傷んで丸まってくると（トランケーション），くぼみ深さが浅くなるので，その分硬さに誤差を生じやすくなります．したがって，一般に深さを測る方法の場合には，これらの問題についても配慮が必要です．

表2には，くぼみの大きさを顕微鏡的に測り，くぼみ面積により硬さを求める試験方法を示しました．計装化押込試験は，くぼみ寸法を顕微鏡的に測る試験方法ではありませんが，くぼみ面積により硬さを決める試験方法である

ため，この表に加えてあります．顕微鏡的に測定する試験方法の場合は，試験に多少の手間がかかり，個人差も出やすいといわれていますが，極端な言い方をすれば，荷重さえ正しく負荷されれば，試料に正しい大きさのくぼみが残るので，フレームコンプライアンスや，試料表面検出誤差の問題もありません．

試料の強さはくぼみの「投影面積」に反映されるので[2]，圧子の先端が傷んで少々丸まっていても，上から眺めたくぼみの大きさはほとんど変わらないという利点があります．図3の写真は，円錐角120°のダイヤモンド圧子（円錐形）と，その先を $R＝0.2$ mm に丸めたロックウェルダイヤモンド圧子（球-円錐形）によるくぼみの比較です．両者のくぼみの投影面積，すなわち直径にはほとんど差がありませんが，試験荷重下のくぼみ深さは，ビッカース硬さ約900 HV の基準片の場合，ロックウェルダイヤモンド圧子の方が，およそ45%も浅くなっています（約300 HV 基準片の場合は，およそ25%）[3]．このように，深さ測定による方法に比べ，顕微鏡的測定による方法は信頼性が高いといえますが，くぼみが小さくなると，現状ではナノインデンテーションのような深さ測定方式によらざるを得ません．

3. 実際の硬さ試験方法の特徴とキーポイント

3.1 ロックウェル硬さ試験（JIS Z 2245）

ロックウェル硬さは，図2に示したように，試験荷重 P の負荷前後の基準荷重 P_0 におけるくぼみ深さの差 Δh（筆者はこれを「差分深さ」と呼んでいます）を測定します．基準荷重による試験機や圧子の弾性変形量は，試験荷重を負荷する前でも後でも変わらないので，差分深さの測定では，これらの変形量が相殺され，2.4節で述べたフレームコンプライアンスは事実上問題になりません．また，基準荷重により，人工的に深さの原点を決めてしまうので，真の試料表面を検出する必要もないなど，優れた工業的試験方法です．

試料の硬軟や厚さに応じて30種類の試験方法（スケール）がありますが，硬さの相似則は成り立ちませんので，同じ試料を異なるスケールで測っても，同じ硬さ値は得ら

れません．硬さが未知の試料を試験するときには，必ずダイヤモンド圧子を用いる硬い試料の試験に適したスケールから試験してみます．選んだスケールに対して試料が軟らかすぎ，目盛りが低めに外れたら，球圧子などによる軟らかい試料用のスケールに切り替えます．この逆をやると，大切な圧子や試験機を傷めてしまいます．

(1) 試料の裏面とアンビルの表面

ロックウェル硬さ試験で最も注意すべき点は，正しいくぼみ深さ測定ができるかどうかということです．したがって，試験機のアンビル（試料載台），試料や基準片の裏面に，ゴミ，ほこり，さび，傷，油などがあってはなりません．表面よりも，むしろ裏面に注意が必要です[4]．試験機の，アンビルや圧子の差込口などの接触面についても，同様の注意が必要です．樹脂埋込試料も，樹脂や埋込方法の善し悪しが深さの測定に影響する恐れがあります．

(2) ダイヤモンド圧子と球圧子

熱処理した鋼など，硬い試料の測定には，2.4節に述べたダイヤモンド圧子を，また，非鉄金属や軟鋼素材などの軟らかい試料には，鋼球または超硬合金球圧子を用います．JIS では鋼球と超硬合金球のどちらを用いてもよく，

現状では鋼球圧子の使用が主流をなしているようですが，ISO では全面的に「超硬合金球」へ切り替えられました．球圧子の弾性変形量の違いにより，図 4 に示すように，超硬合金球による硬さ測定値の方が鋼球圧子よりも低くなります（その程度はスケールや試料の材質により異なります）．このため，例えば，ロックウェル B スケールなどの場合，鋼球圧子による試験結果には HRBS，超硬合金球による試験結果には HRBW という，異なる硬さ記号を付して識別することになっています．

球圧子，特に鋼球圧子の場合，間違って大きな荷重をかけたり，硬い試料を試験したりすると，圧子に永久変形を生じてしまい，知らないうちに，おかしな試験結果を大量生産し続けることになりかねません．球圧子の変形は外観からはそれと分からないので，この場合にも基準片による日常点検が重要になります[4]．

球圧子の形状寸法は概して非常に正確ですが，球圧子と球の受けやカバーの中心軸がずれていたりすると，負荷中に球が動くために，くぼみ深さの測定にずれを生じ，異常な値を示します．また，球のカバーをきつく締めすぎると，球の中心が圧子軸からずれてしまい，同様の誤差を生じることがあります．このため，カバーはきつく締め過ぎ

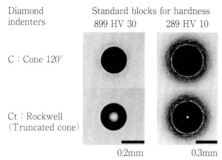

図3 120° 円錐圧子とロックウェルダイヤモンド圧子による鋼製基準片上のくぼみ（試験荷重 45 kgf）

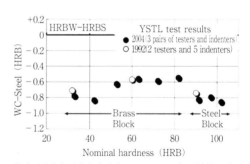

図4 鋼球圧子と超硬合金球圧子による HRB 硬さ測定値の差

表2 くぼみ面積で硬さを決める試験方法

硬さ試験方法	硬さ記号	くぼみ寸法の測定方法		硬さの定義 硬さ＝力/くぼみ面積			圧子			概念的な分類			発明年
		深さ測定	顕微鏡的	表面積	投影面積	発明時の単位系	材質	圧子形状	くぼみ形状	マクロ	マイクロ	ナノ	
ブリネル	HB			●		CGS	超硬(硬鋼) HB 規格は超硬のみ	球	非相似	●			1900
マイヤー					●								1908
ビッカース	HV		除荷後	●			ダイヤ	ビッカース正四角錐 対面角 136°	相似		●	●	1925
ヌープ	HK				●			ヌープ四角錐 対稜角 172.5° と 130°			●		1939
バーコビッチ				●	*			バーコビッチ三角錐 圧子軸と面の角 65.03°			●		1951
計装化押込み(ナノインデンテーションを含む)	HM H_{IT}	負荷過程中		●	●	SI		ナノインデンテーション用としてはバーコビッチ，ビッカースなど，その他では球圧子なども用いられる		●	●	●	ISO 14577 -2002

＊：E.S. Berkovich はくぼみ表面積から求める硬さを H，投影面積から求める硬さを H' とし，双方を定義している．

ることなく，カバーから頭を出した球が，指先で転がす
と，スムースに回ることを確認してください（図 1 参照）.

3.2 計装化押込試験 (ISO 14577)

樹脂やガラスのような，残留くぼみをはっきり見ること
が困難な材料や，サブミクロンの薄膜などは，ビッカース
などの顕微鏡的にくぼみの大きさを測定する方法で試験す
ることは困難でした．このような場合にも，荷重負荷過程
の荷重（図 2 の P）と圧子の侵入深さ（h）をコンピュー
タに連続的に取り込み，その情報を解析してさまざまな材
料強度特性を評価することを可能にしたのが，計装化押込
み試験です[5]．表 2 に示した「マルテンス硬さ HM」は，
図 2 における h_{max} を用いてくぼみの表面積から算出する値
で，「押込硬さ H_{IT}」はやや複雑ですが，図 2 の h_r から，
少し h_{max} 側にシフトした位置を接触深さ h_c として，その
値から接触投影面積を推定して硬さを算出します.

この試験方法は，試験の善し悪しが，標準試料による補
正にかかっているという点で，従来の試験方法と大きく異
なります．事前に溶融石英など，各試験機専用の標準試料
（硬さ基準片ではありません）を測定し，「フレームコンプ
ライアンス」の補正や，圧子先端の「トランケーション」
の補正，すなわち「エリアファンクション（面積関数：圧
子の先端形状を示すための，くぼみ深さ h によるくぼみ
面積 A の関数）」の補正を施す必要があり[6]，若干複雑な
条件管理が求められ，ISO の規定もあまり工業的とはいえ
ません．これらの問題点を工業的に解決する試験方法とし
て，新たに「等価くぼみ深さ試験」が開発され，実用化に
向けて取組みが行われています[3][7].

3.3 ブリネル硬さ試験 (JIS Z 2243)

現在では，ブリネル硬さ試験の圧子には，超硬合金球の
みを用いることになっています（HBW）.焼入れした鋼な
どの硬い試料や，小さい試験片には余り用いられません.
一般には数 mm の大きなくぼみを付けるので，比較的大
きな試料の平均的な硬さを求めるために用いられます．10
mm 球圧子，荷重 3000 kgf のブリネル硬さがよく用いら
れるために，単にブリネル硬さ 300 などと表現する人もい
ますが，現実には多様な直径の球圧子と荷重の組合せが用
いられていて，この組合せ次第で硬さが変わってしまうの
で，JIS に決められているとおり，300HBW10/3000 など
のように，必ず硬さ記号を付して表記する必要がありま
す．くぼみ投影面積により硬さを決める「マイヤー硬さ」
の方が，本来は合理的であるといわれていますが[2]，先に
登場したブリネル硬さの方が圧倒的に普及し，今日に至っ
ています.

一般的には硬さの相似則が成り立ちませんが，特定の場
合，すなわち，$P/D^2 =$ Const.（P は試験荷重，D は球圧
子の直径）の場合に限り，相似則が成り立ち，同じ硬さ値
として扱うことが可能です．この P/D^2 の比は重要で，関
係者はよく用いるのですが，あまり呼び名がはっきりして
いません．例えば，ブリネル比とでも呼んで，ブリネル硬
さ試験の発明者に敬意を表してはどうでしょうか.

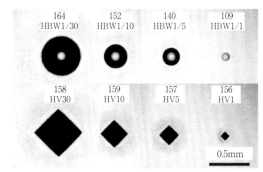

図5 炭素鋼製基準片上のブリネルおよびビッカース硬さくぼみ

図6 ビッカースくぼみ測定における標線の食込み

3.4 ビッカース硬さ試験 (JIS Z 2244)

ビッカース硬さ試験法は，硬さの相似則が成り立ち，硬
軟，多種多様な材料を，大小さまざまな試験荷重で試験し
ても，原理的には同じ硬さとして扱うことができる優れた
試験方法です．**図5** に示すように，同じ圧子を用いても，
荷重が変わると硬さも変わってしまうブリネル硬さに対
し，ビッカース硬さは変わらないといって差し支えありま
せん．ただ，まれに試験荷重が狂っていることもあるの
で，基準片を複数の荷重で試験し，確認しておくことが大
切です．また，どれくらいの大きさの荷重で試験したのか
は，4.1 節に示す金属組織の大きさなどとの関係上重要で
すから，硬さ記号には，HV0.1 などのように，試験荷重を
表す数字を付すことになっています.

この試験方法で一番心配なのは，くぼみ対角線長さの測
定で，対角線長さの誤差 % の 2 倍が，ビッカース硬さの
誤差 % になります．くぼみの角に標線を合わせる場合，
図6 の右の写真のように，初心者は標線がくぼみの内側
に入り込んでしまい，くぼみを小さく測ってしまうケース
が多いようです．この間違いは，くぼみを大きく読んでし
まった場合と違って，図6 の左の写真のように，一見標線
とくぼみの角がぴったり合っているように見えるので，気
がつきにくく，特に注意が必要です.

また，測定者ごとに明視の距離が変わるので，必ず接眼
鏡の「視度」を合わせ直さないと，くぼみ対角線長さを正
しく測ることができません．その方法は，硬さ基準片な
ど，鏡面試料の表面にピントを合わせ，測定標線の間隔を
狭めます．視度が合っていないと線と線のすきまがぼやけ
て見えますので，**図7** に示すように，接眼鏡の視度調節

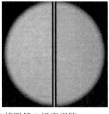

図7 ビッカース硬さ試験機の接眼鏡の視度調節
（左：視度調節リング，右：調節後の視野像）

図8 専門家による試験荷重の直接検証

リングを回して，微かなすき間もくっきりと見えるように調節します．最終的には，もうこれ以上狭めると標線同士がくっついてしまうぐらい，すなわち左右の標線の間から光の筋が辛うじて見える程度にまで狭めて調節します．視度調節が終わったら，左右の標線をそっと，ぴったりと合わせ，ゼロ点を確認します．これらの作業が上手にできていれば，カウンターの目盛はほとんどゼロになっているはずです．基準片メーカーでは，視度調節とゼロ点の確認を徹底的に練習するだけで，いわゆる定くぼみによる個人誤差の補正は一切行っていません．

3.5 ショア硬さ試験（JIS Z 2246）

ショア硬さは，ダイヤモンド圧子を一定の高さから試料上に落下させ，その跳ね上がり高さにより硬さを決める反発硬さ試験です．電源も不要で自由に持ち歩け，圧延ロールや鉄道レールなどの大きな構造物の現物試験が可能です．圧子の自然落下を用いているので，計測等が傾いていたり，ぐらついたりすると正しい試験結果が得られません．

ショア硬さ試験をはじめとする現状の反発硬さ試験は，比較的圧子の運動エネルギーが大きいため，試料が薄かったり小さい場合には，圧子の運動エネルギーが振動エネルギーとして消費されて，誤差の原因となります．このような試料の質量による影響を，「質量効果」と呼んでいます．試料が薄かったり小さい場合には，試料を大きな定盤に十分密着させて試験する必要があります．

また JIS B 7731 ショア硬さ基準片規格では，基準値を，ビッカース硬さからの換算により求めることになっています．日本でショア硬さ試験の人気が根強いのは，この方法

の成功によるところが大きいと考えられます．この試験機は質量効果が大きいので，必ず JIS の試験機規格に定められた機枠上で基準片の測定を行います．ロックウェル同様に，アンビルや試料の裏面には細心の注意が必要です．従来の反発硬さ試験に比べ，薄く，小さいものの試験が可能な「微小反発硬さ」（仮称）も，前述の等価くぼみ深さ試験同様，実用化に向けて開発が進められています[8]．

4. 正しい試験方法の選択と一般的な注意点

正しい硬さ試験を行うために最も重要なことは，試験機の荷重やくぼみ寸法測定機構に狂いはないかということです．**図8** に示すような，荷重や，測長系の検査を「直接検証」といいます．試験機は毎年定期的に専門家による「直接検証」を受けることを強くお薦めします．

直接検証で正常であると判定されても，試験機や圧子は使用により傷んでくることがあります．これを毎日，直接検証で確認することは事実上困難ですから，日常的には，「硬さ基準片」を測って，正常であるかどうかを検査します．これを「間接検証」といいます．基準片による日常管理は，試験機や圧子の状態だけでなく，試験の操作が適切であるかどうかを確認する上で重要であり，このために理想的な硬さ均一性を実現し，普遍的で信頼性の高い基準値を決定するのが，基準片メーカーの仕事です．直接検証も，間接検証も必ず JIS に従って行い，JIS によらない検査方法や基準片を，一般に適用することはできません．

4.1 試料や組織の大きさによる試験法の選択

試料内部の強さも硬さ試験の結果に影響します．一般には，圧子による押込変形の影響は，くぼみ深さの10倍くらいまで及んでいるといわれていますので[2][9]，試料が薄い場合など，試験荷重を小さくしたいところですが，一般的に荷重（くぼみ）が小さくなるほど硬さの測定結果の誤差は大きくなりがちです．したがって，試料の厚さ（測りたい表面層や膜の厚さ）の 1/10 を超えない範囲で，できるだけ大きい試験荷重を選択するのが良いということになります．各試験方法によるくぼみの深さ h は次の（1）から（6）を目安にしてください．

(1) ビッカース硬さ：$h = d/7$（d はくぼみ対角線長さ）
(2) ブリネル硬さ：$h = P/\pi \cdot D \cdot$ 硬さ値 mm（P は試験荷重 kgf，D は圧子直径 mm）
(3) HRC 硬さ：$h = 2$（100 − 硬さ値）μm
(4) HRB 硬さ：$h = 2$（130 − 硬さ値）μm
(5) HR スーパフィシャル硬さ：$h = 100 −$ 硬さ値 μm
(6) ショア硬さ　およそ 13 から $70\mu m$

金属材料においては，顕微鏡組織とくぼみの大きさのバランスを良く考えて，試験方法と荷重の大きさを選択する必要があります．例えば，鉄鋼材料の代表的な組織に，「フェライトとパーライト」という，いわゆる複合組織がありますが，全体の平均的な硬さを調べたいのであれば，ブリネルやロックウェルを，組織による硬さの違いであれば，ビッカースを選択します．このパーライトという組織

は，さらに軟らかいフェライトと硬いセメンタイトが層状に積重なったような構造をしているので，このような微細な組織の硬さの弁別なら，マイクロビッカースやナノインデンテーションを選択する必要があります．

4.2 くぼみの間隔と試料の形状寸法

くぼみとくぼみの間隔も重要です．一般に，くぼみの周辺は加工硬化を生じていますので，くぼみの直径（または対角線長さ）の3倍から4倍くらいの中心間距離をとる必要があります．試料の端とくぼみの間隔も，くぼみの大きさの2.5倍以上あける必要があります．先ほどの図5のビッカースのくぼみを見ると，くぼみ間隔が不足している左から2番目のくぼみは，隣の大きなくぼみによる加工硬化の影響を受けている疑いがあります．

径の小さい試料の端面や，うす肉のパイプの断面の硬さ試験に，大荷重のブリネルやロックウェル硬さを指定したり，薄物の試験にショア硬さを指定すると，誤った結果しか得られません．背が高くバランスのとりにくい試料や，長くてアンビルから大きくはみ出すような試料なども，不注意に試験すると試験機や圧子を壊す恐れがあります．このような試料専用の治具が用意されている場合があるので，試験機メーカーに確認してください．

4.3 硬さの換算表

多様な材料を，幾つかの異なる試験法で試験した結果を並べてみると，試験法によって硬軟の序列が微妙に変わってくる理由も，硬さの決め方の違いによるものです．例えば，図9に示したように，差分深さΔhが同じでも，$h_{\max}$が異なる2つの材料の場合，Δhから求めるロックウェル硬さと，$h_{\max}$から求めるマルテンス硬さでは，硬軟の順番が変わってしまうでしょう．著者も，硬さの換算表を目にしない日はありませんが，目安にするだけで，これを当てにしてデータを出すようなことはいたしません．

4.4 くぼみの見え方

くぼみは立体形状をしているので，使用する光学系や照明によって，コントラストが変化します．大抵の顕微鏡には落射照明系が用いられていますので，試料表面への入射光は，光軸にほぼ平行になります．試料表面からの反射光はそのまま対物レンズに入りますが，くぼみの中からの反射光は，くぼみの形状に応じて傾きます．このとき分解能の高い対物レンズの場合，大きく傾いた反射光も対物レンズに入りやすくなるので，くぼみの中も明るく見えてしまい，くぼみ像のコントラストが低下しがちで，試料の表面とくぼみの境目を見誤ることがあります．高分解能のレンズの方がくぼみがくっきりしないというのは皮肉なことですが，対角線長さの測定に不安があるときは，照明の方法や明るさ，開口絞りにも注意してみてください[10]．

5. ま と め

よく硬さは曖昧だという話を耳にしますが，それはわれわれがいろいろな材料の強度特性を表現するために，感覚的で多様な概念を「硬さ」という，たった一言に盛り込も

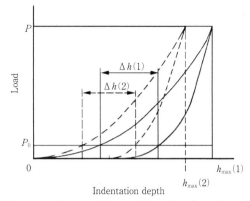

図9 定義の違いによる異なる試料間の硬さの大小関係の変化

うとしているからではないでしょうか．例えばよく引き合いに出されるように，ゴムと金属では，実際には異なる定義による「硬さ」を議論しているはずです．このように考えてみると，少なくとも定義さえはっきりしていれば，硬さも正しく試験することができると考えています．

昨今は不確かさやトレーサビリティなどが重要視されていますが，それは日本の工業技術の優秀性を示す指標であるものの，これに頼っているだけでは優秀な技術を生み出すことはできません．また，海外の規格の中には，首を傾げるような規定が散見されますが，硬さ試験の専門家は，このような流れを気にかけながらも，正しい硬さ試験の有効利用を最優先に，限られた力を集中し，使いやすく信頼性の高い硬さ試験の環境の提供に努めていく必要があると考えています．本稿をまとめるに当たっては，本学会，ならびに日本材料試験技術協会「新しい硬さ試験・研究部会」の先生方にお力添えをいただきましたことを申し添えて，本稿の結びとさせていただきます．

なお，硬さの相似則，くぼみの投影面積などの重要なキーワード[2]や，新しい試験法である等価くぼみ深さ試験[3,7]と微小反発硬さ試験[8]，ならびに硬さ基準片[4]の詳細については，参考文献をご覧ください．

参 考 文 献

1) 例えば，吉澤武男 編：硬さ試験法とその応用，裳華房，(1967)
   1. 寺澤正男：硬さのおはなし，日本規格協会，(2001) 5.
2) D. Tabor：CLARENDON PRESS-OXFORD, (1951, 2000 再版)
   および The Hardness of Metals 日本語版（訳 山本卓）山本科学工具研究社，(2006).
3) 山本卓，山本正之，宮原健介，石橋達弥：材料試験技術，**53**, 2 (2008) 134.
4) 山本卓：材料試験技術，**54**, 2 (2009) 131.
5) 服部浩一郎，宮原健介，山本卓：材料試験技術，**49**, 4 (2004) 223.
6) W.C. Oliver and G.M. Pharr：J. Mater. Res., **7**, 6 (1992) 64.
7) 山本卓：材料試験技術，**52**, 2 (2007) 81.
8) 中村雅勇，牧清二郎，笹本浩司：材料試験技術，**32**, 1 (1987) 23.
9) 中村雅勇：硬さ試験の理論とその利用法，工業調査会，(2007).
10) 山本普，山本卓：材料試験技術，**32**, 3 (1987) 248.

はじめての精密工学

品質機能展開ツール

Tool of Quality Function Deployment/Tadashi OHFUJI

玉川大学　大藤　正

1. 品質機能展開とは

　品質機能展開[1]（QFD：quality function deployment）の研究は 1996 年ごろから始まり，すでに第 3 世代に突入している．第 1 世代の QFD は工程での品質保証項目から設計段階での品質保証を考える研究であった．その後，第 2 世代の QFD は市場の要求を技術的特性に変換し，市場の要求に対して企画品質を設定し，設計品質を設定するという品質表[2]を中心とした研究である．

　そして，第 3 世代の QFD[3]は e7-QFD（evolution7-QFD）である．e7-QFD とは，品質保証のための QFD（Quality Assurance-QFD），狭義の品質機能展開といわれた業務機能展開（Job Function-QFD）に加え，問題解決や課題達成のためにタグチメソッドや TRIZ と融合した QFD（Taguchi method and TRIZ-QFD），統計的方法と融合した QFD（Statistical-QFD），ブルーオーシャン戦略を含めた開発のための QFD（Blue Ocean Strategy-QFD），情報技術と QFD をリンクしたリアルタイムなデータベースとしての QFD（Real time Database-QFD），持続可能な品質マネジメントシステムとしての QFD（Sustainable-QFD）の 7 つのことである．

2. 第 1 世代の QFD

　QFD の考え方は品質管理の分野では有名な特性要因図である．特性要因図とはフィッシュ・ボーン（魚の骨）もしくはイシカワ・ダイヤグラムと呼ばれているが，結果の特性と，結果に影響する要因との関係を示した図のことである．

　当時の品質管理では，一つの特性を取り上げ，この特性に影響する要因を抽出して，その要因を一つひとつ潰していくという地道な活動が主流であった．品質管理の導入時は生産された製品の良し悪しを判定し，不適合品を流出させないという検査主体の活動であったが，1960 年代ごろから工程で品質を作り込むという活動に変わり，工程での保証項目が話題となっていた．

　そこで，世の中に保証しなければならない品質特性と，この品質特性に影響すると考えられる，生産工程で管理できる項目との関係を把握することに力を注いだのである．この活動が工程保証項目一覧表の考え方でタイヤメーカーから提案されたものである．

　しかし，工程での品質保証は製造部門の努力によるもの

であり，製造がいかに努力しても確実な品質保証を実現することはできない．それは，設計が良くなければ製造では限界があるということである．そこで第 2 世代の QD である品質表と呼ばれるツールが登場することになるが，第 1 世代の QFD は**図 1**に示すような二元表の考え方である．

　この図 1 では，射出成形品の生産工程で制御可能な要因と，製品として必要な品質特性との二元表を示している．品質管理が日本に導入され，適合品質を向上させる活動として，重要な品質特性を取り上げ，生産工程で制御可能な要因について実験計画法などの統計的方法を駆使して改善を進めた．

　しかし，特性要因図で取り上げられる品質特性は 1 つで

品質特性＼工程要因	落下強度	形状安定性	表面平滑度	耐熱温度	硬度	耐衝撃性	…
金型保持時間	◎	◎		○			
背圧	◎		○				
注入スピード				○		◎	
樹脂注入量		◎			○		
原材料配合比			◎				
樹脂溶解温度				○	○		
︙							

図 1　射出成形品の品質特性と工程制御要因

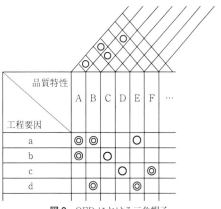

品質特性＼工程要因	A	B	C	D	E	F	…
a	◎	◎		○			
b	◎		○				
c						◎	
d				◎	◎		

図 2　QFD における三角帽子

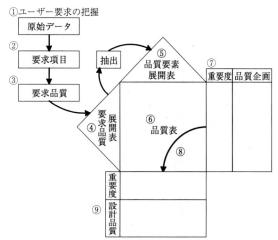

①ユーザー要求の把握

②

③

④

⑤品質要素展開表

⑥品質表

⑦重要度 品質企画

⑧

⑨重要度 設計品質

図3 一般的な品質表の作成手順と構成

あり，考えられる要因は多くある．そこで図1に示すような二元表が考えられた．特性要因図の品質特性が変わっても，生産工程で制御できる要因は，それほど変わらないのである．

さらに，**図2**に示すように，品質特性間の関係を示す三角帽子と呼んでいる表を作成することがなされている．このことにより，ある品質特性を向上したことによって，他の品質特性が低下してしまうというような失敗を事前に防ぐことを可能にした．

3．第2世代のQFD

第2世代のQFDは重工業メーカーから提案された品質表と呼ばれる二元表を主体とした活動である．この二元表は図1に示した左側に市場の要求する品質を展開表としたものである．そして，この二元表の右側に企画品質設定表を，下側に設計品質設定表を配備することによって，ベンチマーク活動ができるようにした．この全体的な活動手順を概念図に示したものが図3である．

図1に示した二元表は狙いの品質である設計品質通りの物を生産する場合に有効なツールであるが，製造側主導のプロダクト・アウトの製品になりかねない．そこで，まず市場の要求（VOC：voice of customer）を原始データとして収集することから活動を始めることが提唱された．これはマーケット・インと呼ばれている．

図3のQFDでは，まず始めに市場に出向いて顧客の生の声を聞き，そのような言語で表される要求から品質面の要求に変換する．この品質面の要求は要求品質と呼ばれるが，抽象度の高い言葉から具体的な言葉までが混在するので，親和図法を用いて要求品質を階層構造化する．この階層構造化したものを展開表と呼ぶ．

展開表は新QC七つ道具の系統図を表形式に書き換えたものである．系統図の作図に比べ，展開表の作表は表計算ソフトを使用すれば容易であること，二元表の作成にも取り扱いが容易であることから広く使われている．

市場の要求する品質を展開表にすることは，情報の可視化であり，次元の異なる他の展開表との比較を容易にしてくれる．図3に示した⑥品質表は市場の世界と技術者の世界の橋渡しをしてくれる．お客の言葉を技術者の言葉に変換してくれるのである．この一例を図4に示す．

図4は図3の④⑤⑥の部分に相当する．④の部分は要求品質展開表であり，100円ライターに対する顧客要求を抽象的な言葉から具体的な言葉まで階層化した表である．⑤の部分は品質要素展開表であり，100円ライターに対する技術者が設計しなければならない特性を言葉で階層構造化している．⑥の部分は顧客の要求と技術者の考えている特性との対応関係を◎○△で示し，◎は強い対応があることを，○は対応があることを，△は対応が予想されることを示している．このセルの部分には◎○△の記号を付す方法もあるが，顧客の要求を実現するには品質特性がどのような値であることが必要かを数値で表す方法もある．

そして，⑦の部分は企画品質設定表と呼ばれ，顧客の要求の程度を調査し，5段階で表示する．さらに，同業他社を含めて，各要求品質に対する現状製品の充足度も調査して，自社・他社の比較をして企画品質を設定する．これは後にベンチマーキングと呼ばれるようになったが，自社の現状のポジションが明確になる．企画品質設定表にまとめられた数値を用いて因子分析を行うことによって，製品のポジショニング分析に応用することもできる．

⑧の部分は重要度の変換を示している．品質表の対応関係を示す◎○△を，それぞれ5，3，1と数値化し，各要求品質の重要度を掛けて，縦に合計することによって，品質要素の重要度を求めることができる．

さらに，要求品質展開表に対応して企画品質設定表を配備したように，品質要素展開表に対応して設計品質設定表を配備することもできる．図3の⑨が設計品質設定表と呼ばれる部分である．米国から導入された品質管理は，設計品質が設定されている状態で，製造品質を設計品質に合致させる管理の考え方であり，設計品質の管理方法が示されているわけではなかった．図3の考え方は設計品質をどのように設定すべきかを示したものであるといえる．

これら一連の図3に示した流れの例を図5に示す．ただし，**図5**では要求品質展開表と品質要素展開表は最上位の項目で切り出している．要求品質や品質要素の展開表を作成する意義はここにもある．展開表という階層構造化することによって，品質表の取扱いを容易にしているのである．

4．第3世代のQFD

1990年代はスピードの時代や，俊敏の時代と言われ，情報の伝達スピードが飛躍的に速くなった．このころからQFDも新たな時代を迎え，さまざまな場面に応用されるようになった．2000年代の当初にはナレッジ・マネジメントも提唱され，世の中は「知」のマネジメントを求めるようになった．

QFDも知のマネジメントに対応してデータベースとし

図4 要求品質展開表と品質要素展開表の二元表

要求品質展開表 1次	2次	3次	着火圧力	一発着火率	着火温度	炎の高さ	耐水密閉度	消火風力	炎量安定時間	炎量調整度	連続使用時間	発火防止性	耐熱温度	使用可能期間
（品質要素展開表）1次			着火性									安心性		
2次			着火容易性		着火安心性			炎安定性			保存安定性			
確実に着火する	簡単に着火する	片手で火がつけられる	◎	◎				○		○				
		ワンタッチで着火する		◎							○			
		軽いタッチで着火する	◎						○					
	どこでも着火する	雨の中でも着火する			○		◎	○						
		寒いところでも着火する							◎				◎	
		強風の中でも着火する					○	◎	○					
使いやすい	安心して使える	炎が調整できる								◎				
		炎が安定している				◎		○	○					
		長い間炎をつけられる						○				○	○	○

図5 一般的な品質表の例

要求品質展開表 ＼ 品質要素展開表	着火容易性	着火安定性	炎安定性	保存安定性	使用耐久性	魅力度	外形寸法	要求品質重要度	自社	X社	Y社	Z社	企画品質	レベル・アップ率	セールス・ポイント	絶対ウェイト	要求品質ウェイト
簡単に着火する	◎		○				○	5	4	5	3	4	5	1.2		6.0	17.1
どこでも着火する		○	◎					4	4	4	4	4	4	1.0		4.0	11.4
安心して使える	○		○	◎		○		5	3	4	3	3	5	1.6	◎	12.0	34.2
買替時期がわかる					○	○		3	3	3	3	3	3	1.0		3.0	8.5
丈夫である				○	◎			3	4	4	4	4	4	1.3		6.2	17.7
持ちやすい大きさである							◎	3	3	3	3	3	4	1.3		3.9	11.1
品質要素重要度	40	27	50	37	29	30	42								合計	35.1	
品質要素ウェイト	188.1	136.8	21.9	224.1	114.0	145.1	159.9										

対応関係　◎5：強い対応　○3：対応　△1：対応が予想
セールス・ポイント　◎：1.5　○：1.2

ての使われ方が主流になった．というのも QFD は品質情報のデータベースという側面が当初からあったのである．ただし，情報に階層構造をもたせているという点と，情報を一元的に展開するのではなく二元的に検討することによって抜け落ちを防止するという点で，他のツールにはない特長を有している．

第3世代の QFD は，冒頭に記したように e7-QFD という7つの内容にまとめられる．当初の QFD は QA-QFD と JOB-QFD の2つであった．これは当時は品質展開と狭義の品質機能展開と称されていたが，対象製品の品質ネットワークと品質を実現する業務のネットワークであった．その後，QFD の原理を考察した結果，細分化と統合化，多元化と可視化，全体化と部分化という3つの原理に集約され，この3つの原理を活用することを推奨した結果，さまざまな QFD の展開の仕方が出てきたのである．

それは，タグチメソッドや TRIZ との連携で QFD を利用する TT-QFD や新事業を検討するブルーオーシャン戦略との連携で QFD を考える BOS-QFD，持続可能な成長のためのシステムとしての SUS-QFD などである．ここでは紙面の関係もあり，また精密工学の分野で利用可能な側面も考慮して，データベースとして QFD を考える Rdb-QFD と，統計的方法との連携を考えた STAT-QFD について説明する．

Rdb-QFD とは，リアルタイムに収集すべき品質情報を明らかにして，データベースを構築し，この収集したデータを解析し，品質管理活動に役立てる考え方である．そして，STAT-QFD とは，収集した品質情報を統計的品質管理において多用されている，実験計画法による分散分析や多変量解析によるポジショニング分析にリンクしたソフトを活用して，品質管理活動に役立てる考え方である．

5. 品質情報データベースとしての QFD

図1に示した二元表も，図4に示した二元表も，図5に示した企画品質設定表も，すべて品質情報を可視化したものである．これらの展開表に記述された内容も二元表の中に記述された対応関係も，当該企業の技術の結晶でもある．

一方で，IT 関係も進歩し，コンピュータの演算スピードが速くなり，メモリーが廉価になり，容量もメガ，ギガ，テラと1000倍ずつ多量になり，2009年時点で1テラが1万円という価格である．通信系の携帯電話も GPS を利用した世界ネットが無線 LAN を用いて利用可能である．

このような時代を背景として1996年に Rdb-QFD 構想

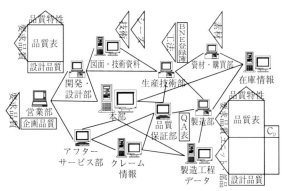

図6　Rdb-QFD の概念図

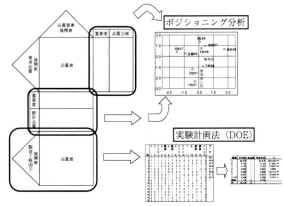

図7　品質表データ解析の概念図

を提案した．当時の概念図を**図6**に示す．

この構想は設計者が設計図に設計値とその公差を入力する時点で，社内のコンピュータに蓄積されている情報をリアルタイムに活用して，設計の精度向上に役立てるシステムである．

このシステムはダッソー・システムズ社で提唱しているPLM（product lifecycle management）の考え方と近いものである．PLM は CAD や CAM による設計支援ツールとして提供している．また，建設機械を提供しているコマツのコムトラックスというシステムも同様な考え方を実現したものと考えられる．

6. 統計的方法とリンクした QFD

統計的方法に関する解析ソフトは SPSS を始め，SAS，ミニタブ，StatWorks などがある．新製品の開発や現存製品の改良には試作や実験は不可欠であり，このために収集したデータをそのまま解析できるソフトが必要である．

QFD は一種のデータベースであり，このデータを解析する必要がある．そこで，図5に示した品質表から直接統計解析ができるようなツールを考案し，StatWorks という名称のソフトウエアに組み込んだ．このソフトは日本科学技術研修所で販売しており，このソフトにおける統計解析と QFD の関係の概念図を**図7**に示す．

このソフトウエアでは，品質表を作成することは当然として，図5に示した企画品質設定表のデータをドラッグするだけでポジショニング分析ができる．ポジショニング分析には主観的ポジショニングと客観的ポジショニングがあるが，因子分析や主成分分析を用いた分析は客観的ポジショニングである．

StatWorks によるポジショニング分析では，企画品質設定表の要求品質を変数とし，各社をサンプルとし，充足度をデータに因子分析か主成分分析が選べるようにプログラミングされている．そして，分析結果の変数の空間布置から軸の解釈を行い，この空間に各社の製品が布置されることになる．

また，図1に示した二元表から品質特性をクリックして選択すると，選択した品質特性に関係する製造工程での制御可能要因の一覧表が表示される．この要因の中から実験したい要因を選択すると一元配置法，二元配置法，直交表などの実験計画法にリンクされ，実験結果のデータを入力すれば分散分析結果が瞬時に表示される．

StatWorks は市販の表計算ソフトのデータもほぼそのまま利用が可能であり，扱いやすいソフトである．そして，ソフト全体では品質管理で多用されている統計的方法のほとんどが網羅されている，という点でも便利なソフトである．

7. 役立つツール

世の中に役立たないツールはない．しかし，その目的が明確なツールと，目的を利用者が考えなければならないツールがある．言葉を変えればツールの利用者が目的を達成できるようにツールを作らなければならない．

コンピュータは目的が明確ではないツールの1つである．使用目的は使用者が考えなければならない．コンピュータを計算機にすることも，ゲーム機にすることも，ワードプロセッサーにすることも，仕事をしていると見せかける衝立にすることもできる．

品質機能展開というツールも同様なツールであり，このツールを利用する場合には，利用者が目的を考え，目的を短時間で達成できるように構成を考える必要がある．市場の要求を一覧にする必要があれば，要求品質展開表が必要であり，他にも機能展開表，機構展開表，ユニット・部品展開表，シーズ展開表，コスト展開表，工法展開表，技術展開表，用途展開表，工程展開表，不具合展開表，FT 展開表，FM 展開表，構造因子展開表，製造制御因子展開表，業務機能展開表，保証項目展開表，方策展開表，目標展開表，計測機器展開表などが作成され，活用されている．

参 考 文 献

1) 赤尾洋二：品質機能展開マニュアル1　品質展開入門，日科技連出版社，（1991）．
2) 大藤正，小野道照，赤尾洋二：品質機能展開マニュアル2　品質展開法（1），日科技連出版社，（1990）．
3) 永井一志，大藤正：第3世代の QFD，日科技連出版社，（2008）．

はじめての 精密工学

微小空間を利用する化学分析

Chemical Analysis Using Micro Space/Hizuru NAKAJIMA, Katsumi UCHIYAMA and Toshihiko IMATO

首都大学東京大学院　**中嶋　秀，内山一美**
九州大学大学院　**今任稔彦**

1. 緒　　　言

　マイクロ化学システム（μTAS）は，ガラスやプラスチックの基板（マイクロチップ）上に，深さ～100 μm 程度の微細な流路（マイクロチャネル）を作製し，混合・反応・分離などのさまざまな単位化学操作を集積化したものである[1]～[5]．本法では，マイクロチャネルという微小空間が提供する物理的特徴（短い分子拡散距離，大きな比界面積，小さな熱容量）と微小流体の特徴（多相流形成）により，高速・高効率な化学プロセスが期待できるので，分析化学のみならず生化学，有機合成，化学工学など多くの科学分野へ応用されている[6]．著者らはこれまでに，上記の物理的特徴に加え，機能性分子のもつ化学的な機能を積極的に活用することにより，多彩な化学分析システムを構築してきた．

　本稿では，マイクロ化学分析の特徴および著者らがこれまでに開発してきたマイクロ空間を利用する化学分析法を紹介する．

2. マイクロ化学分析の特徴

　マイクロ化学分析の最大の特徴は，微小反応場を利用することによるサイズ効果である．**表1**に反応場のサイズと，それに起因する化学的効果を示す．

　一辺の長さが 1 mm，10 μm，0.1 μm と，順に 1/100 ずつ小さい立方体を考える．これらの立方体の体積はそれぞれ 1 μL（10^{-6}L），1 pL（10^{-12}L），1 aL（アトリットルと読み，10^{-18}L）と計算される．自明なように 1 辺の長さが 1/100 になると，体積はその三乗に比例して小さくなる（すなわち 1/1000000）になる．この中に例えば 1 mM のグルコース溶液を入れたとしよう．これら立方体に含まれるグルコースの分子数は，体積と同様に 1/1000000 倍となり，それぞれ $6×10^{14}$，$6×10^8$，$6×10^2$ 個となる．0.1 μm の箱の中では数百個のグルコースしか存在しないのであ

表1　サイズ効果と反応場としての特性

長さ	体積	分子数（1 mM）	拡散時間	表面の寄与
1-mm	1-μL	$6×10^{14}$	8.5-分	1
10-μm	1-pL	$6×10^8$	50-m 秒	10000
0.1-μm	1-aL	$6×10^2$	5-μ 秒	10^8

る．一方，箱の中にある分子から見ると，周りは壁だらけである．壁面の寄与は一辺の長さの二乗に比例して大きくなる．同様に，箱の端から端まで拡散によって移動するときに要する時間（拡散時間）は長さの二乗に比例して小さくなる．1 mm を拡散するには約 8.5 分を要するが，10 μm の箱ではわずか 50 ms，さらに 0.1 μm では 5 μ 秒である．したがって，壁面に酵素や抗体などを固定化しておき，溶液中にある抗原や基質を補足・反応するようにしておくと，箱のサイズが小さければ小さいほど反応が迅速に進行する．この迅速化の割合は一辺の長さの二乗に比例する．一辺の長さが 1 mm の四角い試験管を用いて不均一反応（例えば壁面に付着した酵素と溶液中の基質反応）に 5 時間を要したとすると，一辺が 10 μm の試験管を使えば，5×60×60×（1/10000）秒＝1.8 秒で反応が完結することになる．実際には拡散現象がランダムな過程であるのですべての反応が完結するにはそれ以上の時間を要するのではあるが，反応が極めて迅速に進むことがわかる．一方，サイズ効果を発揮するために反応場を小さくすると，分子数が劇的に減少し，反応生成物も極微量となるため，検出が極めて困難となる．このため，このような極微量物質を検出するためには，レーザー誘起蛍光法や顕微熱レンズ分光法などのような高感度検出法を用いるか，多数のマイクロチップを用いて生成物を合流させ，通常のサイズとした後測定する必要がある．これらの特徴をうまく利用すると，高感度で，迅速，高機能な計測が実現できる．以下に著者らの行ってきたいくつかの研究例を示す．

3. マイクロチップの作製方法

　マイクロ化学分析法では，シリコンやガラスに幅数～数百 μm，深さ数～数十 μm の溝を形成してマイクロ流路を作製しこれを反応，分離，検出などの一連の分析に供する．マイクロ化学分析を行うにはマイクロ化学チップを作製する必要がある．マイクロチップの代表的な作製は，1）リソグラフィーによるパターン作製，2）エッチングによる溝の作製，3）成形された基板同士を貼り合わせるボンディング（接合）の工程からなる．

　リソグラフィーのプロセスでは，まず洗浄した被加工物に，フォトレジストを，スピンコーターを用いて一定膜厚に塗布する．スピンコーターの回転数と回転時間，レジストの粘度，濃度により膜厚が定まる．次に目的のパターン

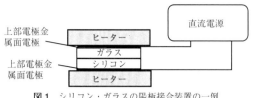

図1 シリコン・ガラスの陽極接合装置の一例

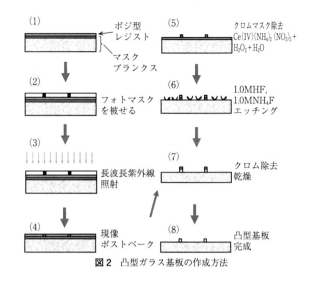

図2 凸型ガラス基板の作成方法

を露光によりレジストに転写する．通常は紫外光を用いることが多いが，高い解像度を得るためには波長の短いX線や真空紫外光，電子線などを用いる．レジストには，照射光によりレジスト中の高分子を架橋し不溶性にするタイプ（ネガティブレジスト）と，逆にレジスト中の分子を切断し，溶解するもの（ポジティブレジスト）の2種類がある．ネガティブレジストでは現像工程で照射光が当たった部分が残り，それ以外は溶解除去され，ポジティブレジストではその逆となる．フォトマスクを用いて転写する場合，得られるパターンが逆転するので注意が必要である．

　次にレジストのパターンをエッチングにより加工する．電子回路などの微細加工では必要とされるエッチング深さが数 μm 以下のことが多いためドライエッチングが主流であるが，マイクロ化学チップでは，必要な深さが数～数百 μm と大きく，特殊な形状の場合もあるため，ウェットエッチングもよく用いられる．ドライエッチングでは反応性の高いガス，ラジカル，イオンが基板材料と化学反応して材料を除去するか，反応性の低いイオンや原子を加速して基板に衝突させて物理的に材料を除去する．反応性ガスを用いる場合は等方的にエッチングが進むことが多く，イオンビームを衝突させる方法では異方的にエッチングが進む．ウェットエッチングではフッ化水素酸，硝酸などにより材料を化学的に溶解除去するもので，ガラスやアモルファス状シリコンでは等方的にエッチングが進む．また，シリコンのように結晶の方位によってエッチング速度が異なるものでは異方的エッチングも可能である．

　以上の工程で基板に微細の溝がついた基板が得られるが，このままではマイクロ流路とはならない．ボンディング（接合）により溝付き基板ともう一枚の基板を貼り合わせ，両者の間に流路を形成する．接合には接着剤などの中間層を用いる場合と，直接基板同士を接合する方法がある．化学分析に用いる場合は基板同士を直接接合するのが望ましい．直接接合するにはさまざまな方法があるが，ガラス，セラミックス，高分子などの材料では，ガラス転移点以上に加熱し，圧力印加により界面付近のみを融解し，接合することが可能である．シリコンとガラスを接合する場合は陽極接合法がある．図1に陽極接合法の装置図の一例を示す．陽極接合装置はヒーターと直流電源から構成される．

4. 高分子マイクロチップを用いる
キャピラリー電気泳動[7]～[9]

　マイクロチップを利用した分離法は，クロマトグラフィー，電気泳動，液・液あるいは固・液抽出など多岐にわたるが，なかでもマイクロチップ上に作製したマイクロチャネル中で電気泳動を行うマイクロチップ電気泳動は，従来のキャピラリー電気泳動（CE）の有する特徴（超微量，高分解能）に加え，高速分離という利点を兼ね備えており，μTAS における一大分野となっている．CE は，微細な流路の両端に高電圧を印加し，試料分子の電気泳動移動度の違いにより分離する方法で極めて高い分離能をもつことが知られている．

　マイクロチップを CE に応用した例は数多く報告されているが，そのほとんどはガラス製のマイクロチップである．ガラス製マイクロチップは光学的に透明，堅牢などの利点を有する反面，チャネルチップとカバーチップの接合が難しく，低コスト化が困難である．

　そこで，著者らは高分子の *in situ* 重合法を用いてマイクロチップを作製する方法を考案した．まず，チャネルチップの鋳型となる凸型ガラス基板をフォトリソグラフィー・化学エッチング法により作製した．図2に凸型マイクロチャネルの作成方法を示した．基板にはクロムが50 nm の厚さで蒸着されたマスクブランクスを用いた．ここにポジ型フォトレジストをスピンコートし，フォトマスクを被せ紫外線露光した．現像により不要のレジストを除去後，パターン以外のクロムマスクを除去し，ガラス面を露出させ，フッ化水素酸により流路パターン以外の部分をエッチングした．その後フォトマスク，クロムを除去し，テンプレートとなる凸型マイクロチャネルを作製した．この基板上に触媒を添加した不飽和ポリエステルモノマーを注ぎ，室温で重合させ，凹型のマイクロチャネルチップを作製した．一方，スライドガラス上に，液溜め用のシリコン

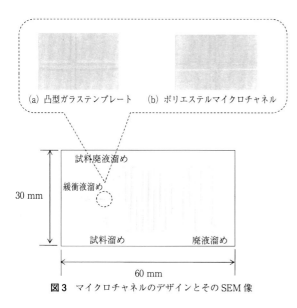

(a) 凸型ガラステンプレート　(b) ポリエステルマイクロチャネル

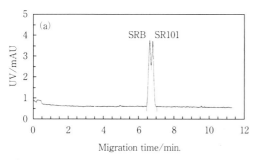

30 mm

試料廃液溜め

緩衝液溜め

試料溜め　　　　　　廃液溜め

60 mm

図3　マイクロチャネルのデザインとそのSEM像

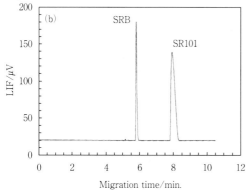

図4　スルフォローダミンB（SRB），スルフォローダミン101（SR101）のエレクトロフェログラム，上：溶融シリカキャピラリー，下：10-undecen-1-ol 修飾ポリエステルマイクロチップ

ゴムおよび検出窓用のカバーガラスを固定し，同様にしてポリエステル製カバーチップを作製した．モノマーが80%程度重合した後，両者を基板から剥離して張り合わせ，24時間放置してマイクロチップを作製した．**図3**に作製したマイクロチップのデザインと試料導入部付近のSEM画像を示す．ガラス製のマイクロチップではチャネ

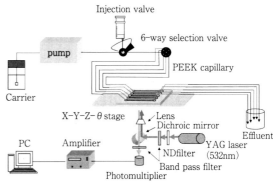

図5　マイクロチップを用いたフローイムノアッセイシステム

ルチップとカバーチップの接合の再現性が悪いが，本高分子マイクロチップでは重合途中のチップどうしを重ね合わせるだけで容易に接合でき，その再現性は極めて良好である．作製したマイクロチップの分離能を，通常の溶融シリカキャピラリーを用いた電気泳動法と比較したところ，マイクロチップの方が約10倍高い理論段数が得られた．これはマイクロチップでは極めて微量の試料導入が可能であり，試料ゾーンの長さが極めて短いためと考えられる．

　高分子マイクロチップは重合時に適当な機能性分子を添加することにより，マイクロチャネル表面に機能性分子を発現させることができるので，この機能性分子と分離対象成分との相互作用を利用したキャピラリー電気クロマトグラフィー（CEC）が可能である．著者らは不飽和ポリエステルにクロスリンカーとして 10-undecen-1-ol を添加したマイクロチップを作製し，CEC を試みた．**図4**に溶融シリカキャピラリーと本マイクロチップにおける分離の比較を示す．溶融シリカキャピラリーでは分離が不十分であったが，マイクロチャネル内壁を利用した CEC により完全分離を達成できた．

5. マイクロチップを用いる
フローイムノアッセイ[10]～[12]

　酵素免疫測定法（ELISA）に代表される免疫測定法（イムノアッセイ）は，選択性，感度の点から優れた分析法であり，医療検査や環境分析などの分野で広く利用されている．ELISA は，極めて高い感度と選択性があるが，測定に長時間を要し，B/F 分離や洗浄，試料や試薬の導入など多くの煩雑な操作が必要であるので，分析の迅速化，自動化が望まれている．マイクロチャネルにおいては，その短い分子拡散距離と大きな比界面積により免疫反応が高効率に進行する．また，フローインジェクション分析（FIA）法やシークエンシャルインジェクション（SI）法などの流れ系を利用する分析法は，従来，バッチ系で行われていた分析法の自動化に有用であるとともに，再現性の点で優れている．

図6 ELISA のための PDMS マイクロチップの外観

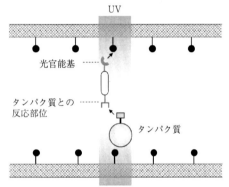

図7 光化学修飾の原理図

そこで，著者らはマイクロチップを用いるフローイムノアッセイ法を開発した．**図5**および**図6**にフローシステムとマイクロチップを示す．

マイクロチップには安価で作製の容易なポリジメチルシロキサン（PDMS）製のものを用い，マイクロチャネルは幅 1 mm，長さ 40 mm，深さ 20 μm のものを使用した．モデル試料としてイムノグロブリン A（IgA）を用い，サンドイッチ ELISA 法により評価を行った．あらかじめチャネル内壁に抗 IgA 抗体を物理吸着させたマイクロチップに，ブロッキング試薬として牛血清アルブミン（BSA），IgA，西洋ワサビペルオキシダーゼ（HRP）標識抗 IgA 抗体，および Amplex® Red 溶液を順次 10 μL のサンプルループを有するインジェクターから注入した．この操作で進行する免疫反応と酵素反応の反応時間はキャリヤー溶液の流量により制御し，検出はレーザー誘起蛍光法により行った．従来の 96 穴マイクロプレートを用いる方法では測定に 150 分を要するが，本法では 10 分以内に測定可能であり，ELISA の迅速化を達成できた．また，試薬量も 1/10 に削減することができた．

6. マイクロチャネルの多機能集積化 [12]〜[17]

マイクロチャネル内の特定の位置に機能性分子を位置選択的に固定化し，多種類の化学機能を集積化できれば，マルチ機能を有する多彩な化学システムを構築できる．マイクロチャネル表面に機能性分子を固定化する方法として

は，物理吸着を利用する方法や化学修飾による方法があるが，位置選択的な固定化は不可能である．

そこで，著者らは光化学反応を利用したマイクロチャネルの位置選択的化学修飾法を開発した．これは，**図7**に示すように，一方に光反応部位を，他方に機能性分子（酵素や抗体などのタンパク質）との反応部位を有する光架橋剤を用いて，あらかじめ光反応部位を有する機能性分子を調製しておき，これをチャネル内に導入して外部から紫外光を照射することにより，機能性分子をチャネル表面に位置選択的に固定化するものである．

本固定化法によりマイクロチャネル内にグルコースオキシダーゼ（GOD）と HRP を固定化し，グルコース測定用のマイクロチップを作製した．マイクロチップは PDMS 製のものを使用し，マイクロチャネルは幅 1 mm，長さ 40 mm，深さ 20 μm のものを用いた．まず，光架橋剤である 4-azido-2，3，5，6-tetra fluorobenzoic acid succinimidyl ester（ATFB-SE）と GOD のコンジュゲートを，BSA でブロッキング済みのマイクロチャネルに満たして，マイクロチャネル上流側に紫外光を照射して GOD を固定化した．次に，マイクロチャネルを洗浄後，同様にして下流側に HRP を固定化した．このように作製したマイクロチップに Amplex® Red を含むグルコース溶液を注入すると，上流の GOD 固定化部位においてグルコースが酸化されてグルコン酸と過酸化水素が生成する．下流の HRP 固定化部位においては，上流で生成した過酸化水素と試料に含まれる Amplex® Red との反応により蛍光物質であるレゾルフィンが生成する．したがって，チャネル下流部におけるレゾルフィンの蛍光強度を測定することにより，グルコースの定量が行える．作製したマイクロチップを用いてグルコースの測定を行ったところ，グルコース濃度 8〜130 μM の範囲で，グルコース濃度と蛍光強度との間に良好な直線的検量線が得られ，作製したマイクロチップを用いてグルコースの定量が可能であることが確かめられた．

7. 検出システムの集積化 [12]，[18]〜[21]

検出法は分析システムにとって最も重要となる．マイクロ化学システムのような微小空間を対象とした検出では，対象空間に含まれる検出対象の量が極微量となるため，必然的にマイクロ化学システムには超高感度な検出法が必要不可欠なものとなる．一般に，レーザー誘起蛍光法（LIF）や熱レンズ法が用いられるが，レーザーや顕微鏡などの周辺装置がマイクロチップそのものにくらべて極めて大きいため，オンサイトでの測定は事実上困難である．

そこで，著者らは発光ダイオード（LED）と光ファイバーを PDMS マイクロチップにオンチップ化し，装置全体の小型化を図った．まず，チャネルチップの鋳型となる凸型ガラス基板をフォトリソグラフィーにより作製し，倒立型顕微鏡でチャネルの検出部位を観察しながら，発光面直前まで研磨し，ショートパスフィルターを取り付けた LED と光ファイバーを，お互いが垂直になるように基板

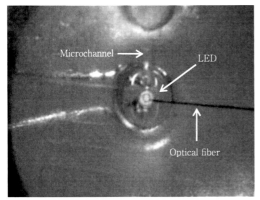

図8 LEDと光ファイバーを集積化した高分子マイクロチップ

上に固定した．この基板上に PDMS 樹脂を流し込み，室温で1晩重合させてチャネルチップを作製した．同様に，マイクロチップの液溜めに相当する部分にシリコンチューブを固定したスライドガラス上で PDMS を硬化させ，カバーチップを作製した．両者を基板から剥離した後，空気プラズマを照射し接合した．**図8** に作製したマイクロチップを示す．LED により励起された蛍光は光ファイバーによって導光され，ロングパスフィルターで励起光を除いた後に光電子増倍管で検出した．緑色 LED（最大発光波長 535 nm，半値幅 38 nm）と青色 LED（最大発光波長 475 nm，半値幅 22 nm）を用いて，電気泳動により検出システムの評価を行った．モデル試料としてスルホローダミン 101（λex 594 nm/λem 623 nm）およびフルオレセイン（λex 490 nm/λem 514 nm）を用い，これらの検量線を作成した．緑色 LED を用いたとき，スルホローダミン 101 の検量線は1～100 μM の濃度範囲で良好な直線関係を示し，検出限界は 600 nM（240 amol）（S/N＝3）であった．一方，青色 LED を用いたとき，フルオレセインの検量線は 0.2～100 μM の濃度範囲で直線関係を示し，検出限界は 120 nM（50 amol）（S/N＝3）であった．本法における検出感度を従来の顕微鏡 LIF と比較したところ，単位光量あたりではほぼ同等の検出感度が得られた．

8. 結　　　言

μTAS に関する基本的な原理と，それを用いた化学分析

法の展開を著者らの研究を中心として紹介した．化学と機械工学の垣根は今後ますます低くなり，融合する時代がそこまで来ているように思う．エネルギーギャップのあるところに進歩があるとも考えられるので，相互に研究交流することは大変有意義であろう．

参　考　文　献

1) D. Reyes, D. Iossifidis, P. Auroux and A. Manz : Anal. Chem., **74**（2002）2623-2636.
2) P. Auroux, D. Iossifidis, D. Reyes and A. Manz : Anal. Chem., **74**（2002）2637-2652.
3) T. Vilkner, D. Janasek and A. Manz : Anal. Chem., **76**（2004）3373-3386.
4) P. Dittrich, K. Tachikawa and A. Manz : Anal. Chem., **78**（2006）3887-3907.
5) J. West, M. Becker, S. Tombrink and A. Manz : Anal. Chem., **80**（2008）4403-4419.
6) マイクロ化学チップの技術と応用，化学とマイクロ・ナノシステム研究会監修，丸善，（2004）.
7) W. Xu, K. Uchiyama, T. Shimosaka and T. Hobo : Chem. Lett., **29** 762-763（2000）.
8) W. Xu, K. Uchiyama, T. Shimosaka and T. Hobo : J. Chromatogr. A, **907**（2001）279-289.
9) W. Xu, K. Uchiyama and T. Hobo : J. Chromatography, **23**（2002）131-138.
10) 中嶋秀，増田裕紀，石野智美，中釜達朗，下坂琢哉，荒井健介，吉村吉博，内山一美：分析化学，**54**（2005）817-823.
11) H. Nakajima, M. Yagi, Y. Kudo, T. Nakagama, T. Shimosaka and K. Uchiyama : Talanta, **70**（2006）122-127.
12) 中嶋秀：分析化学，**56**（2007）271-272.
13) H. Nakajima, T. Fukuda, M. Takizawa, T. Shimosaka, T. Hobo and K. Uchiyama : Trans. Mater. Res. Soc. Jpn., **29**（2004）947-950.
14) H. Nakajima, S. Ishino, H. Masuda, T. Shimosaka, T. Nakagama, T. Hobo and K. Uchiyama : Chem. Lett., **34**（2005）358-359.
15) 中嶋秀：ぶんせき，**5**（2005）258-259.
16) H. Nakajima, S. Ishino, H. Masuda, T. Nakagama, T. Shimosaka and K. Uchiyama : Anal. Chim. Acta, **562**（2006）103-109.
17) 中嶋秀：J. Flow Injection Anal., **23**（2006）123.
18) K. Uchiyama, W. Xu, J. Qiu and T. Hobo : Fresennius J. Anal. Chem., **371**（2001）209-211.
19) K. Uchiyama, H. Nakajima and T. Hobo : Anal. Bioanal. Chem., **379**（2004）375-382.
20) Y. Guo, K. Uchiyama, T. Nakagama, T. Shimosaka and T. Hobo : Electrophoresis, **26**（2005）1843-1848.
21) K. Miyaki, Y. Guo, T. Shimosaka, T. Nakagama, H. Nakajima and K. Uchiyama : Anal. Bioanal. Chem., **382**（2005）810-816.

はじめての
精密工学

基準のいらない精密測定法 多点法

Multi-point Methods for Precision Measurement/Satoshi KIYONO

精密測定研究所 清野 慧

1. は じ め に

精密測定においては，基準との比較という面が一般の測定よりも強く意識される．特に形状の精密測定では，干渉計の基準円板に代表されるように基準物体の精度が重要な役割を担っていることが多い．直線や円の正しさを測定する装置も一般に，正しい直線運動や円運動を基準にして比較測定をする．しかし，「工作機械上で加工物形状を測定したい」，「入手できる基準以上の精度で形状測定をしたい」などの要求が増えていて，それに応えるために基準となるハードウェアがいらない測定法すなわち，ソフトウェアデータムによる測定法が追求されている．

このソフトウェアデータムによる形状測定法は，反転法と多点法に大別される．被測定物の反転前後の2回の測定結果を用いて形状と走査運動の誤差を分離するのが反転法で，反転の前後で目的の形状がたわみ等で変形しないことと，2回の測定走査における走査運動誤差の繰返し性が高いことが前提となる．本稿では，ソフトウェアデータムを用いるもう一つの形状測定法，多点法について紹介する．

2. 多点法の基本的な形式

2.1 真円形状測定と多点法

真円からの偏差 $f(\theta)$（ここでは真円形状と呼ぶ）を測定するために用いられる半径法と直径法を図1(a)，(b)に示す．直交軸 x，y の原点に回転軸を有する回転テーブル上に試料円板の中心を合わせるように置いて，中心に向けて回転テーブル外に変位センサを固定する．半径法ではテーブルが回転するときのセンサの出力には試料の真円形状 $f(\theta)$ と回転軸の運動誤差，図の場合は回転中心の x 軸方向の振れ $e_x(\theta)$ が含まれる．センサの出力は定数項を除くと次式で表される．偏心の影響は剛体項（測定対象の置き方だけで変わる量）として $f(\theta)$ に含まれる．

$$m(\theta)=f(\theta)+e_x(\theta) \tag{1}$$

真円度測定機と呼ばれる装置では $e_x(\theta)$ が $f(\theta)$ に比べて十分小さいという条件を満たす．逆に，形状が既知の基準円筒や基準球を用いる軸の回転精度測定では，目的の $e_x(\theta)$ に比べて $f(\theta)$ の不明部分が十分小さいことが必要になる．そして，一方の値を求めるときに他方の影響が無視できない場合には両者を分離同定しなければならない．

この方策として両者の相対関係を固定した状態で複数のセンサ位置でのデータを用いるのが多点法である．

図1(b)の直径法は対向する2点の位置でのセンサ出力の和を取る．運動誤差の影響を受けずに θ による直径の変化 $f(\theta)+f(\theta+\pi)$ が得られ，基準のいらない測定法となる．これも一種の2点法であるが，等径ひずみ円の識別ができないため真円形状そのものは正確には分からない．

図2は2個のセンサを x 軸に関して対称な角度間隔 φ に配置した2点法を示す．センサ1，2の出力を添え字1，2で区別して表すと，次式のようになる．$e_y(\theta)$ は回転軸の y 方向の運動誤差である．

$$m_1(\theta)=f(\theta-\varphi/2)+e_x(\theta)\cos(\varphi/2)-e_y(\theta)\sin(\varphi/2) \tag{2}$$

$$m_2(\theta)=f(\theta+\varphi/2)+e_x(\theta)\cos(\varphi/2)+e_y(\theta)\sin(\varphi/2) \tag{3}$$

両センサの差動出力を $\mu_1(\theta)$ とすると，

$$\mu_1(\theta)=f(\theta+\varphi/2)-f(\theta-\varphi/2)+2e_y(\theta)\sin(\varphi/2) \tag{4}$$

となり，運動誤差 $e_x(\theta)$ が除去される．$\varphi/2$ が小さく $e_y(\theta)$ の項が無視できる場合には，真円形状について間隔 φ での差分が得られる．例えば，間隔 $\theta=k\varphi$ で採取した $\mu_1(\theta)$ から，次式のように目的の形状の漸化式を得る．

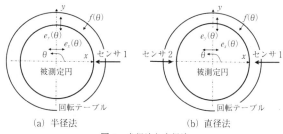

(a) 半径法 (b) 直径法

図1 半径法と直径法

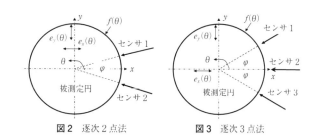

図2 逐次2点法 **図3** 逐次3点法

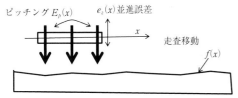

ピッチング $E_p(x)$　$e_z(x)$並進誤差

x

走査移動

$f(x)$

図4 真直形状測定の3点法

$$f(k\varphi + \varphi/2) = f(-\varphi/2) + \mu_1(k\varphi) \tag{5}$$

漸化式から $f(\theta)$ が角度間隔 φ の位置で逐次求められる。

y 方向の運動誤差成分の影響を取り除くためには，**図3** のようにセンサを一つ追加する3点法がある。このときの各センサの出力は次式で表される。

$$m_1(\theta) = f(\theta - \varphi) + e_x(\theta)\cos\varphi - e_y(\theta)\sin\varphi \tag{6}$$
$$m_2(\theta) = f(\theta) + e_x(\theta) \tag{7}$$
$$m_3(\theta) = f(\theta + \varphi) + e_x(\theta)\cos\varphi + e_y(\theta)\sin\varphi \tag{8}$$

運動誤差 $e_x(\theta)$ を消去する形の，隣り合うセンサの差動出力は次式で与えられる。

$$\mu_1(\theta) = m_1(\theta) - m_2(\theta)\cos\varphi \tag{9}$$
$$\mu_2(\theta) = m_2(\theta)\cos\kappa - m_3(\theta) \tag{10}$$

形状の2階差分に相当する $\Delta\mu(\theta)$ は，次のようになる。

$$\Delta\mu(\theta) \equiv \mu_1(\theta) - \mu_2(\theta)$$
$$= f(\theta - \varphi) - 2f(\theta)\cos\varphi + f(\theta + \varphi) \tag{11}$$

これより，漸化式として次式を得る。

$$f(\theta + \varphi) = \Delta\mu(\theta) - \{f(\theta - \varphi) - 2f(\theta)\cos\varphi\} \tag{12}$$

例えば，間隔 φ でのデータ採取を行えば，式（12）より，$\theta = 0$，$\theta = \varphi$ での $f(\theta)$ の値を初期値として $f(k\varphi)$，（$k = 2$, 3,…）が逐次計算される。$\theta = 0$ と $\theta = \varphi$ の相互関係は1回転での周期性，$f(0) = f(2\pi)$ から決まる。

運動誤差の繰返し性が高いときは，センサ1本のみで類似の効果を得ることも可能である。例えば3点法では，図3のセンサ1，2，3それぞれの位置に順に一つのセンサを置いて合計3回の走査測定をする。運動誤差の繰返し性が高いことを前提に用いられる反転法では重力の影響などで反転前後の形状変化が誤差要因になるが，センサ位置をシフトした繰返し測定による多点法ではこの弱点はない。

2.2 真直形状測定における多点法

真直形状（直線からの偏差）の測定にも真円形状と類似の方法がとられる。**図4**は真直形状の走査測定における3点法のモデルを示す。問題になる運動誤差成分は z 方向の並進誤差 $e_z(x)$ と，走査方向への傾斜誤差（ピッチング）$E_p(x)$ の2成分である。センサ出力は次式のような成分を含む。

$$m_1(x) = f(x - d) + e_z(x) - dE_p(x) \tag{13}$$
$$m_2(x) = f(x) + e_z(x) \tag{14}$$
$$m_3(x) = f(x + d) + e_z(x) + dE_p(0) \tag{15}$$

走査運動誤差成分を消去して次式の差動出力を得る。

$$\mu_1(x) = f(x + d) - f(x) + E_p(x) \tag{16}$$
$$\mu_2(x) = f(x + 2d) - f(x + d) + E_p(x) + S_0 \tag{17}$$

$$\Delta\mu(\theta) = f(x - d) - 2f(x) + f(x + d) \tag{18}$$

ピッチングを無視すると式（16），（17）でそれぞれ2点法が成立する。また，センサ位置をシフトしての繰返し測定による多点法が運動誤差の繰返し性が保証される範囲で，真円形状測定と同様に利用できる。

なお，真直形状測定に関しては，測定対象が鏡面であれば変位センサ2個による2点法の差動出力を接線の傾斜を直接検出する角度センサ1個に置き換えることができる。

3. センサ間隔とサンプリング間隔

3.1 サンプリング間隔

以上では形状関数の差分を得て，それを逐次加えていく，いわゆる逐次多点法で差分から形状を復元する方法を説明したが，逐次多点法には得られた形状がセンサ間隔の2倍以下の波長成分を表現できないというサンプリング定理の制約がある。これを避けるには，データを取得するサンプリング間隔をセンサ間隔より短くする方法がある。

例えば，2点法の差分をセンサ間隔で除して，形状関数の導関数の近似値を次式のように得ると，サンプリング間隔をステップとした積分によって形状が復元できる。

$$\frac{\Delta f(x)}{\Delta x} = \frac{\mu_1(x)}{d} \tag{19}$$

ただしこの場合，数値微分，積分の近似誤差が生じる点に注意する必要がある。

3.2 センサ間隔

多点法の差動出力にはセンサの間隔と波長の関係によって脱落してしまう成分がある。この関係を知るには，フーリエ級数を用いるのが便利である。

一般に，滑らかな形状がフーリエ級数で表現できるとすると，その形状関数の差分もフーリエ級数に展開できる。例えば，真円形状に含まれる n 次の回転成分 $f(\theta) = \cos(n\theta)$，$\sin(n\theta)$ を取り上げ3点法の式（11）に代入してみると

$$\Delta\mu(\theta) = f(\theta)2\{\cos(n\varphi) - \cos\varphi\} \tag{20}$$

となる。$\{\ \}$ 内は伝達関数と呼ばれ，センサ間隔 φ と周波数 n の関数となる。m，k を整数として $\varphi = 2\pi/m$ とすると $n = km \pm 1$ のとき伝達関数がゼロとなり，差動出力から脱落してしまうことになる。なお，2点法の一種の直径法における奇数次成分の脱落もその伝達関数から分かる。

真直形状では，全長を周期1として，式（18）に $f(x) = \cos(nx)$ を代入すると次式を得る。

$$\Delta\mu(x) = f(x)2\{\cos(nd) - 1\} \tag{21}$$

$d = 2\pi/m$ とすると n が m の整数倍，すなわち波長が d の整数分の1であれば伝達関数はゼロになり，その成分が差動出力から脱落してしまうことになる。

3点法において成分脱落の対策として，3つのセンサの間隔を不同にして抜け落ちる波長成分をできるだけ少なくする手段と，センサ間隔 φ，d を整数等分する位置にセンサを一つ追加することで内挿点を得る手段がある。前者では式（11），（18）の係数が変わり，形状を求めるためには

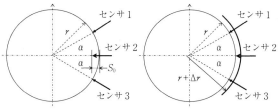

(a) ゼロ点誤差 S_0 の存在　　(b) 半径が Δr だけ変化
図5　ゼロ点誤差の影響（真円形状）

逐次加算に代わる積分手法，さらには積分以外の形状復元手段が必要になる．その一つに，差動出力をディジタルフィルタ出力とみなし上述の伝達関数を介して逆フィルタリングによって入力形状を回復する方法がある．

後の手段を採用する場合には，サンプリング間隔を内挿用センサの間隔と同じにすれば，2点法での内挿点を求めることができる．

4.　3点法におけるセンサのゼロ点誤差の影響

4.1　真円形状測定の3点法とゼロ点誤差

真円形状測定における3点法において，センサのゼロを示す位置が同一の円の上にないとき，すなわち，3つのセンサ間にゼロ点誤差があるときの現象を考える．**図5**（a）にはその3つのセンサのゼロの違いを模式的に示す．ただし，図では簡単のため3つのセンサは等間隔に配置され，その感度軸が被測定円の中心に正しく集まっているものとする．このとき，式（11）の3点法の差動出力は，

$$\Delta \mu(\theta) = f(\theta - \varphi) - 2f(\theta)\cos\varphi + f(\theta + \varphi) + 2S_0 \cos\varphi \tag{22}$$

となる．一方図5（b）のように，センサのゼロ点誤差がない状態で被測定円の半径が Δr だけ変化するとき，3点法の差動出力は次のようになる．

$$\Delta \mu(\theta) = f(\theta - \varphi) - 2f(\theta)\cos\varphi + f(\theta + \varphi) + 2(1 - \cos\varphi)\Delta r \tag{23}$$

これらより，ゼロ点誤差 S_0 は測定対象の半径が次式の Δr だけ変化したのと同等になることが分かる．

$$\Delta r = S_0 \cos\varphi (1 - \cos\varphi) \tag{24}$$

直径法を用いて平均直径が校正された円板を基準に用いてゼロ点誤差を校正すれば，3点法の結果をゲージブロックなど端器に対してトレーサブルとすることができる．

4.2　真直形状測定の3点法とゼロ点誤差

図6はゼロ点誤差の影響で形状とピッチングの測定結果に生じる傾斜の誤差と放物線誤差を示す．真円形状測定では，ゼロ点誤差が平均曲率あるいは平均半径の変化と等価であり形状への影響は表れないが，真直形状測定では平均曲率が重要な形状成分（放物線）になり，形状の評価に重大な影響をもつことが多い．このため，長尺の真直形状測定の多点法では，ゼロ点誤差校正法が種々検討されている．

4.3　ゼロ点誤差校正法[1]

3点法プローブのゼロ点校正法として，①改良型反転基

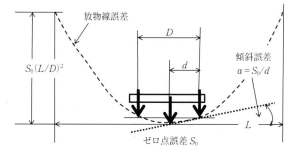

図6　ゼロ点誤差による傾斜と放物線（真直形状）

準，②幅形状基準，③3円板基準，④傾斜姿勢の両端拘束などの方法がある．

校正法①は改良型反転法で得た既知の真直基準形状をもとに放物線誤差を検出して多点法プローブのゼロ点誤差を算出する．校正法②は対向する変位センサで測定した走査方向の幅の変化（幅形状と呼ぶ）を基準に，その幅を形成する母線の両側を3点法で測定して得た幅形状に含まれる放物線誤差を検出して，ゼロ点誤差を算出する．幅基準の仲間として円筒試料を対象として，3点法プローブを2組対向させて走査し，試料を反転する方法もある．このときは，反転前後の時間経過が小さく，任意の x でのゼロ点の変化が評価できる[2]．

校正所要時間が長くなる校正法①，②では，校正済みの直規を測定システム近傍に設置するか，回転円板面にゼロ点校正結果を記録して校正結果を必要に応じて簡単に迅速に取り出す手段を用意することが必要になる．

4.3.1　3円板基準法

校正法③は一種の幅基準であるが，校正用冶具として直径差が既知の3つの円板を固定した回転軸を用いる方法である．真円形状を直径法で測定するときには，測定走査の回転軸の振れなどの影響を受けない利点がある．したがって，走査の基準を必要としない多点法のゼロ点校正用の冶具を構成する合理的な手段の一つである．

図7に校正法③原理を示す．間隔 d で配置された3つの円板の平均直径の差が校正・補正されているとする．図7（a），（b）のようにちょうど π だけ反転した2つの回転位置で3つの円板と3つのセンサの間隙を測定する．ここで，中央の円板の中心が ΔR だけ偏心して回転軸に固定されているものとする．図7（a）の場合は，3点法の出力 $m(\theta_0)$ は，

$$m(\theta_0) = m_A(\theta_0) - 2m_B(\theta_0) + m_C(\theta_0) = \Delta R + S_0 \tag{25}$$

図7（b）の場合の3点法の出力 $m(\theta_0 + \pi)$ は，

$$m(\theta_0 + \pi) = m_A(\theta_0 + \pi) - 2m_B(\theta_0 + \pi) + m_C(\theta_0 + \pi) = -\Delta R + S_0 \tag{26}$$

となり，ΔR に影響されずに S_0 が次のように求められる．

$$S_0 = \frac{m(\theta_0) + m(\theta_0 + \pi)}{2} \tag{27}$$

多くの回転位置 θ_0 で得た平均直径を用いれば校正の確

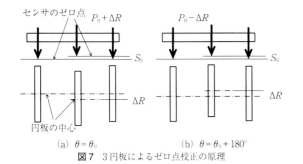

(a) $\theta = \theta_0$　　　　(b) $\theta = \theta_0 + 180°$

図7 3円板によるゼロ点校正の原理

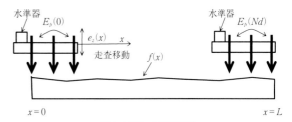

図8 両端の傾斜補正法

からしさはセンサの能力の限界まで高めることができる．校正法②，③は，棒状物体の幅変化や円板の直径が2本の対向するセンサを用いて基準を使わずに高精度に測定できることと，基準の形状変化が少ないことが利点となる．

ただし，重力よる軸のたわみの影響が無視できない場合は，これらの場合も，鉛直面内のプローブのゼロ点を直接校正することはできない．

4.3.2 傾斜姿勢の両端拘束法

校正法④はゼロ点誤差が走査における傾斜運動誤差（ピッチングまたはヨーイング）の軌跡に累積されることを利用する．すなわち，傾斜運動軌跡の両端の差は，図6の放物線誤差の両端の傾斜の差だけゼロ点誤差の影響を受ける．水準器などの姿勢センサで検出される走査範囲両端の傾斜の差を拘束条件にする．走査中の傾斜は多点法で求めているので，姿勢センサとして静止時にしか使えない水準器を活用することもできる．

図8は水準器を援用したゼロ点誤差の調整システムを示す．2つの差動出力にゼロ点誤差の項を追加し，運動誤差を直接求めるために差動出力1をdだけシフトして表す．

$$\mu_1(x+d)=f(x+2d)-f(x+d)+E_p(x) \tag{28}$$
$$\mu_2(x)=f(x+2d)-f(x+d)+E_p(x)+\alpha \tag{29}$$

ここで，αは2つの隣り合うセンサを結ぶ線が平行にならないことによる，角度に直したゼロ点誤差を示す．これらから両差動出力1，2の差を取ると，

$$\Delta E_p(x) \equiv E_p(x+d)-E_p(x)=\mu_1(x+d)-\mu_2(x)+\alpha \tag{30}$$

となり，ピッチング誤差形状の差分が得られる．これを逐次N点加えていくと次式を得る．

$$E_p(Nd)-E_p(0)=N\alpha+\sum_{k=0}^{N-1}\{\mu_1(kd+d)-\mu_2(kd)\} \tag{31}$$

左辺は走査開始点（$x=0$）と終了点（$x=Nd$）でのステージの姿勢の変化であり，これは静止中に水準器やオートコリメータによる姿勢検出システムで読み取ることができる．

この方法を応用して，水準器の2つの足と変位センサで接触式の3点法プローブを構成して，水準器での真直形状の測定を高速走査で実現できることが報告されている．

注意しなければならないのは，④の方法を除いて，検出されたゼロ点誤差の確からしさが全測長範囲L，多点法プローブ両側のセンサ間隔をDとして，L/Dの2乗で拡大されることである．④の場合は，両端での傾斜の差から決めたゼロ点の確からしさが$1/L$に比例することになるので，この方法で評価した放物線誤差の不確かさはLの1乗に比例する．また，④の方法では走査範囲の両端の傾斜を静止状態で時間をかけて測定できるので，その値は水準器を含め角度センサの分解能までの確からしさで得られる．④は「基準のいらない方法」の範疇に入るかどうか意見の分かれるところであるが，真円形状測定で曲率の絶対値をも測定したいときにはブロックゲージなどの端度器の世話にならなければならないのと同じであるともいえる．いずれにしろ，3点法で真直形状を高精度で測定するための選択肢の一つである．

この他，外部ハードウェア基準でピッチングを補正してゼロ点問題の生じない2点法を採用することもできるが，加工現場で長尺の試料を対象とするときの基準の安定性には課題が残っている．

5. 多点法活用上の注意点

多点法を必要とするのが，多くの場合，1）極めて高精度の加工物が対象となる，2）複数のセンサによる差動出力が極めて小さな値になる，3）機上測定が求められる，4）測定環境が工場内など必ずしも良好でない，状況においてであるため，実用上は以下のようなことにも留意する必要がある．

・十分に高い分解能のセンサの用意．
・線形誤差の校正と複数のセンサの感度の統一[3]．
・センサのSN比を高めるための雑音対策の徹底．
・できるだけ多数のデータによる移動平均処理．
・3点法のゼロ点誤差のドリフト対策とその事前評価[1]．

参 考 文 献

1) 宇田豊，他2名：多点法のゼロ点誤差の補正法，JSPE北海道支部講演会，講論集2009，73．
2) 久米達哉，他3名：3点法を用いた真直度測定におけるゼロ点ずれの除去，精密工学会誌，**75**，5（2009）657-662．
3) 奥山栄樹，他2名：複数の測定子を用いた真直度測定における測定子校正誤差の不揃いの影響，機論（C），**60**，577，（1994）3144．

はじめての精密工学

切削加工におけるびびり振動（前編）

Chatter Vibration in Cutting, Part 1/Norikazu SUZUKI

名古屋大学　大学院工学研究科　機械理工学専攻　**鈴木教和**

1. は じ め に

切削加工は製造業にとって最も重要な生産技術のうちのひとつである．日本では長年にわたって数多くの先端的な研究開発が展開されており，世界的に見てもトップレベルの技術を保有しているのは言うまでもない．切削加工の研究開発の歴史の中で，極めて解決が困難であると認識されてきた課題の一つに"びびり振動"の問題が挙げられる．図1は旋削加工中に自励びびり振動が発生した工作物の典型例を示している．このように，びびり振動が発生すると仕上げ面性状が劣化するため製品の品質を低下させるとともに，工具や時には機械の損傷をも引き起こして問題となる．加えて，その対策は生産性の低下を招くことが多く，その問題の重要性が広く認識されている．研究としても国内外において古くから取り組まれている．自励びびり振動の発生メカニズムはすでに半世紀以上前に明らかにされており，最初に切削機構が単純な突切り加工に対する解析モデルが構築されている[1]．その後，1990年代にエンドミル加工の解析モデル[2]が確立されてからは，回転工具を用いる場合の安定限界解析が可能となり，多くの応用的な研究が展開されている．なお，この応用的なフェイズに移行してからは，この問題を扱う日本人研究者は比較的少なくなり，現在では，びびり振動の研究分野では海外にやや後れを取っている感がある．しかし，昨今の生産コスト競争の激化によって高能率切削に対する要求が高まる中で，工作機械技術や工具技術が飛躍的に向上したことにより，びびり振動が生産性向上のボトルネックとなるケースが増加している．このため，"びびり振動"が再び国内の製造業において注目を集めつつある．一方，びびり振動の研究分野では，解析技術の進歩によって現在では比較的容易に安定限界解析を行うことができ，これを実現する実用的な解析ツールや自動回避を行う工作機械までもが市販化されている．本稿では，この機会に改めて切削加工におけるびびり振動について基礎的な解説を示すとともに，応用的な解析や回避手法などを紹介したい．

2. びびり振動の分類

切削加工におけるびびり振動（Chatter vibration）とは，切削加工中に発生する不要な振動の総称をさす．低剛性・低減衰性の工具や工作物，その他の機械構造を用いる切削加工では特にびびり振動が発生しやすく，図1の例で示すように仕上げ面性状の劣化や，工具の異常損耗，機械構造の破壊などを引き起こしてたびたび問題となる．びびり振動はその発生機構から自励型と強制型に分類することができ，これらを抑制・回避するには，各々のメカニズムに対応した適切な対処が必要となる．

表1にびびり振動の分類を簡単にまとめる[3][4]．自励びびり振動は，加工プロセスと機械構造の伝達特性が関与して発生する不安定現象である．主に，"再生効果"と"モードカップリング"がこれを引き起こす原因となり得ることが知られている．"再生効果"とは，前加工面の振動が切取り厚さ変動に関与してしまうプロセスであり，ほとんどの切削様式で影響する．また，"モードカップリング"は，複数の振動モードが連成する現象であり，主に回転工具を用いる場合で問題となり得る．自励びびり振動はいったん発生すると大きな振動に成長することが多く実用上問題になりやすい．このため，自励びびり振動を対象とした研究は数多く行われており，旋削加工やエンドミル加工プ

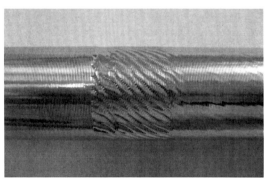

図1 旋削加工で発生したびびり振動の典型例

表1 びびり振動の主な分類

種類	主な原因
自励びびり振動	1. 再生効果（前加工面が切取り厚さ変動に関与するプロセス） 2. モードカップリング（複数の振動モードの連成振動）
強制びびり振動	1. 力外乱（断続切削や切取り厚さ変動による切削力変動など） 2. 変位外乱（モータや歯車などに起因する振動，地面から伝わる振動，動作流体の脈動，暗振動など）

ロセスなど，さまざまな切削様式に対応した解析手法[5][6]が開発されている．基本的に，機械構造の高剛性化が直接的な対策となるが，その他，自励振動が生じにくい安定な主軸回転数を利用する方法や不等ピッチ工具による対策[7]などさまざまな回避手段が提案されている．なお，他のメカニズムに起因して生じる自励振動についても報告があるが，ここでは省略する．

強制びびり振動は，主に何らかの強制振動源に起因する力外乱や変位外乱によって発生する．基本的に，単純な旋削加工を除くほとんどの切削プロセス（例えばエンドミル加工）では断続的なプロセスを伴う．このため，周期的な切削力変動などの力外乱が生じて，このタイプの強制びびり振動が問題となることが多い．切削プロセスが関与するため，加工条件の改善などによるさまざまな対策が有効となる．一方，モータや歯車，その他外部振動源から伝わる振動などの変位外乱に起因する場合もある．高精度加工や超精密加工のように優れた仕上げ面性状や精度を追及するような加工等で問題となることが多いが，各々の振動源に対して対策を施すか，振動の伝達を断つしか根本的な対策はなく，地道な努力を要することが多いように思われる．

以上で述べたように，自励びびり振動と強制びびり振動はそれぞれ異なるメカニズムに起因することから，その対処も基本的に異なることが多い．実際の生産では，自励型と強制型の両方を同時に回避することが求められることから，適切な対応を検討するにはそれぞれの現象と特徴を良く理解する必要がある．そこで，本稿（前編）ではまず自励びびり振動の基礎的な解析理論について説明し，その特徴を述べる．次稿（後編）では，強制びびり振動の解析や特徴について説明し，自励型と強制型の両方を同時に回避するための指針やその他の応用的な内容について解説する．

3. 自励びびり振動の基礎的な解析理論

3.1 旋削加工の自励びびり振動

最も単純な旋削機構として，突切り加工を考える．図2に自励びびり振動を伴う場合のプロセスの模式図を示す．ここでは，ワーク構造側の x 軸方向の剛性が他の機械構造に比べて柔軟である場合を考える．図に示すように被削材と工具間の相対変位に変動が生じると，切込みが変動して仕上げ面に転写される．一回転前に加工された面と現在の相対位置との差が切取り厚さとなるため，一回転前の切込みの変動は切取り厚さ変動に影響する．これを"再生効果"と呼ぶ．そして，再生効果によって生じる切取り厚さ変動は切削力の変動を引き起こし，これが再び機械構造を加振して切取り厚さ変動を生じる．このようにプロセスは再生効果によって閉じたループを形成しており，これが不安定となって自励振動を生じてしまう場合がある．この不安定現象は"再生型"の自励びびり振動に分類される．一般に，多くの切削様式では"回転運動"と"送り動作"を組み合わせるため，回転ごとに一度加工した仕上げ面を再び加工する．このため，ほとんどの切削加工では再生効果

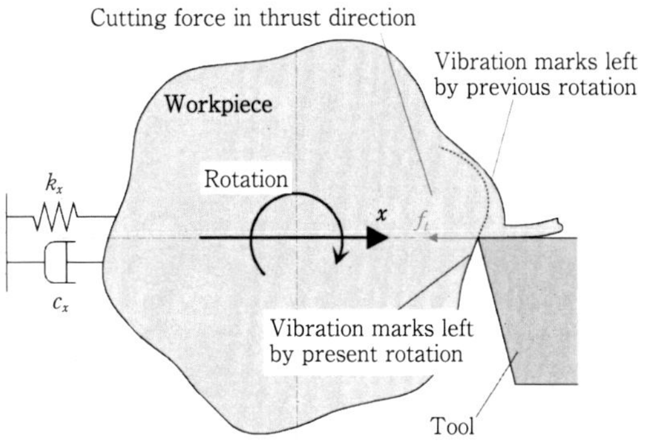

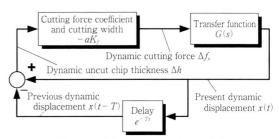

図2 自励びびり振動を伴う突切り切削プロセスの模式図

図3 突切り加工プロセスのブロック線図

に起因して自励びびり振動が生じる可能性がある．

突切り切削における自励びびり振動の発生機構は，**図3**に示すブロック線図を用いて表すことができる．このフィードバックループを形成している，振動変位と切取り厚さの関係，切取り厚さと切削力の関係，切削力と振動変位との関係をそれぞれモデル化することにより，プロセスを定式化することができる．そして，このシステムの安定判別を行うことで自励びびり振動の安定限界解析を行うことができる．その結果に基づき，適切な加工条件を選択することにより効率よく自励びびり振動を回避することが可能となる．定式化の詳細については省略するが，最も簡易的なモデルで定式化した場合の安定限界切削幅 $a_{\lim}$（安定・不安定の境界条件であり，これより切削幅が小さいと安定となり，大きいと不安定振動が生じる）は次式で表される．

$$a_{\lim} = \frac{-1}{2K_f G_R(i\omega_c)} \tag{1}$$

比切削抵抗を K_f，機械構造の伝達関数 G の実部を G_R，びびり振動の角振動数を ω_c で表す．このように，比切削抵抗と伝達関数が既知であれば，対応する安定限界を求めることができる．

この定式化に基づいて，安定限界条件の解析を行った事例を**図4**に示す．上段の図は自励びびり振動の安定限界切削幅，中段はびびり振動の周波数，下段は位相差（現在と一回転前の振動における位相差）である．図中の安定限界切削幅の上側は不安定領域，下側は安定領域を示す．図から，主軸回転数に依存して安定限界条件が周期的に変動することが分かる．このように，安定限界条件と主軸回転

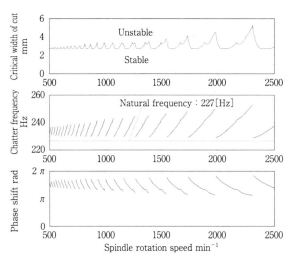

図4 突切り加工における安定限界の解析例
比切削抵抗 1.3 GPa, 分力比 0.4, 機械構造の共振周波数 227 Hz

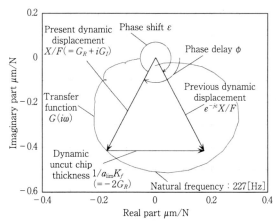

図5 伝達関数のベクトル線図による図的解法

数には密接な関係があり，適切な主軸回転数条件を選択することができれば安定となる効率の良い条件（安定ポケット）を利用できる．この周期的に生じる特徴的な安定ポケットは，主軸回転数が共振周波数と同期する条件で生じるという特徴をもつ．この現象は次のように理解できる．びびり振動は動コンプライアンスの大きい共振近傍の周波数で発生する．主軸回転数が共振周波数に同期する（回転数の整数倍が共振周波数と一致する）場合，一回転前と現在の振動は同期する．このため，振動が発生しても位相が同期して切取り厚さには変動が生じない．その結果，共振周波数の整数分の一となる主軸回転数条件では，原理的に自励びびり振動が生じにくい．逆に，共振周波数を調べることで安定な回転数条件を大まかに推定することができる．

なお，突切り加工の安定限界解析は伝達関数のベクトル線図を用いて説明されることも多い．前述の解析に利用した伝達特性のベクトル線図を**図5**に示す．ここで，安定限界の条件を考える．ある単位切削力入力によって生じる振動ベクトルが $X/F(=G_R+iG_I)$ で表されるとする．一回転前の振動のベクトルは $e^{-i\varepsilon}X/F$ で表される．つまり，その大きさは振動ベクトル X/F と同じであり，位相が ε だけ異なる．そして，二つの差は切取り厚さ変動を表すベクトルであり，臨界条件ではこの切取り厚さ変動の $a_{\lim}K_f$ 倍が切削力変動となる．これが元の単位切削力入力と一致するため，図中の切取り厚さ変動ベクトルの大きさは $1/a_{\lim}K_f$ となる．図中の各振動ベクトルは虚軸に対称であり，図から，式（1）を導くことができる．この図的解法からも，安定限界切削幅は伝達関数の実部 G_R のみによって決定され，虚部 G_I は直接的に影響しないことが分かる．また，伝達関数の負実部が最大となる条件で安定限界が最小となり，逆に実部が正となる条件では不安定となり得ないことが分かる．例えば，2次遅れ系の振動モデルの場合，動コンプライアンスが最大となる周波数付近では位相遅れ ϕ が90度となり，伝達関数の実部はゼロとなる．

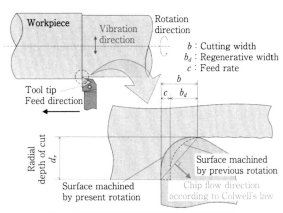

図6 旋削加工における切削幅と再生幅の関係

このため，突切り加工の場合，共振周波数（図の例では227 Hz）ではびびり振動は発生しにくい．これは図4に示すびびり振動の周波数の解析結果とも現象が一致していることが分かる．このように，図的解法はびびり振動のさまざまな特徴を理解する上で優れた方法である．

以上の考え方を拡張し，一般的な旋削加工（外周加工）の自励びびり振動について考える．なお，振動は背分力方向（半径方向）に発生すると仮定する．**図6**の模式図に示すように，突切り加工と異なり，一定の切込み d_r を与えてそれに垂直な方向に送り運動を与えながら加工を行う．このため，一回転前の加工面と重複する切削領域（図中の再生幅 b_d で表される領域）は全切削領域（図中の切削幅 b で表される領域）の一部となり，再生効果の影響が小さくなる．また，その比率は加工条件に依存する．例えば，相対的に切込みが小さく送りが大きい条件で自励びびり振動が発生しにくくなることが一般に知られているが，これは，切削幅 b_d が狭くなって再生効果の影響が小さくなるためである．また，図に示すように，通常の旋削加工では工具形状や切削断面の形状等に依存して切りくずの流出方向が変化し，これに伴い切削力の生じる方向も変化す

る[8]．これは，加工条件に依存して背分力方向と送り分力方向の比切削抵抗が変化することを意味している．例えば，外周加工の場合に切込みが大きく送りが小さい条件では自励びびり振動が発生しにくくなるが，これは，図中の矢印で示す切りくずの流出方向が回転軸方向に傾斜することで，比切削抵抗の切込み方向（背分力方向）成分が小さくなるためである．以上で述べたように，再生効果と比切削抵抗の影響が加工条件に依存するため，その安定限界解析ではこれらをモデル化する必要があり，突切り加工と比較して少し複雑な手順を要することになる[9]．ただし，共振周波数と主軸回転数の関係など，基本的な特徴は突切り加工と大きく変わらない．

3.2 エンドミル加工の自励びびり振動

びびり振動を伴うエンドミル加工プロセスの模式図を**図7**に示す．エンドミル加工では各切れ刃が切削した仕上げ面を次の切れ刃がさらに削り取るため，旋削加工と同様，"再生効果" が生じる．すなわち，図に示すように，前刃の加工面に残った起伏を現在の刃が振動しながら削ることにより切取り厚さが変動し，これに同期して生じる切削力の変動によって，工具や被削材などの機械構造が加振されて再び振動を生じながら切削を行う．このサイクルを繰り返す過程で振動振幅が成長する場合に自励振動が発生する．

また，エンドミル加工のように回転工具を用いる場合には刃先の回転位置が変化するため，切削力の変動を引き起こす振動方向（切込方向）が特定の方向に定まらずに変化する．このような加工プロセスでは，複数方向に生じる振動と切削力の変動がお互いの方向に影響しあう "モードカップリング" という現象が生じ，この影響で不安定振動に成長する場合がある．これは回転工具を用いる加工プロセス特有の現象であり，前節で述べた旋削加工はこれに当てはまらない．また，お互いの振動モードで影響しあうことから，それぞれの振動モードの共振周波数が一致する場合にその影響が大きくなる．例えば，軸対称形状の被削材やエンドミル等を用いる場合では，その軸のたわみ振動が直交する2方向で類似した振動モードとなり，共振周波数が

ほぼ一致するため "モードカップリング" の影響が大きい．このため，エンドミル加工では一般に再生効果とモードカップリングが同時に影響して自励びびり振動が発生する．著者の経験では，現象が直感的に理解しやすい再生効果と対照的にモードカップリングは意識されることが少ないように思われるが，この影響は決して小さくない．例えば，不等ピッチ工具等の応用的な手法を利用して再生効果を実質的に打ち消すことができたとしても，回転工具を用いる加工では "モードカップリング" の影響によって不安定振動が発生することがある．

図8に再生効果とモードカップリングを考慮したエンドミル加工プロセスのブロック線図と，各状態および伝達特性の参考例を示す．図に示されるように，旋削加工とほぼ同様の構成になるが，旋削加工が1自由度モデルで定式化できるのに対し，エンドミル加工では2自由度以上のモデルでの定式化が必要となる．また，切取り厚さと切削力の変動を関連付ける切削力係数行列 $[A]$ の定式化は最も重要である．振動と切削力変動の関係は，切れ刃の回転位置に依存するため，本来，切削力係数行列は図に示すように周期変動する時間依存の関数となる．すなわち，切削力変動は1つ以上の周波数成分の複合波となることを意味している．しかし，多くの場合この切削力変動の複雑な周期性を考慮する必要はないことが明らかにされている．これは，機械構造の伝達特性がバンドパスフィルタの役割をして，結局，共振周波数付近の単一周波数成分の振動のみが生じることが多いためである[10]．その結果，上述の切削力係数行列はその直流成分のみを考慮して定式化することができるため，その安定限界についても単純な定式化に基づ

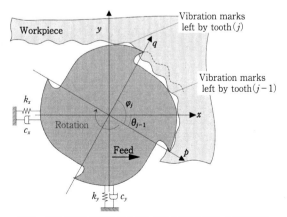

図7 自励びびり振動を伴うエンドミル加工プロセスの模式図

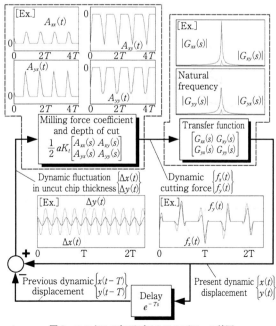

図8 エンドミル加工プロセスのブロック線図

いて求めることができる．一般的な定式化に基づく安定限界切込み $a_{\lim}$ を式（2）に示す．

$$a_{\lim}=-\frac{\Lambda_R}{K_t}\left\{1+\left(\frac{\Lambda_I}{\Lambda_R}\right)^2\right\} \qquad (2)$$

$$\det[I+\Lambda[A_0][G(i\omega_c)]]=0 \qquad (3)$$

なお，Λ は式（3）の固有値問題を解くことで求められる変数であり，K_t は主分力方向の比切削抵抗，$[A_0]$ は切削力係数行列の直流成分，$[G(i\omega_c)]$ は伝達関数行列，ω_c はびびり振動の角振動数を示している．切削力係数行列は加工条件に基づいて幾何学的に定式化されており，容易に算出することができる．したがって，旋削加工の場合と同様，比切削抵抗と伝達関数を求めることで安定限界の解析を行うことができる．

　安定限界について解析を行った事例を図9に示す．上段の図からそれぞれ，自励びびり振動における安定限界切込み，びびり振動の周波数，および位相差を示している．旋削加工の場合と同様に，図から，主軸回転数の変化に伴い安定限界切込みやびびり振動の周波数，位相差が周期的に変動することが分かる．安定ポケットが生じる主軸回転数と共振周波数との関係は前述した突切り加工の場合と同様であり，適切な主軸回転数条件を選択することにより効率的な切込み条件を利用することができる．なお，突切り加工では共振周波数で自励びびり振動が発生しにくいことを説明したが，エンドミル加工では共振周波数でもびびり振動が発生することがあり，位相差の変化幅も大きくなる．これは，モードカップリングの影響を受けるプロセスの特徴である．

　なお，半径方向切込みが小さい条件（浅切込み）では切れ刃と被削材の接触する時間が短くなるため，切削力係数行列 $[A]$ はパルス状に周期変動する時間関数となる．このため，その周期性の影響を無視できなくなり，上述した簡易的に直流成分 $[A_0]$ のみを考慮する解析では誤差が大きくなる場合がある．このような場合には複数の周波数でびびり振動が同時に発生することがあり，このモデル化が必要となるが，現在ではそのような解析手法も確立されている[11]．また，ボーリング加工[12]や，ボールエンドミル加工[13]などについても，切削プロセスのモデル化を行うことでその安定限界解析を行うことができる．また，これまでに説明したような周波数領域での定式化に基づくシミュレーション（Frequency domain simulation）以外に，時間領域での定式化に基づくシミュレーション（Time domain simulation）[14]も考案されており，たびたび利用されている．

　以上で，旋削加工やエンドミル加工における自励びびり振動の基礎的な安定限界解析の手法とそれぞれの主な特徴について説明した．後編では，強制びびり振動の解析について紹介するとともに，自励びびり振動との関係やそれらを回避するための指針について説明する．さらに応用的な回避手法や，実際に高精度な解析を行う上で重要となる伝達関数の測定方法などについて紹介する．

参 考 文 献

1) J. Tlusty : Manufacturing Process and Equipment, Prentice Hall, (1999).
2) Y. Altintas : Manufacturing Automation, Cambridge Univ. Press, (2002).
3) 星鐵太郎：びびり現象，工業調査会，(1977).
4) 杜本英二，日本機械学会講習会―生産加工基礎講座―実習で学ぼう「切削加工，びびり振動の基礎知識」テキスト，(2009).
5) J. Tlusty and M. Polacek : The Stability of Machine Tools against Selfexcited Vibrations in Machining, Int. Res. Prod. Eng. ASME (1963) 465.
6) Y. Altintas and E. Budak : Analytical Prediction of Stability Lobes in Milling, Annals of the CIRP, **44**, 1 (1995) 357.
7) E. Budak : An Analytical Design Method for Milling Cutters with Nonconstant Pitch to Increase Stability, Part 1 : Theory, ASME J. Manuf. Sci. Eng., **125**, 2 (2003) 29.
8) 杜本英二：3次元切削機構に関する研究（第1報），精密工学会誌，**68**，3 (2002) 408.
9) E. Budak and E. Ozlu : Analytical Modeling of Chatter Stability in Turning and Boring Operations, Annals of the CIRP, **56**, 1 (2007) 401.
10) Y. Altintas, E. Shamoto, P. Lee and E. Budak : Analytical Prediction of Stability Lobes in Ball End Milling, ASME J. Manuf. Sci. Eng., **121**, 1 (1999) 586.
11) M. Zatarain, J. Muñoa, G. Peigné and T. Insperger : Analysis of the Influence of Mill Helix Angle on Chatter Stability, Annals of the CIRP, **55**, 1 (2006) 365.
12) 倉田祐輔，鈴木教和，社本英二：自励型びびり振動における再生効果とモードカップリング，2008年度精密工学会秋季大会講演論文集，(2008) 295.
13) E. Ozturk, T. Tunc and E. Budak : Investigation of Lead and Tilt Angle Effects in 5-Axis Ball-End Milling Processes, Int. J. Mach. Tools Manufact., **49** (2009) 1053.
14) J. Tlusty and F. Ismail : Basic Non-Linearity in Machining Chatter, Annals of the CIRP, **30**, 1 (1981) 299.

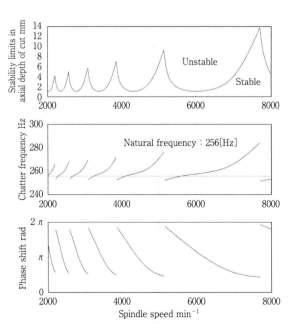

図9 エンドミル加工における安定限界の解析例
　　　比切削抵抗 1.3 GPa，分力比 0.4，1枚刃，半径方向切込み $D/2$

切削加工におけるびびり振動（後編）

Chatter Vibration in Cutting, Part 2/Norikazu SUZUKI

名古屋大学　大学院工学研究科　機械理工学専攻　**鈴木教和**

1. はじめに

前編においてびびり振動は自励型と強制型に分類できることを述べた．そして，自励びびり振動の基本的なメカニズムと特徴，解析手法について事例を交えて説明した．本稿（後編）では，もう一方の強制びびり振動について説明を行い，双方のびびり振動の相関関係について解説する．そして，びびり振動を回避するための一般的な考え方や，応用的なテクニックについて最近の研究動向を一部交えて説明する．さらに，実際にびびり振動解析を行う上で重要となる伝達関数の測定方法について解説する．

2. 強制びびり振動の基礎的な解析理論

強制びびり振動は，前編で述べたように，主に力外乱と変位外乱に起因する．変位外乱は機械の構成やその設置環境に依存するため設計や開発段階での対策を要することが多いのに対し，力外乱は加工プロセスに依存するため，現象を良く理解することで加工条件の適正化等による対策を講じることができる．ここでは，切削力外乱に起因するエンドミル加工の強制びびり振動を例にとり，基礎的な解析理論[1]を紹介する．そして，その解析事例を通じて一般的な特徴を解説する．

図1にエンドミルの側刃による加工プロセスと機械構造の振動モデルの模式図を示す．エンドミル加工では，図に示すように回転する切れ刃に送り運動を与えて断続的に加工を行う．この断続的なプロセスで生じる切削力外乱によって強制びびり振動が生じる．加工条件に基づいて切れ刃の幾何学的な運動や加工形状との関係を定式化することで切削力を推定することができる．切削力モデルに関して，工具のたわみや，切れ刃の偏心，刃先の寸法効果等の影響を厳密に考慮するのは難しいが，それらを無視するとその定式化は比較的容易である．一般には，**図2**の模式図のように，切れ刃を軸方向に分割し，工具の幾何学的形状と運動に基づいて各微小切れ刃に生じる切削力を算出する．具体的には，図1に示すように，工具の回転と送り運動に伴い，各切れ刃での切削方向と切取り厚さは変化する．さらに，図2に示すようにエンドミルは一般にねじれを持つため，軸方向高さが異なると切れ刃の回転位置も異なる．これらの影響を考慮して，幾何学的な関係から任意の時間における各微小切れ刃での切取り厚さと切削方向を

求め，切削力を算出する．そして，すべての微小切れ刃について積算することでトータルの切削力を推定することができる[2]．なお，比切削抵抗は，工具や被削材，加工条件などに依存するため，切削力測定実験などを別途行って同定する必要がある．切れ刃が等ピッチで偏心が無い理想的な条件では，図2の切削力推定例のように，切削力変動は切れ刃の通過周期に同期する．すなわち，切削力変動は切れ刃通過周波数成分とその高調波成分によって構成される周期関数となる．そして，各周波数成分の大きさや位相は刃数や加工条件，被削材の形状などに依存する．

あらかじめ機械構造の伝達関数 $[G]$ が既知であれば，上述の方法で推定した切削力によって生じる振動変位を求めることができる．過渡的な振動の影響を無視すると，切削力外乱の任意の周波数成分 $\{F\}$ によって生じる強制びびり振動の振動成分 $\{U\}$ は，式（1）を用いて算出できる．

$$\begin{Bmatrix} U_x \\ U_y \\ U_z \end{Bmatrix} = \begin{bmatrix} G_{xx} & G_{xy} & G_{xz} \\ G_{yx} & G_{yy} & G_{yz} \\ G_{zx} & G_{zy} & G_{zz} \end{bmatrix} \begin{Bmatrix} F_x \\ F_y \\ F_z \end{Bmatrix} \tag{1}$$

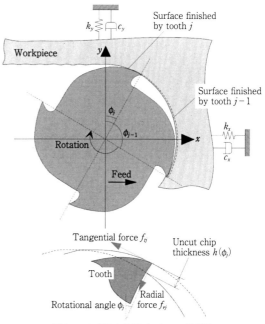

図1 エンドミル加工プロセスの模式図

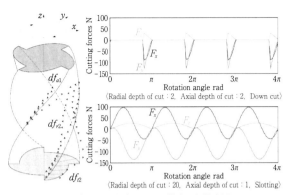

〈Radial depth of cut : 2, Axial depth of cut : 2, Down cut〉

〈Radial depth of cut : 20, Axial depth of cut : 1, Slotting〉

図2 エンドミル加工の切削力モデルの模式図と推定例
（工具径 φ20, ねじれ角 30°, 2枚刃, 送り 0.1 mm/tooth, 比
切削抵抗 1.3 GPa, 分力比 0.4）

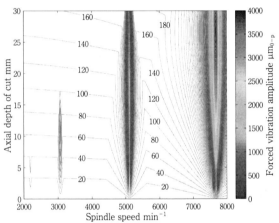

図3 主軸回転数と軸方向切込みの強制びびり振動に対する影響
（工具径 φ20, ねじれ角 30°, 1枚刃, 送り 0.1 mm/tooth, 比
切削抵抗 1.3 GPa, 分力比 0.4, 半径方向切込み 20 mm, 機械
構造の共振周波数約 256 Hz）

このように，切削力と伝達関数が分かれば，任意の加工条件に対応する強制びびり振動を推定することができる．また，その振動は，切削力と同様，切れ刃通過周波数に同期する周波数成分によって構成され，振幅や位相は加工条件に一意に対応するという特徴をもつ．

上述の手法に基づいた強制びびり振動の解析事例を紹介する．ここでは，1枚刃エンドミルによるスロッティングで生じる切削力を推定し，それをフーリエ変換して得られる各周波数成分に応答する振動の中で最も応答が大きい成分の振幅を強制びびり振動の振幅とした．主軸回転数および軸方向切込みと強制びびり振動の振幅との関係を**図3**に示す．図から，大きな強制振動が発生しやすい特徴的な回転数領域が存在することが分かる．これらの主軸回転数は，その整数倍が機械構造の共振周波数と一致する．すなわち，切削力外乱の変動周波数（切れ刃通過周波数，もしくはその高調波）が共振周波数と一致する回転数条件で最も大きな振動が発生する．また，一般に高回転数条件ほど

表1 力外乱による強制びびり振動の一般的な対策[1]

・主軸回転数の整数倍が機械構造の共振周波数と一致しない条件を用いる．
・低速な主軸回転数を用いる．
・刃数が多い工具を用いる．
・ねじれ角が大きい工具を用いる．
・一刃あたりの送り量を小さくする．
・機械構造の剛性を改善して，コンプライアンスを低減する．
・切削力変動の影響が小さくなる主軸回転数とねじれ角，軸方向切込み条件の組合せを選択する．
・半径方向切込みをスロッティングとし，切削力変動の影響が小さくなる主軸回転数と刃数条件の組合せを選択する．

その振幅は大きく，工具にねじれがある場合には，図に示されるように振動振幅が軸方向切込みに依存して増減する．これらは主に切削力変動の周波数特性に起因する特徴であり，加工条件や工具形状（ねじれや刃数等）などさまざまな要因が影響する．このように，強制びびり振動は主軸の回転数やその他の加工条件および工具形状などに極めて強く依存する．したがって，これらの条件が切削力変動に及ぼす影響や，その周波数成分と伝達特性との関係を理解することは重要であり，それらの条件を適切に選択することにより強制びびり振動を低減することもできる．

以上で述べた特徴を考慮した上でまとめた，力外乱型の強制びびり振動を回避するための一般的な方策を**表1**に示す．基本的には，切削力変動を低減し，さらにその機械構造の共振に対する影響が小さくなる条件を選択するのが重要である．例えば，4枚刃以上の偶数枚刃の等ピッチ工具を用いてスロッティングを行う場合，偏心がない理想的な条件では，切削力変動はゼロとなり理屈上強制びびり振動は発生しない．

3. 一般的なびびり振動の回避手法

エンドミル加工について自励型と強制型のびびり振動の解析を同時に行った結果と，同一条件での実験結果との比較を**図4**に示す．図の実線は自励型の安定限界切込みを示しており，破線は強制型で最大振幅が 20 μm となる条件を示している．ともに実線の上側の条件で大きなびびり振動が生じることを意味している．図中のプロットは実際の加工実験におけるびびり振動の発生の有無を示しており，振幅が 20 μm 以下であった場合を〇で示している．それ以上の場合にはびびり振動が発生したとみなし，主軸回転数に同期する場合を強制びびり振動として△，同期しない場合を自励びびり振動として×で示している．図から，解析結果と実験結果は良く一致しており，精度良く解析できていることが分かる．また，主軸回転数とびびり振動周波数が同期するか否かを確認することで，びびり振動の種類を大まかに判別できることが分かる．

図から，自励びびり振動の安定ポケットでは強制びびり振動が発生しやすく，逆に強制びびり振動が発生しにくい回転数では自励びびり振動が発生しやすいことが分かる．このため，実用的には安定ポケット内の最も安定となる主

軸回転数からややずれた条件でびびり振動を最も効率的に回避できることが多い．このように，それぞれのタイプでは相反する回転数条件でびびり振動が発生しやすい特徴があり，一方のみに注目して回転数条件を選択すると，もう一方のびびり振動が発生する可能性があるのに注意する必要がある．したがって，自励型と強制型のびびり振動を同時に回避する加工条件を検討するには，双方の解析を統合して総合的に判断するのが望ましい[1]．また，加工結果を考察するには，びびり振動の種類を判別することが第一に重要であり，その種類に応じて包括的な対策を繰り返すことで，試行錯誤的に最適な条件を探索することができる．

以上で述べたように安定ポケットを利用できれば，高効率な条件で加工を行うことができる．しかし，実際のプロセスでは，複数の振動モードが混在する等の理由で大きな安定ポケットが存在せずに，上述したような効率的な条件を利用できない場合も多い．そのようなときに良く講じられるびびり振動対策として，主軸回転数を下げて低切削速度条件を利用する方法がある．これは"プロセスダンピング"と呼ばれる現象を利用する方法である[3]．一般に，回転数が小さくなると，自励びびり振動では安定ポケットが小さくなり，安定限界はほとんど最小値（無条件安定限界）と一致する．しかし，このような低回転数領域でびびり振動が発生すると，切削速度に対する振動速度の比が大きくなるため，振動が発生した際に工具の逃げ面が被削材

の表面に接触して振動を妨げる方向の力が発生する．この力の影響でびびり振動が抑制されるため，解析上は不安定であっても実際にはびびり振動が極めて生じにくくなる．この現象は経験的に良く知られており，広く利用されているが，基本的に生産性を低下させるため望ましい回避手段ではない．なお，モデル化が難しい非線形なプロセスを伴う現象ではあるが，簡易的なモデルに基づく解析手法[4][5]についても検討されている．解析の事例を図5に示す．

4. 応用的な自励びびり振動の回避手法

3章で述べた一般的な方策以外に，応用的な自励びびり振動の回避手法として，主軸回転数変動を利用する方法[6]や，不等ピッチ工具[7]，不等リード工具[8]を利用する方法などが古くから提案されている．前者は，主軸の回転数を周期変動させながら加工を行う手法である．自励びびり振動では，前編でも述べたように前刃の振動が現在の切れ刃での加工に影響する"再生効果"が不安定振動を生むメカニズムの一つとなる．主軸回転数が変動すると再生する振動の周波数や位相差が変動するため，再生効果が乱れて不安定振動に成長しにくくなり，びびり振動の安定限界が向上する効果が得られる．

一方，不等ピッチ工具を用いる場合には，切れ刃間のピッチ角が異なるため切れ刃ごとの通過周期が異なり，びびり振動に対する位相遅れも切れ刃ごとに異なるという特徴をもつ．この特徴を利用して，各切れ刃で生じる再生振動がお互いを相殺する状態となるピッチ角と主軸回転数条件の組合せを選択することにより，再生効果を打ち消すことができる[9]．不等リード工具の場合には，各切れ刃ごとにねじれ角が異なるため，軸方向の切れ刃位置に依存してピッチ角が徐々に変化するが，本質的には不等ピッチ工具の場合と類似した効果が得られる．2枚刃不等ピッチ工具によるエンドミル加工の安定限界解析の事例を図6に示す．図は軸方向安定限界切込みとピッチ角および主軸回転数の関係を示している．縦軸は小さい方のピッチ角を示しており，180°は等ピッチを意味する．図から，ピッチ角と主軸回転数に依存して安定限界が大きく変化し，等ピッチの

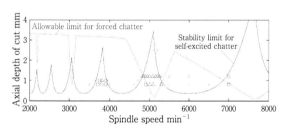

図4 自励・強制びびり振動の統合解析と実験結果の比較
（工具径φ20，ねじれ角30°，1枚刃，送り0.1 mm/tooth，比切削抵抗1.3 GPa，分力比0.4，半径方向切込み20 mm，機械構造の共振周波数約256 Hz）

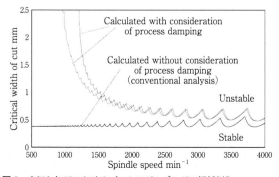

図5 突切り加工におけるプロセスダンピングの解析例[4]
（比切削抵抗1.4 GPa，プロセスダンピング係数 C_i 0.6×10^6 N/m，a_i 332 N，機械構造の共振周波数約541 Hz）

図6 自励びびり振動の安定限界に対するピッチ角の影響
（2枚刃，工具径φ20，比切削抵抗1.3 GPa，分力比0.4，半径方向切込み2 mm，機械構造の共振周波数約256 Hz）

場合と比べて安定限界がさらに増大する安定なポケットが生じることがわかる．図の例では，ピッチ角180°（等ピッチ）での最大の安定限界切込みが約30 mm（3850 min⁻¹付近）なのに対し，ピッチ角163°では約200 mm（4100 min⁻¹付近）となる．このような特徴的な安定ポケットに対応する適切な条件を選択することで，飛躍的に安定限界を向上し得る可能性がある．

以上で述べた応用的な自励びびり振動の回避手法はすべて"再生効果"の影響を低減することに主眼を置いた手法である．このため，"モードカップリング"に対しては抑制効果がない点に注意する必要がある．かえって，モードカップリングの影響が大きいプロセスでは，これらの対策は逆効果となってしまう場合もある．

モードカップリングの影響を回避するには，複数の振動モード間の連成を防ぐ必要がある．例えば，エンドミル加工では，一般に，半径方向切込みを小さくすることにより切取り厚さ変動に影響する振動方向が限定されるためモードカップリングの影響が小さくなる．一方，機械構造を異方性として，複数存在する振動モードの共振周波数をずらすのも効果的である．これの応用的な手法として，振動特性に異方性をもたせた回転工具を利用する方法が提案されている[10]が，この方法が有効となるプロセスは極めて限定される[11]ため，現実にはほとんど利用されていない．

また，多軸工作機械を利用して工具に傾斜姿勢を与えて加工を行うことにより自励びびり振動を回避する手法についても検討が始められている[12]．繰り返し述べるが，自励びびり振動は切削プロセスと機械構造の伝達特性で形成される閉ループシステムが不安定となるときに生じる．工具の傾斜姿勢を変更すると，このループにおける切削プロセスのゲインが変化する．このゲインが最も小さくなる工具傾斜姿勢で加工を行うことにより，びびり振動の安定限界を効果的に向上することができる．

5. 伝達関数の測定・推定手法

これまでに解説してきた自励型と強制型のびびり振動に

図7 インパルス応答試験の様子

ついて，それぞれの解析を行うには機械構造の伝達関数の測定が必要となる．これには一般にインパルス応答法が利用される．インパルス応答法では，**図7**に示されるように，機械構造（写真ではエンドミル）に振動センサを取り付けてハンマリングを行うことが多い．このときの入力（インパルス力）と出力（写真では加速度）の周波数解析を行うことにより伝達関数を求めることができる．ほとんどのびびり振動の研究ではこの方法が用いられているが，意外にこの方法で高精度な測定を行うのは難しい．例えば，図に示すように加速度センサを被測定物に取り付けると，その重さ等の影響で伝達関数は変化する．特に，被測定物が小さいときにはこの影響が大きいだけでなく，正確に加振することさえも難しい．また，例えば，主軸に取り付けた工具や被削材のように被測定物が加工中に回転する場合，回転中と静止時では伝達特性が異なることがある[13]．これらの影響で伝達関数を正確に計測できないと，これに基づくびびり振動の解析結果にも誤差が生じる．例えば，共振周波数が実際とずれてしまうと，自励びびり振動の安定ポケットの生じる主軸回転数もずれるので注意する必要がある．

これに対して，インパルス応答法を用いずにびびり振動の逆解析を利用して伝達関数を同定する手法も考案されている[14]．この方法では，加工実験で測定されたびびり振動の実験結果を利用して伝達関数を同定する．このため，高速回転中の機械構造や小径工具，複雑微細形状の工作物等の評価に対しても適用できるという優れた特徴をもつ．

6. お わ り に

びびり振動の発生メカニズムや，その発生条件とプロセス条件との関係は複雑であり，最適な対策の検討は極めて難しい．このため，実際の生産現場では経験的な対策のみが検討されることが多く，解析や応用的な手法が実用的に利用されるケースは少ない．しかし，解析技術の進歩によって，現在ではさまざまなプロセスに対してびびり振動解析が可能であり，それらの特徴についても徐々に明らかにされている．同時に，その解析精度は不十分である場合が多いが，それらの問題点をよく理解した上で解析的なアプローチを適切に利用することで，システマティックに対策を講じることもできる．このため，びびり振動の問題を実用的に改善し得るプロセスは潜在的に多いと思われる．しかし，これにはこの分野の研究の発展と，生産技術にかかわるエンジニアのさらなる深い理解が必要不可欠である．今後，びびり振動の研究が発展して応用技術の実用化が進み，切削加工技術の発展に貢献することを期待したい．

参 考 文 献

1) 鈴木教和，井加田勲，樋野励，社本英二：強制・自励型びびり振動を回避するエンドミル加工条件の統合的検討，精密工学会誌，**75**，7（2009）908.
2) E.J.A. Armarego and R.C. Whitfield : Computer Based Modelling of Popular Machining Operations for Force and Power Prediction,

Annals of the CIRP, **34**, 1（1985）65.

3）Y. Altintas and M. Weck : Chatter Stability in Metal Cutting and Grinding, Annals of the CIRP, **53**, 2（2004）619.

4）Y. Altintas, M. Eynian and H. Onozuka : Identification of Dynamic Cutting Force Coefficients and Chatter Stability with Process Damping, Annals of the CIRP, **57**, 1（2008）371.

5）E. Budak and L.T. Tunc : A New Method for Identification and Modeling of Process Damping in Machining, Transactions of the ASME Journal of Manufacturing Science and Technology, **131**（2009）051019.

6）S. Jayaram, S.G. Kapoor and R.E. DeVor : Analytical Stability Analysis of Variable Spindle Speed Machining, Transactions of the ASME Journal of Manufacturing Science and Engineering, **122**, 1（2000）391.

7）J. Slavicek : The Effect of Irregular Tooth Pitch on Stability of Milling, Proceedings of the 6th MTDR Conference, Pergamon Press, London,（1965）15.

8）J. Tlusty, F. Ismael, et al. : Use of Special Milling Cutters against Chatter, in : NAMRC 11 University of Wisconsin—Madison, SME,（1983）408.

9）社本英二，影山和宏，森脇俊道：不等ピッチエンドミルによる

再生型びびり振動の抑制―解析モデルの構築とピッチ角の最適化，日本機械学会関西支部講演会講演論文集，024-1,（2002）3-5.

10）F. Ismal and A. Bastami : Improvong Stability of Slender End Mills against Chatter, Transactions of the ASME Journal of Engineering for Industry, **108**, 1（1986）264.

11）Y. Kurata, N. Suzuki, R. Hino and E. Shamoto : Chatter Suppression in Milling with Anisotropic Tools, Proceedings of the 2009 International Symposium on MHS,（2009）547.

12）赤澤浩一，社本英二：低剛性工作物のボールエンドミル加工における再生型びびり振動に関する研究，精密工学会誌，**75**, 8（2009）984.

13）E. Abele and U. Fiedler : Creating Stability Lobe Diagrams during Milling, Annals of the CIRP, **53**, 1（2004）309.

14）N. Suzuki, Y. Kurata, R. Hino and E. Shamoto : Identification of Transfer Function of Mechanical Structure by Inverse Analysis of Regenerative Chatter Vibration in End Milling, Proceedings of the 3rd International CIRP High Performance Cutting Conference,（2008）455.

MQL加工における潤滑剤の切削性能
—トライボロジーからみた作用機構—

Cutting Performance of Lubricants in MQL Machining
—Action Mechanism Based on Tribology—/Toshiaki WAKABAYASHI

香川大学工学部材料創造工学科　若林利明

1. は じ め に

門外漢からすると，「トライボロジー」は馴染みの薄い言葉ではないかと思われる．摩擦を意味するギリシャ語 $\tau\rho\iota\beta o\sigma$（tribos，トリボス）に学問を表す-ology を組み合わせたものが Tribology で，摩擦学（Friction Science）や潤滑工学（Lubrication Engineering）といった分野に新しいイメージを付与しようと，1966 年，イギリスで生まれた造語である．

トライボロジーは従来から，摩擦の低減，摩耗の抑制という形で省エネルギーや省資源に貢献してきた．この技術によって，例えば自動車の燃費が大きく向上し，今後もさらなる改善が見込まれている．これは CO_2 排出量の削減に直結し，地球温暖化の防止対策として有効な手段のひとつである．すなわち，トライボロジーは持続可能な低炭素社会を実現させるために必要なキーテクノロジーといっても過言ではない．

ものつくりの根幹技術である切削加工においても，トライボロジーはさまざまな場面で重要な役割を演じてきた．工具をみてみると，優れた摩擦特性と耐摩耗性を付与する各種の表面コーティング手法と材料が開発され，最近の工具性能は飛躍的に進歩している[1]．また，切削油は，切りくず生成時のせん断および切削部の摩擦に対して，その潤滑作用と冷却作用によって効果的に働くとともに，切りくずの流出も助け，順調な切削には不可欠な存在であろう．

一方，環境に配慮したプロセス構築は，ものつくりの現場でも重要な課題となっている[2][3]．こうした背景のもと，切削の分野は比較的早くから環境問題に取り組み，その成果を着実に挙げてきた[4][5]．環境に優しいさまざまな切削加工法が検討，提案され，現在も工作機械や切削工具，さらには切削油の環境対応にかかわる研究開発が積極的に進められている[6]．

それらの中で本稿は，環境に優しい切削加工，いわゆるエコマシニングの代表的成功例である MQL（Minimal Quantity Lubrication，極微量潤滑油供給）加工を取り上げる．具体的には，この加工に用いる潤滑剤の切削性能と作用機構を，金属新生面への吸着挙動からみたトライボロジー特性と関連づけて検討した著者らの研究結果について紹介する．

2. MQL 加工と切削油

2.1 MQL 方式によるニアドライ加工

完全なドライ切削ではなく，それに近い状態を維持しつつ切削油の使用量を最小化する方法を総称してニアドライ（Near-dry）加工と呼び，MQL 加工もそのひとつである．ちなみに，国内ではニアドライよりもセミドライ加工という言い方が普及しているが，正しい英語表記は前者のようである．

MQL 加工は，毎時数～数十 ml 程度の極めて微量の切削油をミスト状に微粒子化し，これを搬送するための多量の気体（キャリアガス，通常は圧縮空気）とともに加工点へ供給する方法である．この供給法には，**図1**に示すとおり外がけ式，コレットリング式，センタースルー式などがあり，極微量の油剤が潤滑を行い，キャリアガスが切りくずの排出と加工点の冷却を部分的に担当する．MQL 加工は，油剤の供給量が大量の切削油を使用する従来型の湿式加工に比べると数千から数万分の 1 程度と極めて少ないにもかかわらず，切削抵抗の低減，工具摩耗の抑制，製品精度の向上等の点で遜色がなく，環境対応型切削加工として実際の生産現場への適用が着実に進んでいる[7][~][10]．

2.2 MQL 加工用切削油
2.2.1 二次性能

切削油の実用性能には，切削性能を意味する一次性能と，皮膚刺激性，臭気，耐腐敗性など安全性や作業性にかかわる二次性能があり，両者に優れることが求められる．

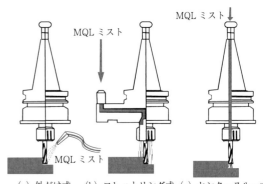

(a) 外がけ式　(b) コレットリング式　(c) センタースルー式
図1 MQL 加工における油剤の供給方法

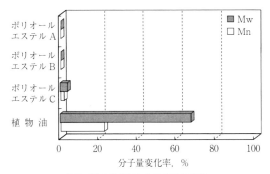

図2 酸化劣化による分子量の変化

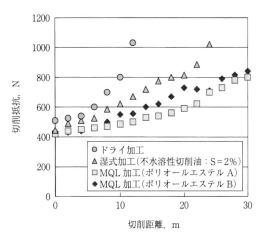

[切削条件]
被削材：JIS S55C 鋼，工具：超硬合金（φ10 mm）
切削速度：60 m/min，送り：0.1 mm/tooth
軸切込み：4.0 mm，半径切込み：1.0 mm
MQL：Air＝0.2 MPa，Oil＝15 ml/h，外がけ供給

図3 エンドミル加工時の切削抵抗

特にMQL加工用の切削油の場合，ミスト化した油滴が外部へ放出されることによる環境への負荷を最小限にとどめるため，二次性能として油剤が生分解性をもつことが必要である．普通に入手できる油剤の中で高い生分解性をもつものに植物油があり，一部のエステル類（主として多価アルコールに由来するポリオールエステル類）も良好な生分解性を示す．

一方，微粒子化した油滴はわずかずつ工作機械内部壁面などに付着，残留して，薄い油膜を形成する．このような薄い油膜は酸素の影響によって劣化しやすく，しばしば粘着性の物質に変わって作業環境を悪化させるため，MQL加工用油剤には，高い酸化安定性が不可欠である[11]．これを実験的に確かめるため，各種油剤をアルミシャーレ上で薄膜状にして70℃，168時間加熱した後，油剤の酸化劣化による分子量（重量平均分子量Mwおよび数平均分子量Mn）を調べ，加熱前の分子量に対する変化率として求めたものが**図2**である[12]．通常，この変化率が10%を超えると，粘着性劣化物質の生成が顕著となる．ここで選定した三種の油剤A，B，Cは，いずれも生分解性を有する合成ポリオールエステルをベースに開発したものであり，植物油に比べてほとんど分子量の変化がない．すなわち，高い酸化安定性をもつことから，MQL加工に適した切削油として期待できる．

2.2.2 切削性能

MQL加工用油剤にとって，一次性能としての切削性能も重要な選定基準であることに変わりはない．そこで，**図3**はエンドミルによる側面加工時の切削抵抗を，ドライ，通常給油による湿式およびMQLの各加工について比較したものである．ポリオールエステルでMQL加工したときの切削抵抗は明らかに低く，ドライ加工ばかりか，切削性能向上に優れる極圧添加剤として硫黄化合物を含む切削油で湿式加工したものと比べても，MQLを適用した方が好ましいという結果が得られている．

3. MQL加工におけるエステル潤滑剤の作用機構

3.1 雰囲気制御切削試験

従来の湿式加工に比べて切削油が極微量のMQL加工では，切削現象の中で油剤がもたらすトライボロジー的な挙

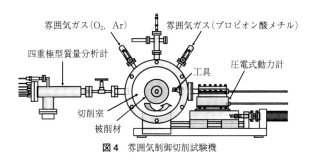

図4 雰囲気制御切削試験機

表1 雰囲気制御切削試験機による実験条件

[切削条件]	
被 削 材	JIS SCM435 鋼
工 具	超硬合金
切削速度	12 m/min
[導入するモデル化合物]	
エステル	プロピオン酸メチル $C_2H_5COOCH_3$
炭化水素	n-ヘキサン C_6H_{14}
共存ガス	酸素，アルゴン

動の影響が格段に重要度を増すことになる．例えば，エステルは金属表面に吸着膜を形成し，潤滑効果を発揮することが知られている[13]．そこで，この吸着挙動を，**図4**の雰囲気制御切削試験機を用いて検討した[14]．

表1はこの検討の実験条件で，切削室を10^{-4}Paまで真空にした後，目的とする化合物の気体を所定圧力で一定となるように導入する．その後，鋼の切削を開始すると，導入した化合物が鋼の新生面に吸着する場合には，質量分析計で測定した気体圧力が**図5**（a）のように変化する．この測定結果に森らの方法[15]を適用すれば，図5（b）の関係の傾きから吸着活性が求まる．吸着活性は，その値が大

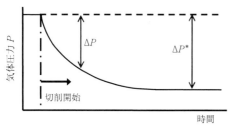

(a) 吸着による気体圧力の時間変化

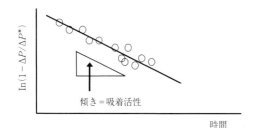

(b) 吸着活性の導出

図5　吸着活性の導出方法

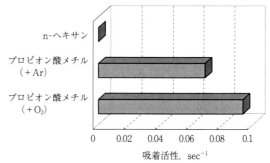

図6　モデル化合物の吸着活性

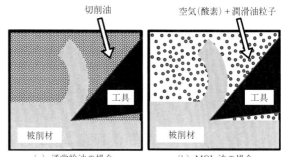

(a) 通常給油の場合　　(b) MQL 法の場合

図7　(a) 通常給油と (b) MQL における油剤供給状況

きいほど金属新生面と吸着分子との化学的親和性が高いことを意味する．ただし，導入可能な蒸気圧の制限から，実際に加工で用いる油剤ではなく，モデル化合物として，エステルにはプロピオン酸メチル，炭化水素である基油にはn-ヘキサンを使用した．

　なお，この試験機には二つのリークバルブが備わっており，同時に二種類の気体を導入することが可能なため，エステルの吸着活性はアルゴンあるいは酸素が共存する場合について実験を行った．周知のとおり，アルゴンは不活性ガスであり，通常は金属新生面に吸着しない．一方，酸素は反応性に富み，金属新生面に対して速やかに吸着し反応する．したがって，アルゴンが共存する場合はエステル単独の吸着挙動が，酸素が共存する場合はエステルと酸素互いの影響による吸着挙動が観察できる．なお，エステル単独の挙動を調べる実験でアルゴンを共存させた理由は，切削室内にエステルの共存相手の分圧がなくなることによる吸着挙動への影響を避けるためである．

3.2　モデル化合物の吸着活性と MQL 加工

　モデル化合物を 10^{-1} Pa となるように導入したときの鋼新生面に対する吸着活性の値を図6に示す．まず，基油のモデル化合物である n-ヘキサンの場合，この分子が極性基をもたないため吸着は起こらず吸着活性はゼロである．一方，エステル単独（アルゴン 10^{-1} Pa と共存）では，比較的高い吸着活性が得られる．さらに酸素 10^{-1} Pa が共存すると，その影響によってエステル自身の吸着活性が上昇するという結果が得られた．

　この実験事実から，周囲に酸素が存在するとエステルの吸着能が向上すると推測され，これが原因となって，より強固な吸着による良好な潤滑膜形成につながると考えられる．そしてこの現象は，実際の MQL 加工時にも生じてい

る可能性が高い．すなわち，図7に示すように，通常給油の場合，加工部近傍は主として切削油に囲まれた状態であるのに対し，MQL 供給の場合，加工部近傍は酸素を含む大量の空気と潤滑油粒子が共存する環境にある．したがって，この潤滑油がエステルのときには，空気中の酸素の助けによってエステルの吸着能が最大限に生かされ，その結果，極微量にもかかわらず，予想以上の優れた切削性能が得られるものと推定される[14]．

3.3　MQL 加工時のキャリアガスの影響

　以上のようなエステルの吸着挙動および切削部近傍での働きに対する推測から，MQL 加工では油剤とともにキャリアガスも切削性能に影響をおよぼすと予想される．これを確かめるため，JIS S45C 鋼の二次元切削に MQL 供給を適用し，キャリアガスを酸素，空気（通常の MQL），窒素と変えたときの切削抵抗を測定した．図8にはその結果を，図9には切削後に得られた仕上げ面の写真を示す．これらの図から，明らかにキャリアガス中の酸素濃度が高いほど，切削抵抗が減少するとともに仕上げ面も良好となり，酸素の存在によって切削性能が向上した．

　さらに興味深いのは，被削材を鋼からアルミニウム合金に変えると，鋼とは逆の傾向が得られる点である．その結果を切削抵抗について図10に示す．アルミニウム合金の場合，供給する気体中の酸素が少ないほど切削抵抗は低下する．仕上げ面の観察結果も，同様に酸素濃度が低いほど良好であったため，アルミニウム合金の切削では，酸素をいかに排除するかが鍵になる．

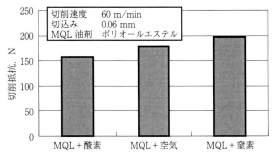

図8 MQL加工時の切削抵抗に対するキャリアガスの影響（被削材：JIS S45C鋼）

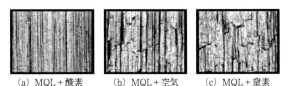

(a) MQL＋酸素　　(b) MQL＋空気　　(c) MQL＋窒素

図9 MQL加工後の仕上げ面に対するキャリアガスの影響（被削材：JIS S45C鋼）

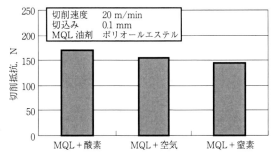

図10 MQL加工時の切削抵抗に対するキャリアガスの影響（被削材：JIS A6061アルミニウム合金）

なお，鋼とアルミニウムどちらの場合も，エステルが存在しないキャリアガスだけの供給では切削抵抗が上昇し，切削性能が低下するため，円滑な切削現象を得るためには，エステルの潤滑効果が必須である[16]．また，鋼とアルミニウムのMQL加工で酸素の影響が逆の傾向を示す理由については，今のところ次のように考えている．

すなわち，酸素は切削によって生じた金属新生面へ吸着反応して酸化物の被膜を形成するため，エステルによる潤滑膜の効果ばかりでなく，この酸化膜のトライボロジー特性もMQL加工時の切削性能に影響する．このとき，鋼の切削で生成した酸化鉄はせん断強度が比較的低いため，しばしば鋼の摩擦において固体潤滑剤に働く．

一方，アルミニウム合金の切削では酸化アルミニウム，いわゆるアルミナが生成し，この化合物は高硬度材として知られるとおり，せん断強度も高く，摩擦低減の点からは好ましくない．したがって，鉄とアルミニウムとの間で，切削時の酸素の影響が異なるという結果は，上記のような酸化膜のトライボロジー特性の違いに起因するものと考え

られるが，さらなる潤滑メカニズムの究明については，今後の課題である．また，こうしたトライボロジー的な立場からの検討にもとづいて得られる知見は，MQL加工における油剤の作用機構をさらに明らかにし，この環境に優しい加工法を一層進展させる上で有用と思われる．

4. おわりに

切削油使用量の大幅な削減が可能なMQL加工を取り上げ，この加工に対しては，生分解性をもつ合成ポリオールエステルをベースにした潤滑剤が酸化安定性と切削性能の両面から適しており，極微量でも切削部近傍で有効に働いていることを紹介した．さらに，この潤滑剤の切削性能が，エステル自身と雰囲気にあるキャリアガスそれぞれの金属新生面への吸着挙動からみたトライボロジー特性と密接に関連し，酸素の存在が鋼の切削では有利に，アルミニウムでは不利に働くという，きわめて興味深い実験事実を説明した．

本稿が，環境に優しいMQL加工における潤滑剤の切削性能と作用機構について，トライボロジーの立場から理解する上で，少しでも役立てば幸いである．

参　考　文　献

1) 例えば，狩野勝吉：データで見る次世代の切削加工技術，日刊工業新聞社，(2000)．
2) 木村文彦：環境に配慮した生産システム構築の考え方，精密工学会誌，**71**，8 (2005) 941．
3) 青山藤詞郎：生産加工における環境対応技術，機械と工具，**51**，8 (2007) 10．
4) 若林利明：環境問題と切削油，潤滑経済，**432**，3 (2002) 2．
5) 松原十三生：環境対応加工技術の現状と課題，精密工学会誌，**68**，7 (2002) 885．
6) 例えば，特集・環境対応型切削技術とトライボロジー，トライボロジスト，**53**，1 (2008)．
7) F. Klocke and G. Eisenblatter : Dry Cutting, Annals of the CIRP, **46**, 2 (1997) 519．
8) 稲崎一郎：MQL切削の技術動向，トライボロジスト，**47**，7 (2002) 519．
9) K. Weinert et al. : Dry Machining and Minimum Quantity Lubrication, Annals of the CIRP, **53**, 2 (2004) 511．
10) 須田聡：環境に優しく高性能なセミドライ加工用切削油の開発，潤滑経済，**482**，3 (2006) 20．
11) 須田聡：MQL切削用油剤の動向，トライボロジスト，**47**，7 (2002) 550．
12) S. Suda et al. : A Synthetic Ester as an Optimal Cutting Fluid for Minimal Quantity Lubrication Machining, Annals of the CIRP, **51**, 1 (2002) 95．
13) 例えば，日本トライボロジー学会編：トライボロジーハンドブック，養賢堂，(2001) 598．
14) T. Wakabayashi et al. : Tribological Characteristics and Cutting Performance of Lubricant Esters for Semi-dry Machining, Annals of the CIRP, **52**, 1 (2003) 61．
15) S. Mori, M. Suginoya and Y. Tamai : Chemisorption of Organic Compounds on a Clean Aluminum Surface Prepared by Cutting under High Vacuum, ASLE Transactions, **25**, 2 (1982) 261．
16) 藤村智志，稲崎一郎，若林利明，須田聡：ニアドライ加工の潤滑機構に関する研究，日本機械学会論文集（C編），**73**，730 (2007) 1883．

はじめての精密工学

多軸サーフェスエンコーダの基礎

Basics of Multi-axis Surface Encoders/Akihide KIMURA and Wei GAO

東北大学　木村彰秀，高　偉

1. は じ め に

　精密工学の分野において，多軸変位一括測定のニーズは数多く存在する．代表的な精密位置決め装置である1軸リニアステージの運動誤差に目を向けると，ステージ駆動軸に沿った位置決め誤差に加えて，2軸の真直度成分と3軸回りの姿勢誤差成分，計6軸の誤差成分が存在し，ステージ運動誤差の評価および補正のためには，これらの誤差成分を同時に測定する必要がある．また，CNC制御工作機械や，半導体産業やレーザ加工産業において用いられるXYステージの性能評価のためには，ステージ可動部をXY平面内で駆動させたときに生じる多軸変位の一括測定が必要となる．

　従来は，複数の変位センサ，および角度センサの組み合わせで，多軸変位一括測定システムを構築してきた．例えば，レーザ干渉測長器に幾何光学型変位センサと光学式角度センサを追加した測定システムにより，1軸リニアステージやXYステージの位置決め誤差，真直度誤差および姿勢誤差を評価した研究例がある[1~3]．これらの方法では，測定システムの光路長をステージのストローク分だけ確保する必要があり，高精度な測定結果を得るためには，空気の揺らぎが各光センサ出力に及ぼす影響に配慮しなければならない．一方，多軸変位一括測定システムの別のアプローチとして，リニアエンコーダを2軸に拡張した平面エンコーダが開発されている[4][5]．平面エンコーダは，直交する2軸に沿った微細周期形状が刻まれた2軸スケールと，変位情報を読み取るためのセンサヘッドから構成されている．移動体に取り付けられている2軸スケールを，空間的に固定されているセンサヘッドにより読み取ることで，移動体の2軸変位を同時に，かつ長ストロークにわたり検出することができる．平面エンコーダにおいては，スケールのピッチばらつきが測定誤差に影響を及ぼすものの，レーザ干渉測長器と比べると空気中に晒される光路長が短いため，空気の揺らぎに対してロバスト性のある測定が実現できる．しかしながら，移動体の姿勢誤差や真直度誤差を検出する場合には,別のセンサを追加する必要がある．

　そこで筆者らの研究グループでは，空気の揺らぎに対して耐性のある平面エンコーダの構成をベースにしつつも，移動体に取り付けられた2軸スケールの表面形状が生み出す情報から，移動体のスケール面内運動に加えて，姿勢誤差または真直度誤差を併せて検出できるサーフェスエンコーダの研究を進めてきた．本稿では，開発したプロトタイプとその基本性能の一部について紹介する．

2. 幾何光学型サーフェスエンコーダ

　サーフェスエンコーダは，平面エンコーダと同様に，変位測定の基準となる2軸スケールと変位情報を読み取るセンサヘッドから構成されている．**図1**は，スケール面内の2軸変位と3軸回りの姿勢変位，計5軸変位の同時検出を目的とした幾何光学型サーフェスエンコーダ[6]~[8]の概略図である．2軸スケールは正弦波状の形状を有しており，センサヘッド内には三つの角度センサ部（角度センサ部1，2，3）が配置されている．光学式2軸角度センサによって正弦波状の2軸スケールの局所傾斜を検出し，角度センサの出力を逆算することで，センサヘッドと2軸スケールの間の相対変位を測定することができる．角度センサ部1および2の入射プローブは，**図2**(a)のように2軸グリッド状の開口（グリッドパターン）によりマルチスポット化される．2軸スケールがもつ正弦波周期形状の同位相部分にマルチスポットを照射し，その角度情報を平均して検出することにより，2軸スケールの形状誤差の影響を低減することができる[9]．正弦波状の2軸スケールの形状 $h(x, y)$ は，以下のように表すことができる．

$$h(x, y) = A \sin\left(2\pi \frac{x}{g}\right) + A \sin\left(2\pi \frac{y}{g}\right) \tag{1}$$

ここで，g および A は，正弦波2軸スケールのピッチと高さ方向片振幅を示している．角度センサ部1は，2軸ス

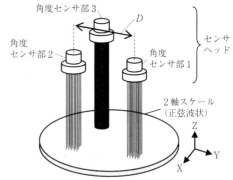

図1　幾何光学型サーフェスエンコーダの概略図

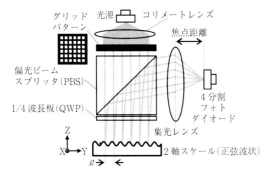

(a) 角度センサ部1，2

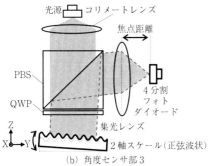

(b) 角度センサ部3

図2 角度センサ光学系の構成図

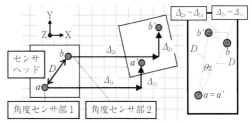

図3 面内回転 θz 検出原理

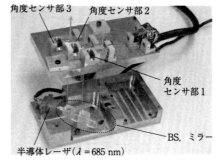

図4 幾何光学型サーフェスエンコーダプロトタイプの分解図

ケール形状のXY方向の面傾斜と，2軸スケールに生じた姿勢変位の和を検出する．正弦波2軸スケールのXY方向の面傾斜は，$h(x, y)$ のXおよびY方向に対する偏微分で求められることを考慮すると，角度センサ部1のXY方向の2軸角度出力 m_{1x}, m_{1y} は以下のように求められる．

$$m_{1x}=\frac{\partial h(x,y)}{\partial x}+\theta x=\frac{2\pi A}{g}\cos\left(2\pi\frac{x}{g}\right)+\theta x \qquad (2)$$

$$m_{1y}=\frac{\partial h(x,y)}{\partial y}+\theta y=\frac{2\pi A}{g}\cos\left(2\pi\frac{y}{g}\right)+\theta y \qquad (3)$$

m_{1x}, m_{1y} を逆算することにより，基本的にはXY位置の情報がそれぞれ得られるが，角度センサ部1の2軸角度出力のみでは，移動方向の判別が不可能であり，θx, θy 変位のクロストークの影響も問題となる．移動方向の判別に関する問題を解決するため，センサヘッド内には角度センサ部2が搭載されている．角度センサ部2の入射プローブの位置が，角度センサ部1の入射プローブの位置に対してXY方向共に $g/4$（g：スケールピッチ）だけオフセットをもつように，角度センサ部1，2の間の距離 D は調整されている．この場合，角度センサ部2のXY方向の2軸角度出力 m_{2x}, m_{2y} は以下のように表すことができる．

$$m_{2x}=\frac{2\pi A}{g}\cos\left(2\pi\frac{x}{g}+\frac{\pi}{2}\right)+\theta x=-\frac{2\pi A}{g}\sin\left(2\pi\frac{x}{g}\right)+\theta x \qquad (4)$$

$$m_{2y}=\frac{2\pi A}{g}\cos\left(2\pi\frac{y}{g}+\frac{\pi}{2}\right)+\theta y=-\frac{2\pi A}{g}\sin\left(2\pi\frac{y}{g}\right)+\theta y \qquad (5)$$

m_{1x} と m_{2x}，または m_{1y} と m_{2y} の間には，常に90度の位相差があるため，一般のエンコーダと同様の原理でXおよびY方向の移動方向を判別することができる．またスケール面内方向の回転 θz は，**図3**のように角度センサ部1を基準にし，もう一方の角度センサ部2の変位量を計算することにより求められる．m_{1x}, m_{2x}, m_{1y}, m_{2y} から逆算して得られる変位情報をそれぞれ Δ_{1x}, Δ_{2x}, Δ_{1y}, Δ_{2y} とすると，スケール面内方向の回転 θz は以下のように導出できる．

$$\theta z=\frac{\sqrt{(\Delta_{2x}-\Delta_{1x})^2+(\Delta_{2y}-\Delta_{1y})^2}}{D} \qquad (6)$$

一方，θx, θy 変位のクロストークに関する問題を解決するため，センサヘッド内には角度センサ部3が搭載されている．角度センサ部3の入射プローブは，図2（b）のようにスケールピッチ g に対して十分大きく設計されているため，平滑効果により微細な正弦波形状の影響を無視することができる．そのため，角度センサ部3のXY方向の2軸角度出力 m_{3x}, m_{3y} は，以下のように θx, θy にのみ依存する．

$$m_{3x}=\theta x \qquad (7)$$

$$m_{3y}=\theta y \qquad (8)$$

角度センサ部3の2軸角度出力から，2軸スケールの θx および θy 変位を測定できる．同時に，角度センサ部1および2の2軸角度出力の中に発生する θx, θy 変位のクロストークの影響も補正できる．以上のように，幾何光学型サーフェスエンコーダの5軸変位検出原理は幾何光学式角度センサに基づいているため，2軸スケールの姿勢変位検

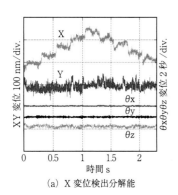

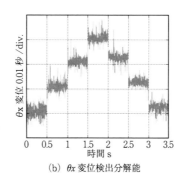

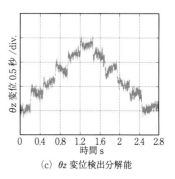

(a) X 変位検出分解能 　　　　 (b) θx 変位検出分解能 　　　　 (c) θz 変位検出分解能

図5 幾何光学型サーフェスエンコーダの変位検出分解能

出にも柔軟に対応できるのが特長である.

　図4は，図1の概略図に基づいて試作したプロトタイプ[8]の写真である．正弦波2軸スケールは，高速工具サーボを基にした超精密機械加工システムによって製作されている[10]．スケールのピッチgと片振幅Aは，それぞれ100 μm，100 nm であり，加工範囲は直径 150 mm である．センサヘッドの大きさは幅 66 mm×長さ 126 mm×高さ 47 mm である．センサヘッドでは，角度センサ 1, 2, 3 が同一ベース上に配置されており，半導体レーザからの波長 685 nm 赤色レーザがビームスプリッタ（BS）により同じ強度に分割されておのおのの角度センサ部に入射する．角度センサ部 1, 2 からの入射プローブの間の間隔 D は約 21 mm である．

　開発したプロトタイプセンサに関する性能の一例として，変位検出分解能を評価した結果を**図5**に示す．本実験では，センサヘッドは空間的に固定されており，精密ステージによって正弦波2軸スケールに各軸に沿った微小ステップが与えられている．実験の結果，X 方向，θx 方向および θz 方向の変位検出分解能は，それぞれ 30 nm，0.01 秒および 0.5 秒程度であった．また，Y および θy 方向の変位検出分解能は，それぞれ X 方向，θx 方向と同程度であることが確認されている．

3. 回折光干渉型サーフェスエンコーダ

　前章で解説した幾何光学型サーフェスエンコーダにおいて 5 軸変位検出を実現したが，その XY 方向の変位検出分解能は近年の超精密計測に対応しているとは言い難い．XY 変位検出分解能の向上には 2 軸スケールの短ピッチ化が有効であるが，光の回折現象の影響が強くなるため[11]，幾何光学型サーフェスエンコーダの幾何光学に基づいた変位検出原理が機能しないという問題がある．そこで，光の回折現象を変位検出のために積極的に利用する回折光干渉型サーフェスエンコーダ[12]～[16]を開発することで，高い XY 変位検出分解能の実現を試みた．**図6**は回折光干渉型サーフェスエンコーダの概略図を示しているが，センサヘッド内に 2 軸スケールと同じ形状をもつ参照用 2 軸微細格子が搭載されているのが特徴的な点である．2 枚の微細格

子からの XY 方向 ±1 次回折光が重ね合わさることで，干渉信号が生成される．4 つの干渉信号はそれぞれ検出器で検出されるが，その強度は以下のように表すことができる．

$$I_{X+1}=2\left[1+\cos\left\{\frac{2\pi}{g}x+\frac{2\pi}{\lambda}(1+\cos\theta)z\right\}\right] \quad (9)$$

$$I_{X-1}=2\left[1+\cos\left\{-\frac{2\pi}{g}x+\frac{2\pi}{\lambda}(1+\cos\theta)z\right\}\right] \quad (10)$$

$$I_{Y+1}=2\left[1+\cos\left\{\frac{2\pi}{g}y+\frac{2\pi}{\lambda}(1+\cos\theta)z\right\}\right] \quad (11)$$

$$I_{Y-1}=2\left[1+\cos\left\{-\frac{2\pi}{g}y+\frac{2\pi}{\lambda}(1+\cos\theta)z\right\}\right] \quad (12)$$

ここで，g および λ は，2 軸スケールのピッチと光源の波長を示しており，x, y, z はスケールと参照格子の間の XYZ 方向の相対位置を表している．これらの干渉信号の出力を連立させることで，XY 変位だけでなく Z 変位，すなわち 2 軸スケールが取り付けられている移動体のスケール面内運動と真直度を同時に測定することができる．上記の干渉信号の式において，x, y の項はスケール面内運動による位相シフト[17]により，z の項は 2 軸スケールからの回折光の光路長変化により発生するものである．回折光干渉型サーフェスエンコーダにおいては，XY 方向および Z 方向の変位検出感度はそれぞれ 2 軸スケールのピッチと光源の波長に大きく依存する．そのため，数 μm～サブ μm オーダーのピッチを有する 2 軸スケールと，数百 nm の波長をもつ可視光源を採用すれば，現在の電気内挿技術により容易にサブ nm の変位検出分解能を実現できるのが回折光干渉型サーフェスエンコーダの特長である．

　図7は，試作した回折光干渉型サーフェスエンコーダのプロトタイプ[14]の写真である．2 軸スケールには，2 光波干渉を利用した光リソグラフィーにより製作されたピッチ 1 μm の矩形波状格子が用いられている．開発したシステムでは，最大 100 mm×100 mm の領域にわたり矩形波 2 軸スケールを加工することが可能である．また，移動方向判別用の 2 相信号を生成するために，実際の光学系は図 6 に比べて拡張されている[12][13]．センサヘッドの大きさは幅 50 mm×長さ 70 mm×高さ 40 mm であり，光源には波

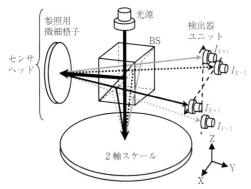

図6 回折光干渉型サーフェスエンコーダの概略図

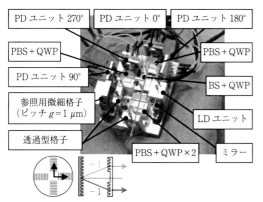

図7 回折光干渉型サーフェスエンコーダのプロトタイプ

長685 nmの半導体レーザが用いられている．矩形波2軸
スケールおよび参照用2軸格子の前に配置されている透過
型格子は，図7のように1次回折光の光路を曲げて回折光
の広がりの抑える役割を有しており，センサヘッドの小型
化に貢献している．

　開発したプロトタイプセンサに関する性能の一例とし
て，変位検出分解能を評価した結果を図8に示す．本実
験では，センサヘッドと3つのレーザ干渉測長器によって
PZTステージのXYZ方向の微小振動を観測しているが，
開発したプロトタイプセンサがXYZ3軸に沿った微小振
動を検出できていることが分かる．ノイズレベルから判断
すると，変位検出分解能は1 nmより高いといえる．

4. お わ り に

　本報では，移動体に取り付けられた2軸スケールの表面
形状が生み出す情報から，移動体のスケール面内運動に加
え，姿勢誤差または真直度誤差を併せて検出可能なサーフ
ェスエンコーダの研究例について述べ，多軸変位検出の新
たな可能性について触れた．センサヘッドの光学系を工夫
することにより，スケール面内のXY変位だけでなく，
それ以外の軸に沿った変位も検出できるサーフェスエンコ
ーダの考え方が，多軸変位計測におけるブレイクスルーに
少しでも貢献できれば幸いである．

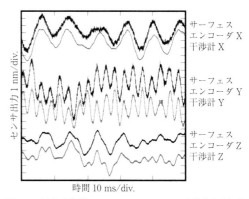

図8 回折光干渉型サーフェスエンコーダの変位検出分解能

参 考 文 献

1) K.-C. Fan and M.-J. Chen : A 6-degree-of-freedom Measure-
ment System for the Accuracy of X-Y Stages, Precision
Engineering, **24**（2000）15.
2) 今井登，清水伸二：工作機械直進テーブル運動精度の6自由度
同時測定法の提案，精密工学会誌，**67**，1（2001）126.
3) W.-Y. Jywe, C.-H. Liu, W.H. Shien, L.-H. Shyu, T.-H. Fang, Y.-H.
Sheu, T.-H. Hsu and C.-C. Hsieh : Developed of a Multi-Degree of
Freedoms Measuring System and an Error Compensation
Technique for Machine Tools, Journal of Physics : Conference
Series, **48**（2006）761.
4) HEIDENHAIN GmbH, KGM series.
5) OPTRA inc., NanoGrid.
6) S. Kiyono : Scale for Sensing Moving Object, and Apparatus for
Sensing Moving Object Using Same, US Patent 6262802,（2001）.
7) S. Kiyono, P. Cai and W. Gao : An Angle-based Position Detection
Method for Precision Machines, JSME Int. J., **42**, 1（1999）44.
8) S. Dejima, W. Gao, H. Shimizu, S. Kiyono and Y. Tomita : Precision
Positioning of a Five Degree-of-freedom Planar Motion Stage,
Mechatronics, **15**（2005）969.
9) 高偉，星野唯，清水裕樹，清野慧：マルチスポット光源を用い
たサーフェスエンコーダの研究，精密工学会誌，**68**，1（2002）
70.
10) W. Gao, T. Araki, S. Kiyono, Y. Okazaki and M. Yamanaka :
Precision Nano-fabrication and Evaluation of a Large Area
Sinusoidal Grid Surface for a Surface Encoder, Precision
Engineering, **27**, 3（2003）289.
11) 渡辺陽司，高偉，清水浩貴，清野慧：光干渉型サーフェスエン
コーダに関する研究，精密工学会誌，**71**，8（2005）1051.
12) W. Gao and A. Kimura : A Three-axis Displacement Sensor with
Nanometric Resolution, Annals of the CIRP, **56**, 1（2007）529.
13) 木村彰秀，荒井義和，高偉：回折光干渉型XYZ3軸変位センサ
に関する研究，精密工学会誌，**74**，9（2008）976.
14) 木村彰秀，荒井義和，高偉，曽理江：回折光干渉型3軸サーフ
ェスエンコーダに関する研究―短ピッチXY格子に対応したセ
ンサヘッドの開発―，2009年度精密工学会秋季大会学術講演会
講演論文集，689.
15) A. Kimura, W. Gao, Y. Arai and Z. Lijiang : Design and
Construction of a Two-degree-of-freedom Linear Encoder for
Nanometric Measurement of Stage Position and Straightness,
Precision Engineering, **34**, 1（2010）145.
16) A. Kimura, W. Gao and Z. Lijiang : Position and Out-of-straight-
ness Measurement of a Precision Linear Air-bearing Stage by
Using a Two-degree-of-freedom Linear Encoder, Meas. Sci.
Technol., **21**, 5（2010）054005.
17) A. Teimel : Technology and Applications of Grating
Interferometers in High-precision Measurement, Precision
Engineering, **14**, 3（1992）147.

はじめての 精密工学

白金抵抗温度計を用いた
精密温度測定

Temperature Measurement by Using Platinum Resistance Thermometers
/Tokio HAMADA

田中貴金属工業(株) 浜田登喜夫

1. は じ め に

本稿では現在筆者が行っている温度計の校正業務の経験をふまえて，白金抵抗温度計を用いて，特に室温付近の温度を正確に精密に測定するための校正方法や使用上の注意点等について解説する．

なお本稿は解説記事であり，また読者は温度測定を主たる業務とされていない方が大半ではないかと思う．したがって，記述の厳密さはある程度犠牲にし，なるべく専門外の方が読まれても理解しやすいように記載いたしたつもりである．したがってより詳しい情報，具体的には1990年国際温度目盛の詳細[1]，温度測定に関する不確かさ[2~4]，温度測定に関する基本的な事項等々は，必要最低限の事柄については本稿でも触れるが，詳細は別途参考文献をご覧願いたい[5~8]．

2. 白金抵抗温度計

実際に温度目盛の設定や温度測定に使われる白金抵抗温度計の例を**図1**に示す．

(a) は全体が石英硝子に入っており後述する水の三重点同様に内部が見る．先端部分を拡大して (b) に示す通り，コイル状になった白金線が雲母の巻き枠にスパイラル状に巻かれている．この温度計は，ITS-90 の定義に従って温度目盛を実現する際に使われる．

ですが見ていただいて分かる通り，このような硝子製の温度計は明らかに工業用の計測には向かない．理由はいくつもあるが，例えば以下のような点が上げられる．

- 硝子なので，落としたりぶつけたりすれば割れて壊れる．そういう面からだけ見ても，現場での計測には向かない．
- 抵抗値は，白金線にかかる重力と線自身の張力の微妙なバランスの上で保たれている．よって硝子が割れるほどの強い衝撃を受けなくとも，わずかの衝撃でこのバランスが崩れ，抵抗値が変化（ドリフト）することがある．
- 前述のような事情があるので，定期・不定期の水の三重点における抵抗値変化の監視，ならびにドリフトした場合は目盛の付け直しが必要で，実際に温度計として使用したいユーザー向きとはいえない．
- 感温部がこの例の場合，直径約7 mm，長さ約3 cm

と大きく，狭い領域の温度測定は無理である．
- この写真撮影は室温なので横に寝かせて行っているが，実際の使用は縦置きでしか構造上使えない．

よって実際に温度測定に用いられるのは，図1 (c) に示したようなシース型の白金抵抗温度計がほとんどである．

このようなシース型白金抵抗温度計の場合，前述の (a) に対して指摘した問題点がかなり緩和されており[*1]，実際の現場での精密な温度計測に使用することができる．

本稿では主にこの図の (c) に示した，JIS C 1604[-1997] に準拠した工業用のシース白金抵抗温度計[*2]を用いての精密な温度測定に関して解説する．なお，必要に応じて主に比較対照の目的で (a) の結果も示す．

(a) 標準用 25 Ω 白金抵抗温度計全体の外観

(b) 同上感温部(先端)を拡大

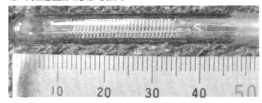

(c) 工業用 100 Ω シース白金抵抗温度計全体の外観

(d) 同上先端付近を拡大

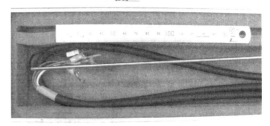

図1 白金抵抗温度計の外観

[*1] とはいっても，強い衝撃は禁物である．
[*2] JIS での呼び名は，測温抵抗体となっている．

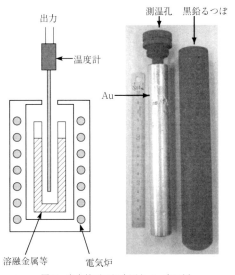

図 2　定点校正の概念図と Au 点の例

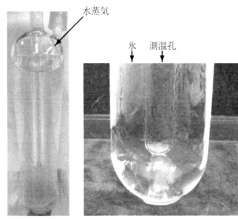

図 3　水の三重点セルの例

また目的が精密測定なので、JIS C 1604^{-1997} には 2 導線式・3 導線式・4 導線式の仕様があるが、すべて 4 導線式での測定とする。

3.　温度計の校正方法

まずは温度計の校正方法を簡単に説明する。温度計の校正には定点校正ならびに比較校正と呼ばれる方法が用いられる。

3.1　定点校正

図 2 左は通常行われる定点校正を模式的に示したもので、右の写真は実際に炉の中に入れて使われていた金（Au）点の例である。凝固した状態で測温孔部分を黒鉛るつぼから引き出した状態で撮影したが、定点物質であるAu は、測温孔の回りにくっついた状態になっている。この定点の構造は、後述する**図 3** 中の石英硝子→黒鉛るつぼ、水→金と読み替えれば、基本的には同じである。

温度定点での測定原理を簡単に分かりやすく一言でいえば、かき氷はいつも 0℃ である、ということだけである。水が凍るときは、氷ができはじめてから完全に全部が凍るまで、中は 0℃ である。逆に氷の塊が溶け始めると、全部融け終わるまで 0℃ である。もちろん温度が不均一にならないよう、全体を魔法瓶に入れるとかあるいは攪拌するといった心遣いは実務上必要であるが、これは実現上のテクニックであり、理屈はお分かりいただけるであろう。もちろん氷の純度（水の純度）も実際には問題であるが、原理はお分かりいただけるであろう。

この一定の温度の所に温度計を挿入してやれば、温度値は既知なので、その温度における出力[*3] が求められる。このような手法で行う温度計の校正を定点校正と呼ぶ。

このかき氷に相当する、種々の金属の融点（凝固点）温

度は、1990 年国際温度目盛（ITS-90）[*4] という、メートル条約下の国際協約で定められているので、この目盛を作ったり改訂したり、あるいは目盛の信頼性の評価を行う国立標準研究所[*5] 以外では、無条件で信じて用いてよいものである。

実際に使用している水の三重点セルを図 3 に示す。左がセル全体で、右が温度計の先端（感温部）が来る底の部分を拡大したものである。最上部の空間は水蒸気で満たされているが、見えない。密閉された石英硝子の中に水が入っており、その水の一部を測温孔内にドライアイスを入れて氷らせる。周辺は氷っていない水が残っており、右側の写真をよく見れば、測温孔の紙面下側にいる氷と周囲の水との半円状の境界が、かろうじて見える。

現品をご覧になったことのある方には何でもない物であるが、多くの方はそうではないかと思い、頑張って写真を撮ってみた。最上部の水蒸気はもちろん見えないが、見える部分も透明な石英硝子の中に透明な水が入っており、氷ももちろん透明である。また全体の温度が 0.01℃ なので、撮影にモタモタしていると表面が結露し曇って中が見えなくなってしまう。何とも写真に撮りづらい物であり、見苦しい分にはご容赦願いたい。

実際に定点を実現した例を**図 4** に示す。図 4 は、Sn の凝固点で白金抵抗温度計を校正する際に得られた凝固曲線である。縦軸に目盛を振っていないが、これは相対的な変化のみ見ていただきたいためで、チャート中にある通り測定中に電流値を 1 mA から $\sqrt{2}$ mA に変えて自己加熱による抵抗値の変化を見たり、ブリッジのバランスを崩して 1 mK のマーカーを入れたり、定点実現中にその他諸々の評価を行うが、前述の通り Sn も固まり始めから固まり終わりまで、この例の場合は開始から数時間はほぼ一定の温度を示していることが分かるであろう。

ほぼ一定と申したのは、温度定点を評価する必要がある

[*3]白金抵抗体であれば抵抗値

[*4]International Temperature Scale of 1990 の略
[*5]日本の場合、経済産業省傘下の産業技術総合研究所

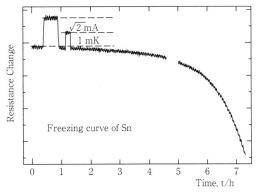

図4 Sn 点の実現例（白金抵抗温度計）

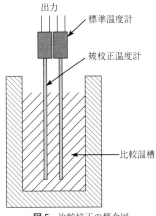

図5 比較校正の概念図

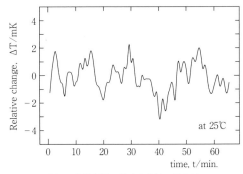

図6 比較温槽の温度安定性の測定例

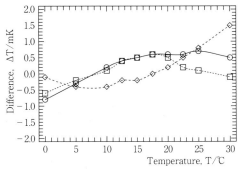

図7 Pt100 の比較測定と定点値からの計算値の差異

ときには，一定でない加減・曲がり具合からいろんな情報を得て評価することもある．温度計を校正する側ではこのような定点そのものの評価が必要なこともある．

ただし真っ直ぐでないとはいっても，チャート中の 1 mK のマーカーと比べれば分かる通り，数時間は 1 mK 以内の温度が維持されている．

水の三重点は，それなりに小さな不確かさで測定する必要のある方は，仮に温度測定を専門としないユーザーであったとしても，白金抵抗温度計のドリフト（経年変化）の管理や突発的な異常をチェックするために必要不可欠なものである．実際，具体的な不確かさがどの程度以下であれば必要不可欠かは難しい所であるが，筆者の独断と偏見でいってしまえば，5 mK 程度より小さな不確かさが必要な場合は必ず必要である．10 mK 程度でもあった方が望ましい．理由は，水道水を冷蔵庫で氷らせて実現した氷点の信頼性が，筆者の部屋での実測ではこのレベルであったからである．そこまで小さな不確かさが必要ではない方は，水道水を家庭用の冷蔵庫の冷凍室で氷らせた氷でも，正しく氷点を作れば十分であろうと思っている．

3.2　比較校正

もう一つの校正方法として比較校正と呼ばれる校正方法

がある．概要を**図5**に示す．定点校正した温度計，あるいは別途比較校正で目盛が付けられている温度計を参照標準として，温度分布や安定度の良い比較用温槽に入れ，その目盛を披校正温度計に移すものである．

実際の温槽の安定度を測った例を**図6**に示す．当然ながら，温度変化は小さい方が良いが，実務的にはこの変動幅は必要とされる目盛の不確かさと同程度であれば十分である．繰り返し測定を行えば，Type A[2] で評価した不確かさは $1/\sqrt{n}$ になるので，例えば 10 回繰り返せば 1/3 以下になる．

測定系は定点の場合と同様であるが，最低 2 本[*6] を交互に測る必要があるので，その仕組みが必要である．最近は，電子機器がいろいろあるので，パソコンと接続しスキャナを介して自動的に測定する方法が多く用いられている．

実際に比較校正を行い，定点からの計算値と比較した例を，**図7**に示す[9]．横軸は温度で，縦軸は ITS-90 の定義定点である水の三重点（0.01℃）とガリウム点（29.7646℃）を測定し，その結果から ITS-90 の補間式を使って中間温度を計算した結果と，比較測定での実測値の差異である．

本来定点間を ITS-90 の補間式に従って定点値から計算で求めるには，白金抵抗温度計はある一定の条件[*7] を満た

[*6]参照標準と披校正温度計
[*7]$R_{Ga}/R_{H_2O} \geq 1.11807$

さなければならない.

この条件を満たす温度計は,すでに図1(a)に示した標準用の25Ωの温度計であるが,これはすでに述べたように実際の現場の温度測定にはまず使えない.

この測定例の被校正温度計は,図1(c)に示したようなシース測温抵抗体であり,JIS C 1604−1997の仕様を満たすが,上述のITS-90の標準温度計としての条件は満たさない.よってそもそも水の三重点とガリウム点での実測を行い,ITS-90の定義式を用いて回帰しても正しい結果は出ないが,グラフで分かる通り実測値と本来やってはいけない計算値の差は2mK以内で一致しており,実用的には問題ない程度である.よって実際の温度測定において,10mKよりも小さな不確かさで室温付近の温度を測らなければいけないような場合は,このような市販の工業用シース白金抵抗温度計に水の三重点とガリウム点で値を付け,間はITS-90の補間式で回帰して温度値を算出する方法も,一考に値するやり方であると筆者は思っている.

図中の○と□は同じメーカーの同じ時期に買った同じ型式の温度計で,偏差は同じ傾向を示しているが,◇は製造メーカーが異なる.

JISならびにその基になる国際規格(IEC 751)では,抵抗比のみの規定でPt線に添加する不純物元素の種類や量は一切記載されていないので,素線の違いがこのような傾向の違いに現れているものと推定する.

なお0℃付近ならびに30℃付近は,比較測定が上手にできていれば差異は本来ゼロになる.ゼロになっていないのは,当校正室の比較測定の下手さ加減が如実に現れているのがその理由である.

4. 校正済温度計を用いた温度の精密測定

温度計の説明や校正の話が長くなってしまったが,本題の校正済の温度計を用いた精密な温度測定の話に移る.

4.1 接触式温度計を使う原則

白金抵抗温度計のような接触式温度計を用いて温度測定を行う場合,次の条件が大前提として必要である.この条件が満たされていない状態で測定を行うと「何処の温度を測っているのか,全く分からない」ことになってしまう.これは白金抵抗温度計に限らず,熱電対やサーミスタ,あるいは日常生活で使われている体温計や硝子製温度計[*8]にもいえることである.

・挿入長を十分にとる
温度を測りたい領域に十分深く挿入する.熱伝導の悪い硝子やセラミックスが最外層のものでも,外径の20倍ぐらいは挿入する[5].金属シースの場合は直径の40倍は欲しい.シース材にもよるが挿入長が不十分だと,センサーのシース材を伝わって熱が外部へ逃げ(逆の場合は流入し)センサー部分が本来の

[*8]硝子製温度計の本来の使い方は,感温部(水銀の溜まっている所)以外も測定温度になっている必要がある.

図8 測定電流・感度・自己加熱量の関係

測るべき部分の温度になっていない可能性がある.

・感温部の大きさが十分小さい
接触式の温度計で正しい温度が測れるのは,感温部が全体に比べて十分小さいことが必要である.前述の挿入長は,シース材の長手方向のみを考えての話であるが,例えば表面に貼り付ける・明らかな温度ムラがある,ような場所の測定は原理的に無理である.

4.2 自己加熱補正

白金抵抗温度計は,改めて説明するまでもないが,温度と電気抵抗の関数関係をあらかじめ知っておき,電気抵抗を測って温度を求める温度計である.

よってブリッジ回路を用いた零点法であれ,デジタルマルチメーターを用いた電圧測定からの計算であれ,抵抗値を求める測定を行うためには必ず電流を流す必要がある.この流した電流により素子自身は加熱され,本来の温度よりは高い抵抗値を結果的に示す.この測定電流による温度上昇を自己加熱と呼んでいる.

この自己加熱量はジュール熱なので$W=IE=I^2R$となり,測定電流の二乗に比例する大きさとなる.この大きさが無視しうるほど小さければ,通常の測定では全く気にする必要はない.おおよそ0.1K(100mK)程度の信頼性で良いのであれば,ほとんど気にする必要はないが,それよりも信頼性の高い温度測定を行う必要がある場合は残念ながら無視できず,おそらくは測定結果の信頼性に最も大きな影響を及ぼす要因となってしまう.

ここでは,この自己加熱の大きさや補正方法について詳しく説明する.

なお実務的には,測定電流は大きい方が感度(分解能)は得やすい.されども測定電流を上げると,自己加熱の影響が今度は大きく出てくる.そのイメージを**図8**に示す.

精密測定においては,高い感度(分解能)は欲しいが自己加熱による不確かさの増大は避けたいという,相反するジレンマの中で程々の電流値で測定せざるを得ない難しさが,白金抵抗温度計を用いた測定にはある.

そのような観点から自己加熱量のできるだけ小さな温度計を選ぶという作業も,時には重要である.実際当校正室で用いている温度計は,同じ型式の物を複数本購入しても個々にその特性が異なるため,良い温度計,具体的にはドリフトが小さいとか自己加熱が小さいとか,いくつかの条件を総合的に判断して選別し,使用している.

余談になるが,白金抵抗温度計の精密測定を想定した抵抗測定器には,すべて測定電流を$\sqrt{2}$倍するダイヤルがあ

表1　白金抵抗温度計の自己加熱量測定例

温度計(定点)	0.3mA	0.3 ×√2mA	1mA	√2mA	1mA での自己加熱量
A. 石英保護管 25Ω φ7.5mm					
Hg	21.52206	21.52207	21.52216	21.52230	1.4mK
H₂O	25.49486	25.49497	25.49497	25.49511	1.4mK
Ga	28.50616	28.50618	28.50629	28.50644	1.5mK
In	41.03851	41.03855	41.03868	41.03885	1.7mK
Sn	48.25177	48.25177	48.25191	48.25208	1.7mK
Zn	65.48545	65.48545	65.48556	65.48573	1.7mK
B. SUS 保護管 25Ω φ6mm					
Hg	21.09774	21.09774	21.09784	21.09797	1.3mK
H₂O	24.99021	24.99022	24.99034	24.99050	1.6mK
Ga	27.94125	27.94126	27.94139	27.94155	1.6mK
In	40.22268	40.22270	40.22288	40.22312	2.4mK
Sn	47.29141	47.29142	47.29162	47.29189	2.6mK
Zn	64.18002	64.18003	64.18026	64.18055	2.8mK
C. SUS 保護管 100Ω φ6mm					
Hg	84.49445	84.49460	84.49561	84.49695	3.3mK
H₂O	100.08720	100.08730	100.08845	100.08990	3.6mK
Ga	111.90670	111.90680	111.90800	111.90965	4.1mK
In	161.09390	161.09413	161.09644	161.09923	7.0mK
Sn	189.40350	189.40365	189.40580	189.40840	6.5mK
D. SUS シース 100Ω φ3.2mm					
Hg	84.46110	84.46120	84.46205	84.46330	3.1mK
H₂O	100.04490	100.04503	100.04583	100.04683	2.5mK
Ga	111.85742	111.85752	111.85852	111.85995	3.6mK
E. SUS シース 100Ω φ 3.2mm					
H₂O	99.95835	99.95855	99.95970	99.96117	3.7mK
Ga	111.75988	111.76009	111.76140	111.76300	4.0mK
In *	160.87795	160.87812	160.88032	160.88310	7.0mK
In **	160.87770	160.87820	160.88285	160.88872	14.7mK
F. SUS シース 100Ω φ 3.2mm					
H₂O	99.94740	99.94755	99.94973	99.95246	6.8mK
Ga	111.71005	111.71015	111.71242	111.71536	7.4mK
G. SUS シース 100Ω φ 3.2mm					
H₂O	100.01760	100.01770	100.01990	100.02285	7.4mK
Ga	111.60200	111.60210	111.60457	111.60776	8.0mK

*Cu ブロック有, **Cu ブロック無

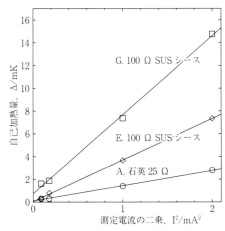

図9　水の三重点における自己加熱量の比較

る．これは実務的には次項で示す通り，自己加熱量を求め測定電流ゼロへの外挿値を求めるには，例えば 1 mA と $\sqrt{2}$ mA を測定電流に選び，1 mA での測定値を 2 倍して $\sqrt{2}$ mA の測定値を引けば，測定電流ゼロ mA への外挿値が簡単に求められるからである．逆にいえば精密測定にはこの $\sqrt{2}$ 倍のダイアルの付いているような計測器は必要不可欠で，$\sqrt{2}$ 倍するダイアルのないような計測器での精密測定は，極論すれば不適切であるといっても過言ではないと筆者は思っている．

4.3　自己加熱量の測定例

A～G までのメーカーや型式の異なる 7 本の白金抵抗温度計に対して，種々の温度定点で測定電流を変えて測った値[*] を**表1**に示す．

白金抵抗温度計のおおよその仕様は A～G の後に記載した通りで，保護管材質や抵抗値あるいは測定温度定点等により，自己加熱量が随分と異なることが分かるであろう．しかしながらこの表，数字の羅列に近いので系統的には何が何だか分からない部分もあるかと思う．よってここからいくつか値を抜粋してグラフ化し，詳細を説明する．なお A～G，おおよそ自己加熱量の少ない方から多い方へ並んでいる．

表1から A，E，G 3 本の温度計の水の三重点の結果を抜粋し，グラフ化したものを**図9**に示す．発熱量は測定電流の二乗に比例するので，横軸は電流の二乗でプロットしている．

ここから標準用に使われる 25 Ω の石英保護管入りのものが一番小さいことが分かる．この温度計の場合，測定電流 1 mA では 1.4 mK ほどであるが，大体何処のメーカーの物であってもこのタイプの温度計は，おおよそこの程度

である．

一方 E の φ 3.2 mm シースの場合その自己加熱量は，25 Ω 石英保護管入りのものより大きくなっている．この理由としては例えば以下のようなことがある．

- 抵抗値そのものが 25 Ω，100 Ω とそもそも異なり，同じ 1 mA の電流でも発熱量が最初から 4 倍異なる．
- 直径が細い（石英 25 Ω は 7.5 mm）ので，感温部に細い線が密集して巻かれているため，放熱が悪い．
- 詳細な構造は個々に異なるが，多くは巻かれた線が硝子封入されており，熱が外部に逃げにくい．

さらにいえば，外観上はほぼ同じ仕様の φ 3.2 mm シースである E と G でも約 2 倍異なる．この 2 つは異なるメーカーのもので，素子そのものの形態が大きく異なっている可能性が高く，同じシース径の温度計であっても，自己加熱量は，個々のメーカー・型式によりかなり異なるといえる．したがって，精密な測定に温度計を用いる際は，個々のセンサーごとに，少なくとも測定電流を変えた評価が必要である．

なお，ここに示した例は一般的な代表例ではない．当校正室で使用するため，自己加熱量が比較的小さな物を選別した上での測定例である．よって一般的にはもう少し大きく，φ 3.2 mm のシースであれば 1 mA の測定電流では 10 mK を超える物の方が多いようである．

図10は，同じく E の温度計の各定点の値をプロットしたものである．温度計の校正を行う際，水の三重点やガリウム点の場合は温度計を挿入する測温孔の中に水を入れておく．この目的は，熱的な接触状態を良好に保つためである．同様に水銀点の場合はアルコールを入れるが，温度の高いインジウム点以上では，このような液体の媒体を入れることができない．

温度定点は先に図1（a）に示した，25 Ω の温度計が挿入できる仕様で作られているため，ここに例えば φ 3.2 mm のシース温度計を入れても，ブカブカの状態で熱的な接触状態が非常に悪くなってしまう．

---

[*]ブリッジの読み値（標準抵抗との比）である．

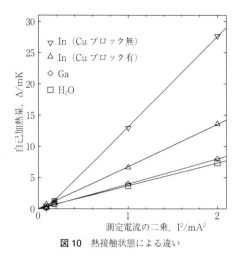

図 10 熱接触状態による違い

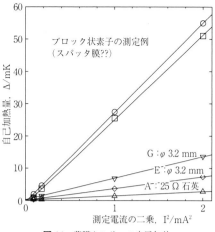

図 11 薄膜センサーの自己加熱

このため図 10 に示したように，水の三重点や Ga 点の自己加熱量に比べて，In 点では大きくなっている．In 点での測定は 2 種類の結果を示しているが，一方はブカブカの状態を気にせずそのまま温度計を測温孔に突っ込んで測ったもの（図中の▽），もう一方は内径が温度計に，外径が測温孔にほぼ等しい円筒状の Cu 製のブロックを作製し，そのブロックを介して測定したもの（図中の△）である．

熱的な接触状態が異なるため，自己加熱量は 2 倍以上異なっている．もちろん液体を介した結果には及ばないが，自己加熱量をできるだけ小さくするには，このように測定したい物との接触状態を良好に保つ工夫も必要である．

この結果を具体的に温度計を使われる側の立場，例えばブロックゲージの温度測定に置き換えてみれば，同じ材質のダミーブロックに孔を明け，温度計を差し込んで測定する等の工夫が有効であると考えられる．

また，測定電流を変えて測定を行うのは単なる温度計のユーザーにしてみれば，煩雑極まりない作業であろう．であるが 1 mA の測定電流では測定条件（熱接触状態）によっては自己加熱量が 10 mK を超えることがある．このような条件で測定して 10 mK よりも小さな不確かさでの温度測定は，最初から不可能である．よって測定電流を変えてゼロ外挿を行うか，あるいは無視しうるほど小さな電流値，具体的にはこの温度計の場合，1 mA での自己加熱量が最大で 13 mK 程度であるので，0.5 mK の測定電流であればその 1/4 の 3 mK 程度になるので，0.5 mA 以下での測定を行う必要がある．

100 Ω の抵抗温度計に対して，測定電流 0.1 mA での測定が可能であれば自己加熱はほとんど気にする必要はないのであるが，そこまで小さな電流値で必用十分な感度（分解能）が得られる計測器は残念ながら現状，筆者の知る範囲ではない．

図 11 は表 1 にある A，E，G と，この表には記載していない，ブロック状の温度センサー（抵抗素子）の水の三重点における自己加熱量を 2 例，○と□で示して比較したものである．このブロック状（板状）の抵抗素子，セラミックス基板に蒸着かスパッタリングで Pt の薄膜回路が形成されているものである．

従来から使われている白金細線が巻かれた素子に比べて，異様に自己加熱量が大きいことがグラフから読みとれる．自己加熱量がここまで大きいと，ゼロ外挿しても素子が置かれた環境により同じ結果が得られないことが起こるので，使用にあたってはその点を念頭に入れておく必要がある．

4.4 電気測定との比較

最後に蛇足のような話になるが，白金抵抗温度計での測定は，電気の分野における抵抗測定と原理的には全く同じである．

電気の分野で例えば標準抵抗器同士の比を求める場合，標準抵抗器に記載された許容電力量以内の電流値で測定する必要がある．

例えばたまたま筆者の手元にある 100 Ω の標準抵抗の場合，0.1 W と記載されているので，30 mA 程度まで流せる．安全を見て遠慮がちに電流を流して 10 mA で測ったとしても，白金抵抗温度計に流す 1 mA の 10 倍である．ここまで電流を流せば測定器には十二分の感度があり，信頼性の評価は別としても 8 桁の感度は楽にあるので，ブリッジのダイアルを合わせるのは非常に容易である．

そのような観点（測定電流）だけから見れば，白金抵抗温度計に対する抵抗測定は，電気の分野での抵抗測定に比べると，はるかに難しいことを行わなければいけないことになる[*10]．

5. 危ない（怪しい）温度計

実際に校正事業を行っていると，値は付けて出したもの

[*10] もちろん電気の分野での測定では，筆者の知らない他の要因もあるはずなので，簡単にこんなことを言ってしまうと，電気の分野の方から怒られるであろうが．

の，使用者側で正しく使えるのだろうか？？　と心配になる温度計が市販されている．校正結果は，校正環境と使用環境が違えば保証しない．実際の使用はユーザーの責任である．とはいえ，具体的に遭遇した，危ない（？？）例をいくつか紹介いたして，本稿の結びとする．

・　自己加熱量が異様に大きい

すでに図11で紹介したが，抵抗体のセンサー本体が薄膜である白金抵抗温度計用素子が市販されている．ブロック状で，表面温度を測る目的で使われるようだが，巻線型の素子に比べて自己加熱量が異様に大きい．

使用にあたってはせいぜい流して0.5mAが測定電流として限界と感じているが，ゼロ外挿値以外に測定電流1mAの値も別途参考値として要求されたことがある．はたしてユーザーでこの温度計は正しく使われているのだろうか？？

・　レンジによって測定電流が勝手に変わる

本稿ではほとんど触れていないが，センサーと表示部分が接続された指示計器付温度計が市販されている．この中には0℃の抵抗値が入力できる機能をもったものがある．しかしながら1000Ωの素子を用いた場合，抵抗値測定時は1mAの電流で行うにもかかわらず，温度表示に切り替えると測定電流が自動的に0.1mAに切り替わってしまう物がある．この場合，センサーを氷点に浸け抵抗レンジで測定した抵抗値を入力しても，温度表示レンジに切り替えた場合測定電流が1/10になっており，自己加熱量は1/100倍異なる!!　氷点に浸けた状態で切り替えると，表示はコンマ何℃かのレベルで異なり0℃を示さない．

おそらくは，この電子回路設計を行われた技術者の方に「白金抵抗温度計の自己加熱」という概念が欠落していたため，用をなさないというか，かえっておかしな0℃の値を入力してしまうような，妙な仕様の指示計器が市販されているのであろう．

・　挿入長が不十分

センサー部分が短く，校正時には防水処置をしてリード線の一部も定点や温槽に入れて行う場合が当校正室ではある．ユーザーでの使用の仕方によっては，4.1節で示した熱伝導で正しい値を示さない恐れのある温度計が現実にある．どのような使い方をされているのか……心配である．

参　考　文　献

1) 1990年国際温度目盛（ITS-90）：計量研究所報告，**40**, 4 (1991) 308-317. 櫻井弘久，田村收，新井優：1990年国際温度目盛に関する補足情報，計量研究所報告，**41**, 4 (1992) 307-358.
2) 飯塚幸三監修：計測における不確かさの表現のガイト，日本規格協会．
3) 浜田登喜夫，本間誠一：白金抵抗温度計を用いた温度測定にかかわる不確かさ，電気検定所技報，**30**, 4 (1995) 137-146. http://www.jcsslabo.or.jp/directory/0025/pdf/jemic_g.pdf
4) 浜田登喜夫：温度標準の不確かさの見積もりと考え方，2000.12.1 国際計量標準トレーサビリティーシンポジウム講演資料（2000）．http://jcsslabo.or.jp/directory/0025/pdf/sympo.pdf
5) JIS Z 8710⁻1993 温度校正方式通則．
6) 新編温度計測：（社）計測自動制御学会温度計測部会編，（1992）．
7) 新編温度計の正しい使い方：（社）日本電気計測器工業会編日本工業出版，（1997）ISBN4-8190-1503-6 C3050.
8) 浜田登喜夫：白金抵抗温度計の校正とその使い方，JEMIC計測サークルニュース，**26**, 2～4まで連載（1997）．http://www.jcsslabo.or.jp/directory/0025/pdf/temp.pdf
9) 浜田登喜夫：温度-1 電気式温度計の校正と実用標準の供給，計測技術1月増刊号，（2003）41-44.

分子動力学法を用いた
精密工学研究の展望

Atomic Scale Analyses of Material Behavior Based on Molecular Dynamics
Simulation/Hiroaki TANAKA and Shoichi SHIMADA

大阪電気通信大学 大学院工学研究科 制御機械工学専攻　　田中宏明，島田尚一

1. は じ め に

「すべての物質は，分割不可能な微小な粒子（Atom, 原子）からできている」―ご存知の原子論である．分子動力学法[1)2)]（Molecular Dynamics, MD）は，コンピュータ内で解析の対象物体を原子で構成し，微小時間ごとの各原子の位置と速度を計算することにより，物体全体の微視的な挙動を解析する手法である．

図1に示すように，一般的なスケールでの物体の変形・破壊のシミュレーションには連続体モデルである有限要素法や境界要素法等が用いられる．しかしながら，解析の対象がnmスケールになると原子数十個のレベルとなり，モデルが連続体であると仮定するには無理がある．そこで，原子モデルによる解析手法が用いられ，分子動力学法の他に，モンテカルロ法や第一原理計算が挙げられる．分子動力学法は経験的な原子間相互作用力を仮定し運動方程式を数値積分することにより各原子の位置と速度を求める．モンテカルロ法も経験的な原子間ポテンシャルを仮定するが，確率的手法により各原子の位置を求める．第一原理計算は量子力学に基づいて原子間相互作用を求める手法である．各手法には一長一短があり，解析の目的により手法を使い分ける必要がある．経験的な原子間ポテンシャル関数が既知である多数の原子を扱う場合には，分子動力学法が有力な解析手法と例えば，流体の挙動や固体の相変態や変形・破壊などの解析が挙げられる．現在の汎用パーソナル・コンピュータを用いて，現実的な計算時間で原子数が最大30万個程度までの解析が可能である．本稿では分子動力学法を用いたシミュレーションと解析手法について紹介する．

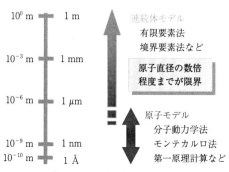

図1 各シミュレーションの適用範囲の比較

2. 分子動力学法について

2.1 原子間ポテンシャル

分子動力学法は，各原子間に原子の位置によって決まる相互作用力を仮定し，ニュートンの運動方程式に基づき各原子の位置と速度を微小時間ステップごとに逐次求める手法である．原子間の相互作用力は，原子間ポテンシャルを位置で微分することにより求めることができる．したがって，解析に用いる原子間ポテンシャルの優劣が解析の精度を決める最も大きな要因となる．主要な原子間ポテンシャルとして次の3つがよく使われる．

① Lennard-Jones ポテンシャル[3)]
② Morse ポテンシャル[3)]
③ Tersoff ポテンシャル[4)]

①と②は2原子間の距離のみにより決まる2体間ポテンシャルであり，③は3原子間の距離と角度により決まる3体間ポテンシャルである．①のLennard-Jonesポテンシャルは2つのパラメータをもち，凝集エネルギーと平衡原子間距離から求められる．このポテンシャルはネオンやアルゴンなど比較的軽い気体原子に適用される．次に，②のMorseポテンシャルは3つのパラメータをもち，凝集エネルギー，平衡原子間距離そして体積弾性率などから求められる．このポテンシャルは鉄やクロム，銅やニッケルなど体心立方格子または面心立方格子結晶となる金属に適用される．最後に③のTersoffポテンシャルは12個のパラメータをもち，それらは凝集エネルギー，平衡原子間距離，結合角や結合数などが合うように量子力学計算から求められている．適用できる原子は，炭素，シリコン，ゲルマニウムおよびそれらの原子の組み合わせである．また，例えば炭素原子であれば，同素体であるグラフェン，フラーレン，ナノチューブそしてダイヤモンドなど，結合数が異なるが，このポテンシャルのみでシミュレーションが可能である．

2.2 数値積分

原子間に働く相互作用力が決まれば，次は，ニュートンの運動方程式に基づき各原子の位置と速度を求める．系を構成する原子数がN個だとすると，互いに力を及ぼし合いながら運動するN個の質点系の運動方程式を解くことになるが，一般に解析的に解くことは不可能であるので，数値積分により微小時間ごとの位置と速度を近似的に求める．数値積分の方法としては，ベルレの方法，予測子-修正子法や

ルンゲ-クッタ法などが挙げられる[1]. また, 微小時間ステップは原子の振動周期の1/30程度に設定する. 具体的には, シリコンやダイヤモンドの微小時間ステップは10^{-15} sのオーダーとなる. この微小時間が大きすぎると計算精度が低下し, 小さすぎると計算に要する時間が長くなる. 数値積分の条件の適・不適は, 系全体のエネルギー, つまり運動エネルギーと位置エネルギーの合計が保存されているかどうかで判断できる. また, 原子数が多くなると, 相互作用力を求めるのに膨大な計算時間が必要となるが, 計算時間短縮には各原子の近傍の原子を登録し, 登録した近傍の原子から相互作用力を求める粒子登録法が有効な手段となる.

分子動力学法では, 熱振動までも含んだ原子の運動を逐次追跡するため, モデル内での原子の位置エネルギーと運動エネルギーとの変換が自動的になされ, 塑性変形や摩擦による発熱が解析結果に含まれるという利点をもつ.

2.3 温度調節

解析対象のモデルの温度を制御するために温度調節原子層[1]を設ける. 温度調節原子層では, 原子の速度に定数をかけ, 層全体の原子の平均温度を一定にする. この定数はこの層の全原子の運動エネルギーの総和が一定となるように微小時間ごとに計算して与える. 解析モデルの外側に温度調節原子層を設け, 層内の温度を一定に保つことにより, モデル内の変形・破壊等で生じた熱エネルギーをモデル外に逃がすという効果がある. また, 温度調節原子層を配置することにより, 境界による弾性波の跳ね返りを軽減することができる.

運動エネルギーから等価温度への変換方法には原子比熱を用いる. 原子比熱には, Dulong-Petit モデル[5], Einstein モデル[6]そして Debye モデル[6]などが挙げられる. Dulong-Petit モデルでは, 各原子の振動は独立であると仮定することにより原子比熱は$3R$ (R：気体定数)となり, 気体原子に対してよい近似となる. 次に Einstein モデルにおいては, 各原子は同一の振動数をもつと仮定することにより原子比熱が求まり, ダイヤモンドの比熱の実験値と Einstein モデルから計算される値とはよい一致を示す[6]. 最後に Debye モデルにおいては, 各原子はある範囲内の振動数をもつと仮定することにより原子比熱が求まり, 極低温において比熱が絶対温度の3乗に比例することが説明でき, シリコンの比熱の実験値と Debye モデルから計算される値とはよい一致を示す.

2.4 初期条件

固体の場合, 原子の初期座標は理想的な格子点に配置する. その場合, 表面等を除いて最も位置エネルギーが低い状態となる. 絶対温度0Kでシミュレーションをするのでない限り, 設定温度に応じた内部エネルギー(運動エネルギー＋位置エネルギー)を各原子に与える必要がある. 設定温度に相当する内部エネルギーは後述の初期緩和により与える.

また, 物体の表面の影響を受けないバルクの性質を解析する場合や平面問題に近似できる場合には周期境界条件が有効な手段となる. 周期境界条件を適用する際には, 各原子の角運動量が保存されないことや変形・破壊の現象に隣の周期内の変形が影響する場合があるため注意が必要である. また, 周期境界の幅は, 各原子間に働く相互作用力が働く距離の2倍以上にする必要がある. そうでなければ自身の虚像から相互作用力を受けることになる.

各原子の初期速度は, 各軸方向に設定温度に相当する正規分布に従うように与える. そうすれば, 速度の大きさの分布は自動的にマックスウェル分布に従う. その際に各軸方向の正規分布の平均値が0となるように設定すれば, モデルの平行移動を防ぐことができる. しかしながら, 回転運動を同時に防ぐことはできない. 回転運動を防止するためには, 固定原子を設定するなどの方法が必要となる.

2.5 初期緩和

初期速度により設定温度に相当する運動エネルギーを与えることができるが, 原子の初期座標は理想的な格子点に配置しているため位置エネルギーが低い状態にある. そこで, 初期緩和として系全体を設定温度に制御し, 500ステップ程度MD計算をすることにより, 運動エネルギーの一部が位置エネルギーに配分され, 系全体の内部エネルギーを設定温度にすることができる.

2.6 分子動力学法の特徴

分子動力学モデルに必要な入力パラメータは, 原子間ポテンシャルと原子の質量および数値積分の間隔である微小時間ステップである. モデルに力や変位が加えられたり, 温度変化や熱の流入・流出などがあるとき, モデル内で起こる以下の変化はすべて自動的に計算され, 新たな仮定やパラメータは不要である.

・巨視的, 微視的な原子の挙動
・位置エネルギーと運動エネルギーの相互変換
・寸法効果 (延性・脆性遷移)
・相変態 (結晶構造⇔アモルファス)
・状態変化 (固体, 液体, 気体)
・弾性変形, 塑性変形, 脆性破壊

3. 分子動力学法の応用と解析

分子動力学では, 固体・液体・気体とそれらの相変態などの取扱いが可能であるが, 本稿においては主に固体の変形・破壊への応用と解析についてのいくつかの例を以下に挙げる. 変形・破壊の挙動を解析するためには, 原子モデルにおいても応力値[7]を求めることが必要となる. モデル内の応力は材料内部の微小面積要素を介して働く原子間力の総和を微小面積で除して求める. また, モデルの構造変化を知る指標として, 最隣接原子数N_nを用いた. このN_nはある原子に対して第1近接原子と第2近接原子の平均原子間距離を半径とした球内に存在する他の原子の数を表している. シリコン原子の場合では常温常圧ではダイヤモンド構造をとるのでN_nは4となり, アモルファスでは4以上, 表面・クラック等では3以下となる.

3.1 新炭素材料の可能性[8]

炭素の同素体としてダイヤモンドや黒鉛などが挙げられ

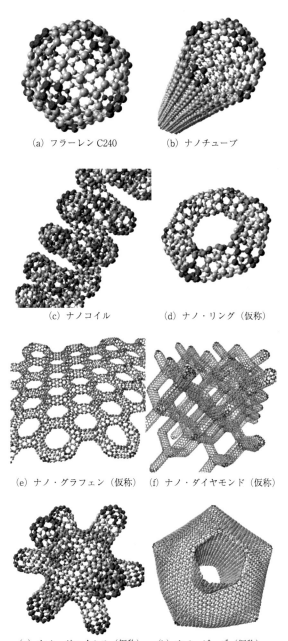

(a) フラーレン C240　　　(b) ナノチューブ

(c) ナノコイル　　　(d) ナノ・リング（仮称）

(e) ナノ・グラフェン（仮称）　　(f) ナノ・ダイヤモンド（仮称）

(g) ナノ・ヴァイルス（仮称）　　(h) ナノ・ビーズ（仮称）

図2 フラーレン，ナノチューブおよび新炭素材料の可能性

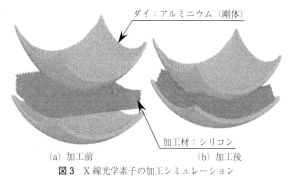

（a）加工前　　　　　　（b）加工後

図3 X線光学素子の加工シミュレーション

るが，近年，フラーレン（1985年），ナノチューブ（1991年）そしてナノコイル（2001年）などの新しい炭素材料が相次いで発見されており，未発見の炭素材料の存在を否定できない．そこで既知の炭素材料と新たな炭素材料のモデリングを行った．炭素材料のモデリングは炭素原子のみで構成し，6員環を基準とし，5員環および7員環で構成している．その構造の安定性を分子動力学法により解析した例を**図2**に示す．その結果，常温から4000Kまでにおいて安定な構造として存在しうることを示した．また，ナノコイルの原子構造はまだ明らかにされていないが，分子

動力学法により安定構造を示すことができた．

3.2　X線光学素子の加工シミュレーション

極微小粒子の成分元素を高効率で励起するためには励起X線を分光して単色化させるとともに，その励起光子を微小点に集光させなければならない．本開発では二重湾曲結晶を用いてX線を分光するとともに，そのX線を高効率で集光する分光・集光ユニットを実現させることを目的とし，そのためには（111）面を表面とする単結晶シリコンを二重湾曲加工する必要がある．そこで，分子動力学を用いて，（111）面を表面とする単結晶シリコンを二重湾曲加工を行う際の結晶構造への影響や加工特性の解析および加工方法の提案を行った．その結果，**図3**に示すように，理想的な押し付け条件下では結晶性を保ったまま二重湾曲加工が可能であり，応力解析においても相変態やクラックは発生しない結果となった．

3.3　シリコンの微小三点曲げ[9)10)]

単結晶シリコンは複雑な形状をもつ光学・電子・機械部品用の高機能材料として広く利用されている．このような硬脆性材料を高い寸法・形状精度と表面品位をもつ部品に高能率かつ低コストで仕上げるために，延性モード機械加工への要求が高まっている．高精度・高能率延性モード機械加工の実現のためには，シリコンのサブミクロンからナノメートルレベルでの変形・破壊機構の理解が不可欠である．そこで，無欠陥単結晶シリコンの機械加工における延性-脆性遷移機構を解明するための基礎研究として，簡明な応力分布のもとでの微小変形・破壊を理解できる三点曲げ試験の分子動力学解析を行い，原子レベルでの変形・破壊機構を解析した．その結果，**図4**に示すように，完全結晶のシリコンにおいてナノメートルレベルのクラックの発生・伸展があり得ることを示した．

3.4　ナノチューブ/シリコン ナノコンポジット材料の強化機構[11)12)]

ナノチューブは優れた機械的特性により，ナノコンポジット材料の理想的な強化材とみなされているが，母材中の分散の均一性や母材と強化材との結合のバラつきおよび微視的な観察の困難さなどから，その変形・破壊機構は十分には解明されていない．ここでは主要な脆性材料であるシリコンを母材としナノチューブを強化材とし，三点曲げ試験を行っ

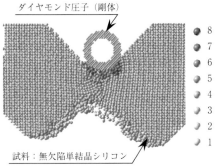

図4 無欠陥単結晶シリコンの三点曲げによるナノメートルレベルのクラックの発生・伸展

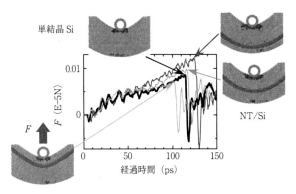

図5 ナノチューブ/シリコン ナノコンポジット材料の三点曲げによる曲げ強さの比較

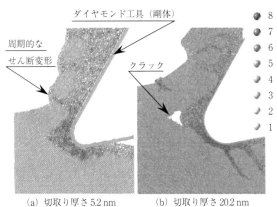

(a) 切取り厚さ 5.2 nm (b) 切取り厚さ 20.2 nm
図6 シリコンの極微小切削における延性-脆性遷移

た．その結果，**図5**に示すように，複合材料の強化機構は強化材の方向や位置に敏感であることが明らかとなった．

3.5 シリコンの極微小切削における延性-脆性遷移[9]

シリコンの極微小切削において，延性モード加工実現のためにはダイヤモンド型の結晶構造からアモルファスへの相変態とそのアモルファス層内でのせん断変形が不可欠である．切取り厚さが十分に小さいと連続的なアモルファス相変態とせん断変形が観察される．**図6**(a)に示すように，切

取り厚さが大きくなると周期的な相変態とせん断変形へと遷移する．さらに切取り厚さが大きくなると，**図6**(b)に示すように，楔状となったアモルファス領域の先端からクラックが発生する．このときクラック発生の引張応力は30 GPaである．また，比較的大きな切取り厚さでの延性モード加工を実現するためには振動切削などが有力な手法となる．

4. 分子動力学法の短所

最後に，分子動力学法の短所としては，経験的な原子間相互作用力を仮定しているため，電子の挙動が影響するものは解析が困難である．具体的には，超流動などの量子力学的な効果や化学反応，金属の熱伝導などが挙げられる．また，表面やクラスターおよび異種原子間の原子間相互作用力の妥当性が問題となる．それらに加えて，モデルサイズが大きく，解析時間が長くなればなるほど膨大な計算時間が必要となる．また，モデリングにおいては境界条件の妥当性をよく検討しなければ，結果の信頼性が損なわれることになる．

参 考 文 献

1) 上田顯：コンピュータシミュレーション—マクロな系の中の原子運動—，朝倉書店，(1990).
2) W.G. Hoover：Molecular Dynamics, Lecture Note in Physics, Springer-Verlag, (1986) 1-42.
3) 黒田司：表面電子物性，日刊工業社，(1990).
4) J. Tersoff：Modeling Solid-state Chemistry：Interatomic Potentials for Multicomponent Systems, Physical Review B, **39**, 8 (1989) 5566-5568.
5) A.-T. Petit and P.-L. Dulong：Recherches sur Quelques Points Importants de la Théorie de la Chaleur. In：Annales de Chimie et de Physique, **10** (1819) 395-413.
6) C. Kittel：Introduction to Solid State Physics 7th edition, John Wiley and Sons, Inc., (1996) 115-140.
7) L.C. Zhang and H. Tanaka：On the Mechanics and Physics in the Nano-Indentation of Silicon Monocrystals, JSME Int. J. A, **42**, 4 (1999) 546-559.
8) 田中宏明，島田尚一：分子動力学法による新炭素材料の可能性 第1報 モデリングと結晶構造の安定性，2009年度精密工学会春季大会学術講演会講演論文集，(2009) 335-336.
9) H. Tanaka, S. Shimada and L. Anthony：Requirements for Ductile-mode Machining Based on Deformation Analysis of Mono-crystalline Silicon by Molecular Dynamics Simulation, Annals of CIRP, **56**, 1 (2007) 53-56.
10) H. Tanaka, S. Shimada and N. Ikawa：Brittle-ductile Transition in Monocrystalline Silicon Analyzed by Molecular Dynamics Simulation, Journal of Mechanical Engineering Science, Proceedings of the Institution of Mechanical Engineering Part C, **218** (2004) 583-590.
11) 田中宏明，島田尚一：分子動力学法による単層カーボンナノチューブ/シリコン ナノコンポジットの変形・破壊機構の解析，2010年度精密工学会春季大会学術講演会講演論文集，(2010) 429-430.
12) H. Tanaka and S. Shimada：Deformation and Fracture Mechanisms in Single-walled Carbon Nanotube/silicon Nanocomposites Based on Molecular Dynamics Analysis, Proceedings of the euspen International Conference, **2** (2010) 95-96.

はじめての
精密工学

精密測定における最小二乗法の使い方

Least Squares Method for Precision Measurement/Kiyoshi TAKAMASU

東京大学大学院工学系研究科精密機械工学専攻　高増　潔

1. 最小二乗法のはじまり

1801 年大晦日，小惑星セレスはガウスが予測した位置で再発見された．この予測はセレスが太陽に隠れる前の 2 月の観測データから推定したものである．ガウスは，1809 年に発刊した「天体運動論」の中で，1795 年ごろから最小二乗法によって天体の軌道を計算していることを述べている．しかし，はじめて最小二乗法の概念が発表されたのは 1806 年のルジャンドルが書いた「彗星軌道の決定のための新方法」であり，その後ドイツとフランスで最小二乗法の先見者の激しい論争があったのは有名な話である[1~3]．

測定値に含まれる誤差については，1632 年の「天体対話」でガリレオによっても議論されている．ガリレオは，誤差の正負の対称性，小さい誤差がより多く生じることなどを指摘しているが，数学的な扱いについては十分検討されていない．ルジャンドルの研究には，確率論的な要素が不足していることもあり，やはり，最小二乗法を確立したのはガウスといってよい．

当時の最高の科学分野は天文学であり，天文学における測定技術が最も高度だった．当時の天文学では，月の運動の数学的な表現，火星および土星の軌道変化，地球の形状の測定などの大きな課題に対する測定が具体的に行われ，そのデータ処理に最小二乗法が使われていくことになり，その後広い範囲の測定へ適用されている．

最小二乗法の基本的な理論については，多くの参考書[4]があるので，本項では，精密機械分野の測定に焦点を絞って，基本的な考え方から応用する場合の考慮すべき点について説明する．

2. 最小二乗法の基礎

2.1 観測モデルの設定

まず，測定プロセスにおいて，何を最小にしたいかということを考え，これを出力とする観測モデルを設定する．観測モデルは測定位置および測定プロセスのパラメータ（観測パラメータ）が入力となり，測定値が出力となる．最小二乗法は，測定値の誤差の二乗和を最小とするモデルのパラメータを求める問題となる．

- 観測モデル：観測パラメータおよび測定位置より測定値を計算するモデル f

- 測定値：誤差を最小にしたい測定値（スカラー）y
- 測定位置：測定位置を表すベクトル q
- 観測パラメータ：測定プロセスを表現するパラメータベクトル x，最小二乗法で求めるのは，観測パラメータの推定値ベクトル $\hat{x}$

2.2 観測モデルと観測パラメータの設定例

観測モデルとパラメータの設定例を，2 つの簡単な例によって説明する．図 1 は，平面における円の中心および半径を，複数の測定結果から求める例である．誤差を最小にしたいのは，円の中心や半径ではなく，円と測定点の距離である．そこで，観測モデルは円と測定点の距離を求める式 (1) となる．n 個の測定点のうち測定点 i の x 座標および y 座標を測定位置 $q_{1,i}$ および $q_{2,i}$ とする．観測パラメータは円の中心 (x_1, x_2) および半径 x_3 の 3 つである[5]．

$$y_i = \sqrt{(q_{1,i} - x_1)^2 + (q_{2,i} - x_2)^2} - x_3 \qquad (1)$$

- 観測モデル：式 (1)
- 測定値：円と測定点の距離 y_i
- 測定位置：測定点の x 座標および y 座標，$q_{1,i}$ および $q_{2,i}$
- 観測パラメータ：円の中心 (x_1, x_2) および半径 (x_3)

図 2 は平面 2 関節機構による高さ測定機である．2 つのロータリーエンコーダの読みから，測定物の高さを求める．誤差を最小にしたいのは，測定する高さであるので，観測モデルは式 (2) となる．

- 観測モデル：式 (2)

$$y_i = x_3 \sin(q_{1,i} + x_1) + x_4 \sin(q_{1,i} + x_1 + q_{2,i} + x_2) + x_5 \qquad (2)$$

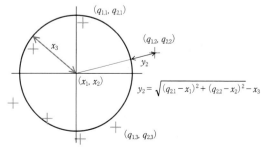

$$y_2 = \sqrt{(q_{21} - x_1)^2 + (q_{22} - x_2)^2} - x_3$$

図 1　平面における円の観測モデル

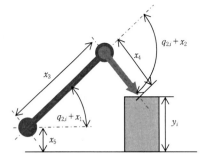

図2 平面2関節機構による高さ測定機の観測モデル

- 測定値：測定する高さ y_i
- 測定位置：エンコーダ1と2の角度（$q_{1,i}, q_{2,i}$）
- 観測パラメータ：2つのエンコーダのゼロオフセット（x_1, x_2），2つの腕の長さ（x_3, x_4）および原点の高さオフセット（x_5）

2.3　誤差の分布と条件

最小二乗法の前提として，各測定値の誤差の条件を以下のように設定する．

- 各測定値の誤差は独立：誤差の共分散は0
- かたよりはない：誤差の平均は0
- 誤差は正規分布：標準偏差は既知
- 測定位置に誤差はない

以上の前提のもとで，観測パラメータを推定する最尤推定法が最小二乗法である．実際には，いくつかの条件は拡張できる．例えば，誤差が独立でない場合は，それぞれの誤差の相関（共分散）が分かればよい．また，誤差の分布が正規分布でないときは，最尤推定法ではなくなるが，線形不偏推定法のうちでは最良となる．測定位置に誤差がある場合は，測定誤差に測定位置の誤差の影響を加えればよい．

2.4　線形最小二乗法の計算

観測モデルが，パラメータの一次結合で表される場合は，線形最小二乗法となる．測定位置は，測定において実際の値が求まるので，モデルに対して線形である必要はない．計算方法の表現は，行列を使ったほうが分かりやすいので，以下のようにベクトルと行列を利用して表現する．

- 観測モデル $\boldsymbol{f}$：n 回の測定に対して，入力が測定位置ベクトル $\boldsymbol{q}$ および観測パラメータベクトル $\boldsymbol{x}$ で，出力が測定値ベクトル $\boldsymbol{y}$（式（3））
- ヤコビ行列 $\boldsymbol{A}$：測定機のモデル $\boldsymbol{f}$ を m 個の観測パラメータそれぞれで偏微分することで得られる n 行 m 列の行列（式（4））
- 誤差行列 $\boldsymbol{S}$：n 個の測定に対応し，誤差に相関がない場合は誤差の分散の対角行列（式（5））．誤差に相関がある場合は，分散共分散行列

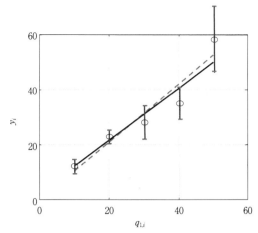

図3　一次方程式の線形最小二乗法．破線：誤差一定，実線：誤差の大きさを考慮

$$y_i = f_i(q_{i,1}, q_{i,2} \cdots q_{i,k}; x_1, x_2 \cdots x_m) \quad (i=1-n),$$
$$\boldsymbol{y} = \begin{pmatrix} y_1 \\ \vdots \\ y_n \end{pmatrix} = \begin{pmatrix} f_1(\boldsymbol{q}_1; \boldsymbol{x}) \\ \vdots \\ f_n(\boldsymbol{q}_n; \boldsymbol{x}) \end{pmatrix} = \boldsymbol{f}(\boldsymbol{q}; \boldsymbol{x}) \tag{3}$$

$$\boldsymbol{A} = \begin{pmatrix} A_{1,1} & A_{1,2} & \cdots & A_{1,m} \\ A_{2,1} & A_{2,2} & & A_{2,m} \\ \vdots & & \ddots & \vdots \\ A_{n,1} & A_{n,2} & \cdots & A_{n,m} \end{pmatrix}, \tag{4}$$

$$A_{i,j} = \frac{\partial f_i(\boldsymbol{q}_i; \boldsymbol{x})}{\partial x_j} \quad (i=1-n, j=1-m)$$

$$S = \mathrm{diag}(s_1^2, s_2^2, \cdots, s_n^2) \tag{5}$$

以上より，パラメータの推定値ベクトル $\hat{\boldsymbol{x}}$ は，

$$\hat{\boldsymbol{x}} = (\boldsymbol{A}^t \boldsymbol{S}^{-1} \boldsymbol{A})^{-1}(\boldsymbol{A}^t \boldsymbol{S}^{-1} \boldsymbol{y}) \tag{6}$$

で求められる．測定誤差がすべての測定で一定の場合は，誤差行列を考慮する必要がないので，

$$\hat{\boldsymbol{x}} = (\boldsymbol{A}^t \boldsymbol{A})^{-1}(\boldsymbol{A}^t \boldsymbol{y}) \tag{7}$$

となる．

3.　最小二乗法の計算例と留意点

3.1　一次方程式の線形最小二乗法

もっとも簡単な例として，測定位置と測定値を一次方程式のモデルで推定することを考える．

- 観測モデル：式（8）
- 測定値（y 座標の値）：y_i
- 測定位置（x 座標）：$q_{1,i}$
- 観測パラメータ：一次式の傾き x_1 および切片 x_2
- ヤコビ行列：式（9）

$$y_i = x_1 q_{1,i} + x_2 \tag{8}$$

$$A = \begin{pmatrix} q_{1,1} & 1 \\ \vdots & \vdots \\ q_{1,n} & 1 \end{pmatrix} \tag{9}$$

図3 は，横軸を測定位置 $q_{1,i}$，縦軸を測定値 y_i として得られた5つの測定値から観測モデルを計算した例である．

破線のモデルは，測定誤差がすべて一定だとして計算した．つぎに，測定位置によって誤差が異なる場合を考える．測定位置が 10 から 50 になると測定誤差が大きくなるように誤差行列を式（10）のように設定すると，実線のモデルが計算できる．破線のモデルでは，測定位置 50 の測定値の影響を受けて傾きが大きくなっているが，実線のモデルではこの測定値の影響をあまり受けず，破線の計算結果より傾きが小さくなっている．

$$S = \text{diag}(2, 2, 5, 5, 10) \qquad (10)$$

3.2 非線形最小二乗法

非線形方程式が，ガウス・ニュートン法で解けるように，非線形最小二乗法も，観測パラメータの適当な初期値が与えられれば，ガウス・ニュートン法で解くことができる．精密測定で一般に扱う問題は，観測パラメータに対して非線形性が小さいこと，観測パラメータの値がかなり正確に分かっていることから，比較的簡単にガウス・ニュートン法を適用できる．

非線形最小二乗法の例として，図 1 に示した平面における円の中心および半径を求める例を考える．観測モデルおよび観測パラメータの設定は式（1）および 2.2 節で示してある．式（1）を観測パラメータで偏微分することでヤコビ行列が得られる（式（11））．

$$A = \begin{pmatrix} -(q_{1,1}-x_1)/r_1 & -(q_{1,2}-x_2)/r_1 & -1 \\ \vdots & \vdots & \vdots \\ -(q_{1,n}-x_1)/r_n & -(q_{1,2}-x_2)/r_n & -1 \end{pmatrix}, \qquad (11)$$

$$r_i = \sqrt{(q_{1,i}-x_1)^2 + (q_{2,i}-x_2)^2}$$

これを線形の場合と同じように解いて，観測パラメータを更新する．更新方法は，ガウス・ニュートン法を使えば，単に線形最小二乗法の解を観測パラメータの初期値に足していけばよい．このループを回すことで，非線形最小二乗法が解ける．

非線形最小二乗法では，観測パラメータの初期値の決定と収束の判断が問題となる．初期値は，設計データや他の測定データから決定できればそれを使えばよいが，そのような情報がないときは，測定データからだけ初期値を決定する必要がある．測定点が均一にあれば，測定点の重心を円の中心と仮定することができるが，測定点が偏っている場合はこの仮定は危険である．また，測定点から適当な 3 点を取り出して円の方程式を解く方法もあるが，測定点の選びかたなど，スマートではない．円の方程式を線形二次方程式とみて，観測パラメータの初期値を決定するような手法も提案されている[6]．

3.3 観測モデルが解析的に解けない場合

観測モデルが解析的に解けない場合や，解けても非常に複雑な式となる場合は多い．このような場合でも，観測モデルがプログラムによって数値的に解ける場合は，そのプログラムを使うことで最小二乗法を解くことができる．

例えば，パラレルメカニズムの校正の場合では，パラレルメカニズムの順運動学は解析的に解けない場合が多いが，逆運動学を使って数値的に順運動学解を求めることができる．このような場合には，数値的に順運動学を求めるプログラムを使い，ヤコビ行列を数値差分で求めることで非線形最小二乗法を構成できる[7]．

観測モデルが複雑なプログラムでしか表現できない場合でも，そのプログラムをブラックボックスとして扱って，最小二乗法を行うことができる．この場合には，以下のことを注意する必要がある．

- ・ 観測モデルの精度：観測モデルの精度が，直接的に測定結果に影響するので，測定に必要な精度以上に高精度で計算できる必要がある．
- ・ ヤコビ行列の精度：非線形最小二乗法が収束する範囲なら，ヤコビ行列の精度が低くても結果に影響しない．
- ・ 観測モデルの微分可能性：ヤコビ行列を利用する前提として，観測モデルが微分可能である必要がある．非連続の場所があるような場合は，その位置では計算が成り立たなくなる．

4. 最小二乗法における推定誤差の評価

4.1 観測パラメータの誤差

式（6）を見ると，測定値の線形和として観測パラメータが得られていることが分かる．この式に誤差伝播を適用すると，測定値の誤差から観測パラメータの誤差が計算できる．式（12）により，最小二乗法で求めた観測パラメータの誤差が各パラメータの分散共分散行列 S_x として求めることができる．ここで，$s_{x,i}$ は観測パラメータの標準偏差，$r_{x,i,j}$ は対応する観測パラメータの相関係数を示す．測定値の誤差 S が互いに独立の場合でも，最小二乗法で得られたパラメータの誤差は独立しているとは限らない．最小二乗法で観測パラメータを計算した場合には，必ず誤差を計算すべきである．

$$S_x = \begin{pmatrix} s_{x,1}^2 & r_{x,1,2}s_{x,1}s_{x,2} & & \\ r_{x,1,2}s_{x,1}s_{x,2} & s_{x,2}^2 & & \\ & & \ddots & \\ & & & s_{x,n}^2 \end{pmatrix} \qquad (12)$$

$$= (A'S^{-1}A)^{-1}$$

この式には，測定値ベクトル y が入っていない．これは，観測パラメータの値は測定値によるが，観測パラメータの誤差は，測定値の誤差（誤差行列 S）と観測モデルと測定位置（ヤコビ行列 A）だけで決まることを示している．すなわち，校正方法を決めた段階で，校正する前から観測パラメータの誤差は推定できることになる．

4.2 観測モデルの信頼幅

式（12）によって，観測パラメータの誤差が推定できた．これを利用すると，再び誤差伝播を利用して，観測モデルの任意の測定位置に対応した誤差を推定できる．式（13）で A_p は誤差を推定したい測定位置におけるヤコビ行列である．推定したい測定位置は複数あってもよいの

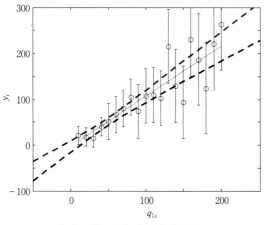

図4 一次方程式の信頼幅の計算例

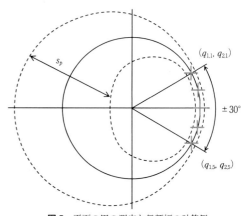

図5 平面の円の測定と信頼幅の計算例

で，A_p は行列の形で表現できる．

観測モデルの誤差行列 S_p は，A_p に対応した測定位置での誤差（分散共分散）を示している．分散から求めた標準偏差が，観測モデルのその測定値における不確かさとなり，観測モデルに対して，±2 倍の標準偏差により計算された範囲を信頼性の幅という．この計算は，測定した場所以外でも計算可能で，測定範囲を超えた（外挿した）場所においても信頼幅を求めることができる．

$$S_p = A_p S_x A_p^{-1} \tag{13}$$

4.3 観測モデルの信頼幅の例

図4 は観測モデルの信頼幅を計算した例である．測定点の誤差をバーとして，観測モデルの信頼幅を2つの破線の曲線の間隔で示している．この結果から，最小二乗法により観測モデルが適切にその信頼幅を含めて推定されていることが分かる．

この例では，観測パラメータ（直線の傾きと切片）が 1.0915 および −2.8342 と求めることができた．また，観測パラメータの誤差行列 S_x は式（14）となった．この値は観測パラメータの分散共分散なので，対角要素の平方根が標準偏差に，非対角要素を標準偏差で割ったものが相関係数となる．この例では，傾きの標準偏差が 0.1003，切片の標準偏差が 12.6016 となり，この2つのパラメータには 75.48% の負の相関があることになる．

$$S_x = \begin{pmatrix} 0.0101 & -0.4772 \\ -0.4722 & 39.7005 \end{pmatrix}$$
$$= \begin{pmatrix} (0.1003)^2 & -0.7548 \cdot 0.1003 \cdot 6.3008 \\ & (6.3008)^2 \end{pmatrix} \tag{14}$$

図5 は円の測定と，その信頼幅を示したものである．5つの測定点が x 軸の ±30° の位置だけに設定されているため，最小二乗法により推定した円の信頼幅 s_p も測定した位置では小さく，それから離れると大きくなっていることが分かる[8][9]．

5. ま と め

最小二乗法の基本的な使い方について，精密機械分野の

測定に焦点を絞って，基本的な考え方から応用する場合の留意すべき点について説明した．ここで述べたように，以下のことを考慮して最小二乗法を活用する必要がある．

- 観測モデルは，何を最小としたいかを考えて決定する．
- 測定値の誤差（分散共分散）を必ず推定する．
- 最小二乗法によって推定した観測パラメータの分散共分散を計算し，定量的な評価を行う．
- 観測モデルの信頼幅を計算し，最小二乗法の妥当性を検証する．

最小二乗法では観測パラメータを求めるだけでは不十分で，上記のように観測モデルおよび観測パラメータの誤差を評価し，実験結果として得られる誤差と比較することにより，正しく利用することができる．

参 考 文 献

1) 安藤洋美：最小二乗法の歴史，現代数学社，（1995）．
2) A. Abdulleand and G. Wanner：200 Years of Least Squares Method, Elementeder Mathematik, **57**（2002）45-60.
3) S. Stigler：Gauss and the Invention of Least Squares, The Annals of Statistics, **9**, 3（1981）465-474.
4) 中川徹，小柳義夫：最小二乗法による実験データ解析，東京大学出版会（1982）．
5) 高増潔，阿部誠，古谷涼秋，大園成夫：形体計測における不確かさの見積り（第1報）―校正作業で生じる系統誤差の寄与―，精密工学会誌，**67**, 1（2001）91-95.
6) 高増潔，古谷涼秋，大園成夫：最小二乗法による円筒形体の計算における初期値の決定，設計工学，**32**, 11（1997）436-441.
7) 佐藤理，下嶋賢，古谷涼秋，高増潔：パラレルメカニズムのアーティファクト校正（第1報）―緩い束縛条件を用いた運動学パラメータの校正―，精密工学会誌，**70**, 1（2004）96-100.
8) 高増潔，古谷涼秋，大園成夫：座標計測における形体パラメータの信頼性，精密工学会誌，**63**, 11（1997）1594-1598.
9) 阿部誠，高増潔，大園成夫：座標比較による CMM 校正システムの開発（第2報）―校正の信頼性の統計的な評価―，精密工学会誌，**67**, 6（2001）976-981.

はじめての
精密工学

FEM メッシュの切り方

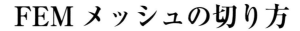

Mesh Generation in Finite Element Analysis/Tomonori YAMADA and Hiroshi KAWAI

日本原子力研究開発機構　山田知典
東京大学大学院工学系研究科　河合浩志

1. は じ め に

　計算機技術の飛躍的な進歩により，有限要素法（Finite Element Method：FEM）を代表とする計算機援用工学（Computer Aided Engineering：CAE）技術は，計算機上で形状設計が行われた製品に対して仮想的に性能評価を行うツールとして認知され，製造業での設計期間短縮技術として採用されてきた．FEM では解析領域をメッシュと呼ばれる非構造格子により離散化するため，複雑形状への適用が容易であるといった特徴があり，1950 年代に固体力学分野のシミュレーション手法として提案された後，広く普及してきた．

　初期のシミュレーションでは主に計算機性能の限界から数十から数百自由度規模のメッシュを用いた解析が主流であり，また，高々 2 次元的な問題を対象としたため人手によるメッシュ切りが方眼紙などを用いて行われていた．その後，3 次元問題に適用されるようになると人手ではメッシュ切りに多大な作業時間を要するためにメッシュの自動生成技術に関する研究開発が精力的に行われた．近年では 3 次元 CAD（Computer Aided Design）が商業的にも成功し，利用環境が整備されたこともあり，API（Application Programming Interface）を利用した CAD-CAE 間の連携が進み，安価かつユーザフレンドリーな統合シミュレーション環境が提供されている．これらは設計者用 CAE ツールなどと呼ばれ，シミュレーションの専業者だけでなく，シミュレーション技術に詳しくない設計者が直接 CAE ツールを利用できるようにしたものである．一方でこのような CAE ツールのブラックボックス化はシミュレーション結果の品質保証を困難にしているため，日本機械学会の計算力学技術者認定事業[1]のような学協会による CAE ツール利用者の教育・認定事業も行われるようになってきている．

　そこで本稿ではシミュレーション技術に詳しくない設計者に向け，固体力学分野での FEM 利用を対象としてメッシュの自動生成技術の利用法について "メッシュの切り方" として解説する．

2. FEM メッシュ切りの変遷

　メッシュの切り方について述べる前に，切り方の変遷を示す．1990 年代後半ごろから 3 次元 CAD が普及し，また，この CAD データを利用した 3 次元 FEM 解析が行わ

れるようになってきた．しかし，そのころの計算機資源は潤沢であったとはいい難く，少ない自由度数で高い解析精度を得るため要素内の物理量分布を双 1 次関数で近似する六面体（1 次）メッシュを採用し，シミュレーション前に予測可能なき裂や切り欠き，円孔などの応力集中部で細かなメッシュ分割となるよう粗密がつけられた．また，**図 1** に示したような形状に対称性があり，かつ，現象にも対称性がある場合には対称性を利用して解析領域を小さくし，シミュレーションが行われていた．しかし，六面体メッシュでは複雑形状を対象とした場合の完全な自動化が難しく[2]，メッシュ切りに多大な時間を要するためシミュレーションにかかわる作業全体での効率は比較的低かった．

　2000 年代に入ると完全に自動化が行われていた四面体（2 次）メッシュを利用したシミュレーションが頻繁に行われるようになった．これはメッシュ生成の自動化により，シミュレーション全体での作業効率を向上できるためであった．ただし，四面体（1 次）メッシュでは実用に耐える精度をもったシミュレーションが困難であったため四面体（2 次）メッシュが盛んに用いられた．

　2005 年前後には PC クラスタと呼ばれる安価な分散並列環境が産業界にも導入され，さらに 64 ビット CPU と OS が普及することによりメモリの制限が一気に緩和され，シミュレーション環境は激変した．これらによってもたらされたメッシュ切りの変革は，産業界におけるシミュレーションへの要求が「シミュレーション前に予測される現象の定量的な確認」から，「シミュレーション前に予測できない現象の定量的な把握」へと変わっていったことである．このため，メッシュの粗密制御を詳細に行うよりも，解析領域全体を細かくメッシュ切りし，大自由度のシミュレーションを行う[3]ことがトレンドとなり，今日に至っている．大自由度のシミュレーション例として**図 2** に

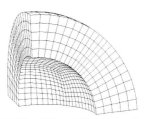

図 1　内圧を受ける球殻の六面体メッシュ（1/8 モデル）

(a) 外観　　　　　　　(b) 内部構造

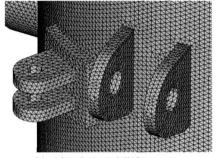

(c) 上部固定ボルト穴付近のメッシュ
図2 複雑形状の四面体メッシュ分割例

図3 スライバー要素

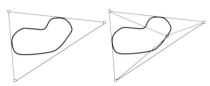

図4 初期三角形（左）と第1点の追加（右）

（a）新規節点の添加　　（b）新規節点を外接円に
　　　　　　　　　　　　含む三角形の集合検索

（c）三角形分割の更新
図5 デローニー法（2次元）

8000万自由度の加圧水冷却器のメッシュを示す．全体の俯瞰図ではメッシュ分割を認識できないほど細かく分割が行われている．

これらの変遷の過程において従来はメッシュの自由度規模を低減するために不可欠であった解析精度に影響しない微小なフィーチャー（フィレット，面取り，ボルト穴等）の除去などの作業も徐々に必要なくなりつつある．

3. FEMメッシュの自動生成アルゴリズム

メッシュの自動生成技術を効果的に利用するにはそのアルゴリズムの概略を理解する必要がある．さまざまな自動生成アルゴリズムが提案されているが，本章ではデローニー（Delaunay）法[1]について簡単に解説し，利用時の注意点を明らかにする．デローニー法は計算幾何学分野において発展してきたメッシュ分割手法であり，与えられた節点群に対して（縮退がなければ）一意なメッシュを高速に求めることが可能である．このため，多くの商用コードでもその派生アルゴリズムが採用されている．デローニー法は凸形状に対するメッシュ生成アルゴリズムであるため，凹形状では境界に不適合なメッシュが生成されることがあり，特殊処理を必要とする．また，2次元では生成される三角形メッシュの最大角が最小になるという特徴をもつため比較的形状のよい三角形メッシュが生成されるものの，3次元ではそのような保証はなく，縮退の問題から**図3**に示したような体積がゼロであるスライバー要素などの形状

が悪いメッシュを生成してしまうことがある．

実際のメッシュ分割手順は**図4**に示すように2次元では解析領域全体を覆うような三角形を考え，この三角形内部に節点を逐次的に添加する．**図5**に示すように各節点の添加ごとに新しく添加された節点を自らの外接円内に含むような既存の三角形メッシュ全体を集め，この集合体を多角形として認識し，多角形上の各点を新しく添加された節点につなぎ合わせることによって新しいメッシュを得る．これらのプロセスを与えられたすべての節点に対して行い，最終的に解析領域外部のメッシュを取り除くことによりシミュレーションに利用可能なメッシュを得る．このため，すでに述べたように3次元において同一球上かつ同一平面上に4点以上が存在する場合に縮退がおきる．

このアルゴリズムにおいて注意すべき点はi）スライバー要素のような形状が悪いメッシュの生成，ii）凹形状における特殊処理，iii）新しく添加された節点を自らの外接円内に含むような既存の三角形メッシュ全体を集める処理の3つである．i）スライバー要素のような形状が悪いメッシュの生成については4.4節で解説するメッシュ形状の評価によって確認し，改善する必要がある．ii）凹形状における特殊処理は特定の状況において処理が実装されてお

らずメッシュの自動生成が異常終了する場合がある. この場合には凹部の表面メッシュを再生成する必要がある. iii) 既存の三角形メッシュ全体を集める処理（図5（b）参照）については一昔前の自動生成コードでは集める三角形数の上限が仕様により決まっていることがあり，メッシュの粗密を急峻に変化させた場合に上限値を上回って異常終了することがあった. このため，利用しているメッシュの自動生成コードが古い場合には注意が必要である.

4. FEM メッシュの切り方

4.1 概要

メッシュ切りの流れを示す. なお，解析形状については CAD から受け渡されるものとする. 2次元形状では**図6**に示すように，まず，与えられた CAD モデルからポリゴンモデル（線分表現）が生成される. この際，解析領域全体での基本となる節点間隔と，微小なフィーチャーを表現できるように局所的な節点間隔を入力する. また，薄肉部においては解析精度の要求から最低2層の分割となるように局所的な節点間隔を設定するなど FEM の基本的な知識も必要となる. 次に生成された線分表現に対して2次元メッシュが自動的に生成される. 3次元形状の場合には，同様に CAD モデルのエッジが線分表現され，その後，表面メッシュ（2次元）を各サーフィスにおいて生成し，最終的に3次元のボリュームメッシュが自動生成される.

節点間隔を決めるには，どの程度の自由度規模のシミュレーションを行うのか事前に決めておく必要がある. メッシュを構成する節点群の自由度数は，その後の FEM ソルバーにおいて同数の大規模連立一次方程式を解く必要があるため計算時間等に大きな影響を与える. このためシミュレーションで想定する自由度規模は利用する解析種類（線形弾性解析，非弾性解析，静解析，時刻歴応答解析，固有振動数解析等），利用できる計算機資源（CPU クロック，メモリ量等），FEM ソルバーのアルゴリズム，また，必要となる精度や希望する解析時間（一晩，一時間，数分程度等）に依存する.

4.2 経験的な自由度規模の見積もり

局所的なメッシュの粗密制御を行わず，単一の節点間隔で四面体（2次）メッシュを切る場合を考える. 解析領域の体積を V とし，節点間隔を l とし，正四面体により全領域がメッシュ切りされていると仮定すると，メッシュの要素数 N_{el} は以下の式により求められる.

$$N_{el}=\frac{6\sqrt{2}\cdot V}{l^3} \qquad (1)$$

生成されたメッシュの節点間隔は利用する自動生成アルゴリズムによって平均として指定値よりやや大きな値，あるいは，やや小さな値を取ることがあるため，経験的に補正を行う必要がある.

次に四面体（2次）メッシュにおける節点数 N_{2nd} と要素数 N_{el} の関係を考える. 理論的な手法はないため，経験的な比例定数を与えると，以下の関係が得られる.

$$N_{el}=0.6\cdot N_{2nd} \qquad (2)$$

比例定数は解析領域内部に存在する節点と解析領域表面に存在する節点の比率によって変化するため，経験上2割程度のばらつきがある. 例えば厚肉の形状を細かくメッシュ切りする場合には 0.72 程度となり，薄肉の形状を2層でメッシュ切りする場合には 0.55 程度となる. 式(1)，(2)をまとめると解析領域の体積と節点間隔から，次式によりおおよその自由度規模を見積もることが可能となる.

$$N_{2nd}=\frac{10\sqrt{2}\cdot V}{l^3} \qquad (3)$$

すでに述べたように利用するメッシュの自動生成アルゴリズムや対象とする形状によって補正が必要であり，筆者の環境では次式を用いている.

$$N_{2nd}=\frac{10\cdot V}{l^3} \qquad (4)$$

局所的なメッシュの粗密制御を行い，また，その影響が大きい場合には，粗密制御が適用される領域の体積とその領域を代表する節点間隔によって補正を行えば良い.

4.3 パラメトリックスタディの実施

前節の見積もりに従い，自由度規模の異なる複数のメッシュを切り，それぞれのメッシュに対するシミュレーションを実行する. このようなパラメトリックスタディは自由度規模に対する精度の変化に関する知見を得るために行う. パラメトリックスタディでの規模の例を挙げるのは難しいが，近年では100万自由度規模の静的な線形弾性解析であれば数分程度で解析できる FEM ソルバーが普及しているため，10万，30万，100万自由度規模といったような3ケースほどを行えば良い.

精度を評価する場合，一般に理論解の存在しない問題に対してシミュレーションを行うため，注意が必要である. 頻繁に行われるのは評価指標（注目点の変位量など）と自由度規模をそれぞれ縦軸，横軸としてプロットし，十分に解析結果が自由度規模に対して収束しているか確認することである. このとき，その評価指標が特異値を取らないものにする必要がある. 例えば，き裂先端の応力値は線形弾

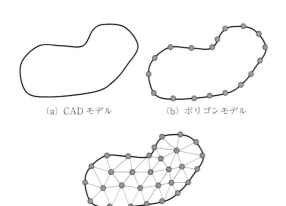

(a) CAD モデル　　(b) ポリゴンモデル

(c) 2次元メッシュ

図6 2次元でのメッシュ生成の流れ

性解析では無限大になることが知られており，このような値を評価指標とした場合，いかにメッシュを細かくしても収束を得ることはできない．

4.4 メッシュ形状の評価

実際に FEM で利用する場合にはメッシュ形状により解析精度が左右されることがあるため，メッシュ生成後にその形状を評価，改善するプロセスが必要となる．メッシュ形状を判定するための指標としてアスペクト比などが用いられる．最も一般的なアスペクト比は以下の式のように四面体の最大辺の長さと最小辺の長さの比で定義される．

$$\text{アスペクト比} = \frac{\min(\text{辺長さ})}{\max(\text{辺長さ})} \qquad (5)$$

式(5)の定義では 3 章で述べたスライバー要素を検出できないため，例えば次式のようにアスペクト比を内外接球の半径の比で定義することもある．

$$\text{アスペクト比} = \frac{\text{内接球の半径}}{\text{外接球の半径}} \qquad (6)$$

これらのメッシュ形状評価手段は自動生成コードに付属しており，また，参照値も設定してある．式(5)，(6)で理想値（正四面体に対する値）が異なるため，特殊なシミュレーションを行うのでなければ，そのコードの参照値を利用すれば十分である．アスペクト比の他にも表面三角形の内角や二面挟角，体積のチェックなどもある．特に，スライバー要素や CAD-CAE 間の PDQ（Product Data Quality）問題から体積が負であるメッシュが生成されていることがある．体積が負であるメッシュは FEM ソルバーにおいて剛性行列の正定値性に影響を与え，連立一次方程式の求解を破綻させることがある．このため，体積のチェックは必ず行う必要がある．

メッシュ形状の評価値が悪い場合には，ラプラシアンスムージング（Laplacian Smoothing）法等の改善手法を適用するが，十分に改善できない場合には異なるパラメタ（節点間隔）を用いて再度メッシュ切りを行う必要がある．

4.5 粗密制御の例

粗密制御は対象とする現象，形状により方法論が異なるが，一例としてき裂を有する構造物のメッシュ切り[5]について述べる．これまで 3 次元の破壊力学シミュレーションでは主に六面体メッシュによる FEM が用いられてきたが，六面体メッシュの自動生成には作業負荷が大きいため，四面体メッシュ向けの破壊力学パラメタ評価手法が開発されてきている．破壊力学シミュレーションではき裂先端部での応力拡大係数を高精度に評価する必要があるため，メッシュの急激な粗密変化が要求される．一般のメッシュ自動生成コードではき裂先端を表すエッジに対して節点間隔を定義することになるが，急峻な粗密変化に対応できないことが多い．このため，本節では局所細分割による粗密制御について簡単に述べる．

局所細分割ではき裂先端に位置するメッシュのそれぞれを 8 つのメッシュに細分割する．このとき，メッシュサイ

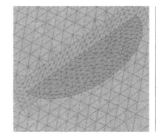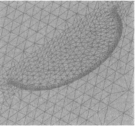

図7 き裂先端の表面メッシュ
（右：細分割前，左：細分割後）

ズはちょうど元のメッシュの半分となる．また，細分割されたメッシュに隣接するメッシュも，隣接メッシュ間の接続情報が整合する形で適切に分割される．これを複数回繰り返すことにより，所望のメッシュサイズを得る．半楕円き裂を例にした場合の細分割図を**図7**に示す．細分割後のメッシュ形状は悪化している場合があるため，再度メッシュ形状の評価を行う必要がある．

5. おわりに

FEM メッシュを切るために必要となる知識の解説を行った．近年の計算機技術の発展は目覚ましく，同時に CAD ツールの高度化も相まってメッシュ切りは年々進歩しているといっても過言ではない．このため，本稿のみでは利用している CAE ツールや計算機によっては不十分な点もあるかもしれないが，紙面の都合上，ご容赦いただきたい．重要な点は CAD データが完璧でないこともある（PDQ 問題），メッシュの自動生成も完璧ではない（スライバー要素の生成等），そして，精度や自由度規模の要求は利用できる計算機環境によって変化することである．すなわち，正しいメッシュの切り方はなく，ケース・バイ・ケースで対応する他ないというのが実情である．また，より良いメッシュを得るためには 4.3 節のパラメトリックスタディのような試行錯誤は必要不可欠であり，一度のみの試行で良いメッシュが切れることはない．本稿がメッシュ切りの一助となれば幸いである．

参 考 文 献

1) 日本機械学会，機械工学年鑑 2. 人材育成・工学教育，日本機械学会誌，**113**, 1101（2003）587-588.
2) T.J. Tautges：The Generation of Hexahedral Meshes for Assembly Geometry：Survey and Progress, Int. J. Numer. Meth. Engng., **50**（2001）2617-2642.
3) 瀬戸学雄，中田公明：大自由度計算力学システムによる高精度 3 次元設計，松下電工技法，**53**, 4（2005）70-75.
4) 谷口健男：FEM のための要素自動分割デローニー三角分割法の利用，森北出版，（1992）.
5) 河合浩志，岡田裕，荒木宏介：四面体要素向け仮想き裂閉口積分法（VCCM）を用いた三次元き裂進展解析のためのメッシュ生成技術，日本機械学会論文集 A 編，**74**, 742（2008）819-826.

積層造形技術―ラピッドプロトタイピング からラピッドマニュファクチャリングへ―

Additive Manufacturing Technologies—From Rapid Prototyping to Rapid Manufacturing—/Toshiki NIINO

東京大学生産技術研究所　新野　俊樹

1. は じ め に

最初のラピッドプロトタイピング（RP）装置が市場に登場してからすでに 20 年以上が経過した．読者の中にはすでにこれらの装置を利用したことのある方も少なからずいらっしゃるのではないだろうか？　RP は CAD データから簡単な手続きで 3 次元形状を実体化できる加工法の総称としてわが国で一定の市民権を得た外来語であるが，むりやり直訳すると「迅速試作」となり，実はこの技術の用途は表しているものの，原理の特徴は表していない．欧米では技術を表す呼称として"Solid Freeform Fabrication," "Layer Manufacturing"などといった言葉が以前から用いられていたが，あまり統一された呼び方ではなかった．このような状況の中，2009 年 1 月に ASTM International（米国に本拠をおく規格団体）内にこの技術に関する規格を作成する委員会が設置され，この技術を"Additive Manufacturing Technologies"と呼ぶことが決まった．通常，技術の呼称は，発明者が名付けたり，自然発生的に生じたりすることが多いが，この言葉は議論の中で作られた極めて人工的な言葉である．直訳すると少し違和感があるので，筆者が日本語でこの一連の技術を呼ぶときには，英語の意味とは若干の相違があるが，「積層造形」という言葉を使うことにしている．あとで述べるように，現在積層造形の用途はプロトタイピングに限定されていない．そこで本稿でも読者に違和感があることは承知の上で「積層造形」という言葉を用いることをお許しいただきたい．

本稿では積層造形について，あまり詳しくない方を中心にご理解をいただけるよう，原理を解説し，その用途について近年のトレンドを紹介する．

2. 原理による分類と特徴

2.1 積層造形

これまでにさまざまな積層造形の工法が開発されてきたが，以下ではそのすべてに共通する手続きを説明する（図1）．積層造形のプロセスは 3 次元の CAD データからスタートする．データはまずコンピュータ内で薄い層にスライスされ，断面の形状が計算される．次に実世界において，計算された断面が実際に製作され，それらが積層されることによって 3 次元形状が得られる．このような手続きは，立体地図の作製などに古くから利用されており，それらの

プロセスも広くは積層造形と呼べなくはないが，ここでは積層造形はこの一連のプロセスがすべて自動化されているもののことをいうことにする．

2.2 各種積層造形法

前節で説明した基本手続きを実現するために，さまざまな積層造形法が開発されてきたが，それらの違いは断面を実際に作製し積層する方法のみで，基本手続きはすべて同じである．以下では各造形法について解説する．

● 光造形

光造形法は最も早く商品化された加工方法である（図2）．本造形法ではまず光硬化性の樹脂でタンクを満たし，上下動が可能なテーブルを液面直下に置く．次にレーザ光を照射して一番下の断面の形に樹脂を硬化させ，スライス

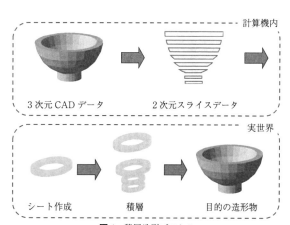

図1　積層造形プロセス

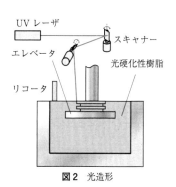

図2　光造形

の厚さ分だけエレベータを降下させる．以上の手続きを繰り返すことにより，3次元形状を実体化する．主に使われている波長350 nm程度の紫外線レーザは50 μm以下に集光することが可能であり，熱などを介在させずに光化学反応だけで直接樹脂を固体化させることから，非常に微細な構造物を加工することが可能である．一方，材料に光硬化性という特殊な性能が必要なことから，実用化当初は強度や靭性などの物理的な性能を犠牲にしなければならなかったが，技術が成熟した現在では，強度，靭性に関しても他の加工法に劣らない性能が得られている．

● 粉末焼結積層造形法

粉末焼結積層造形法は，光造形の光硬化性樹脂の代わりに熱可塑性の粉末を用いる（**図3**）．熱可塑性の粉末を薄く敷き，赤外線レーザで粉末をいったん融点以上の温度まで加熱・溶融させた後に再び固化させることによって，各層の断面を積層していく．本加工法は素材の固体化に，多くの物質が有している熱可塑性を利用していることから，材料選択の幅が広く，プラスチック，金属，セラミック（**図4**）の造形装置が実用化されている．特に金属では除去加工とほぼ同等かそれ以上の強度が得られる可能性があることが報告されている[2]．また，プラスチックではポリアミドを中心とした結晶性の高い樹脂が実用化されており，競技車両や軍用航空機の部品など，付加価値の高い部品が本加工法を用いて生産され実用に供されている．また，直接溶融が不可能な素材に関しては，熱可塑性樹脂粉

末をバインダとして用いて固体化することが可能であり，鋳造用砂型の直接製作や，焼結のためのグリーンパーツの作製にも利用されている．

● バインダジェット法（3DP：3D Printing）

粉末焼結積層造形法におけるバインダシステムが熱溶融による接着を利用していたのに対し，3DPではインクジェットによってバインダを選択的に吐出することによって粉末を固化させる（**図5**）．さらにインクに色素をまぜることにより，色のついた造形物も製作できる．造形物を構成する粉末はスキージによって供給され，インクジェットは少量のバインダのみを供給すればよいので，造形速度が非常に速く，レーザを利用していないことから装置価格も比較的安価にすることが可能である．石膏を材料とした模型造形装置が広く普及しており，鋳造用砂型の作製装置も市販されている．

なお，この造形法を指す一般的な日本語訳はなく，バインダジェットは筆者の造語である．3DPは本方式を採用した装置を製造している米国Z Corporationの商標であり，一般的に広く利用されているが，一般に3D Printerは造形方式にかかわらず，比較的安価で主に模型造形用途に特化した装置のことを指し，そのような装置を総称して3D Printingと呼ぶこともあるので注意されたい．

● 溶融物堆積法（FDM：Fused Deposition Modeling）

溶融物堆積法は，主に非晶性のプラスチックを加熱によって軟化させ，ノズルから吐出させながら積んでいくことによって3次元形状を積み上げていく（**図6**）．レーザを使用していないことから，非常に安価な装置が販売されており，模型製作用の装置として広く普及している．一方で，ABS，ポリカーボネートなど一般的なエンジニアリ

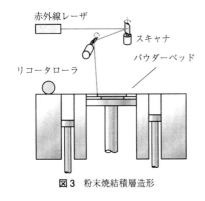

図3 粉末焼結積層造形

図4 セラミックの粉末焼結（提供：Fraunhofer ILT [1]）

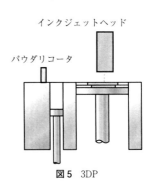

図5 3DP

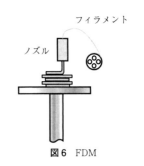

図6 FDM

ングプラスチックが利用できることから，治具の作製などに利用可能な工業用の高級機種も販売されている．

● インクジェット法

3D Printing がバインダのみをインクジェットで供給しているのに対して，インクジェットによって造形物の素材を直接吐出して積み上げていく装置も市販されている．吐出する材料には，溶融したワックスや光硬化性樹脂があり，光硬化性樹脂はベースに付着後 UV ランプによって硬化させる．この手法はノズルを増やすことによりさまざまな材料を同時に供給することができることから，複数の材料からなる造形物を作製することができる．

● Laser Engineered Netshape（LENS）

金属を造形する手法で，ベースとなる金属にレーザを照射して溶融池をつくり，シールドガスによって金属粉末を噴射供給することによって，金属を積んでいく．LENS は米国サンディア研究所の商標であるため，一般的に（選択的）レーザクラディング（(Selective) Laser Cladding）と呼ばれることもある．本方法はインクジェット方式と同じように，造形中に材料を変更できるという特徴がある．平坦でない部品の上にも金属を堆積していくことができることから，摩耗や欠損を生じた部品の修理に利用されることが多い．

● シート積層法

シート積層法はシート状の材料を，レーザなどを用いて除去加工により断面形状を作製し，接着剤や溶接などにより下層に接着していくことによって，3 次元形状を得る方法である（**図7**）．プラスチックシート（LOM：Laminate Object Modeling），紙，金属箔（Ultrasonic Consolidation）などの材料を用いた加工法を用いた装置が市販されている．

2.3 加工法による分類と特徴

表1 はこれまでに説明した造形手法を 3 次元形状の造形の仕方で区別したものである．まず，選択的固体化方式は，流動性のある材料をシート状にならし，何らかの方法で選択的に流動性を奪うことによって，断面形状を現実化すると同時に下層との結合を得る．本方式は比較的高い強度と高い造形速度が得られる一方で，流動的な材料を固体化する際に生じる重合や結晶化などの現象により造形物に

応力を発生することが多いという特徴がある．これに対してシート積層方式は応力の残留は少ないものの，微細な構造物が作りにくいといった欠点がある．選択的供給方式は必要とされる場所に必要な材料を付着させて 3 次元形状を得る完全に付加的な 3 次元創成方法である．本方式は複合的な材料組成を有する部品も造形できる最も付加加工法らしい加工法であるが，材料の特性，微細性，造形速度などすべての条件を満たす加工法はいまだ開発されていない．このように造形方法にはそれぞれ利点と欠点があり，どれが 1 番良い工法と決めることはできない．市場の大きさから見ると，世界的には比較的装置価格の低い FDM が最も多く販売されている（2008 年ベース）．また日本国内では高い微細性と精度が得られる光造形装置が最もポピュラーである．

3. 応　　　用

3.1 Rapid Manufacturing（RM）

積層造形は当初形状を確認するための模型の作製に利用されていたが，造形物の耐熱性，強度，靭性などが向上したことによって，機能模型にも利用されるようになり，さらに進んで実用される機械部品の生産にも利用されるようになった．このように積層造形を生産に用いることを Rapid Manufacturing（RM）と呼ぶ．例えばモータスポーツの世界では，設計の変更が頻繁に行われるため積層造形が機能模型の作製に盛んに利用されていたが，Renault F1 チームは 2003 年に積層造形装置最大手の 3D Systems 社と協同でレースカー用の部品を供給する組織を設立し，いち早く RM を導入した[3]．航空機業界最大手の Boeing 社は On Demand Manufacturing 社を創設，2003 年から F/A-18 ジェット戦闘機に搭載される部品を粉末焼結積層造形によって生産しており，現在同機には一機あたり約 80 個の積層造形製部品が搭載されている[4]．

競技車両や航空機，特に軍用機においては，部品価格の制限があまりないため，RM が比較的導入しやすかったと考えられるが，通常は価格的な制限が非常に厳しい自動車用の部品に利用された例もある．例えば英国 MG Rover 社はプラスチック製のクリップの生産に 6 週間の遅れを生じたため，粉末焼結積層造形によって 1800 個の部品を 48 時間で生産して急場をしのいだ[4]．

高い意匠性が求められる製品の製造も RM の活躍の場のひとつである．Freedom of Creation 社[5] や Future Factory 社[6]では，積層造形が特長としている形状の自由度を積極的に利用した製品（**図8**）を販売している．医療

表1 各種積層造形の分類

選択的固体化方式	シート積層方式	選択的供給方式
光造形	LOM	FDM
粉末焼結	紙積層	インクジェット
3DP	UC*	LENS

*UC：Ultrasonic Consolidation，金属箔積層方式の一つ．超音波溶接によって層間接着力を得る．

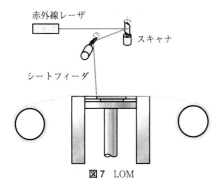

図7 LOM

図 8 粉末焼結による照明器具の RM（提供：Freedom of Creation）

図 10 インプラントの RM（提供：NTT データエンジニアリングシステム）

図 9 粉末焼結による装具の RM（提供：NTT データエンジニアリングシステム）

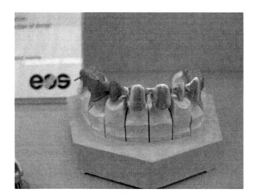

図 11 歯科補綴物の RM

用の装具（**図 9**）などは 1 品のみのテーラメードであることから，RM のメリットを最大限に生かすことができる．また，自然物に装着する装置は，その形状を製造上の都合で勝手に変更することができないことから，自由形状が簡単に作れるという積層造形の特徴が生かしやすい．例えば近年，チタン合金やコバルトクロム合金など生体適合性の高い金属の造形が可能になり，インプラント（**図 10**）や歯科補綴物（**図 11**）の作製に利用されている．

3.2　Rapid Tooling（RT）

　生産設備もまた小量生産品のひとつであり，その製造への積層造形の応用は Rapid Tooling（RT）と呼ばれている．積層造形による金型の製造は 1990 年代から期待されていた技術であるが，近年金属による造形が可能になったことで，成形時間の短縮に有効な複雑な冷却水管を有する金型が造形できるようになった（**図 12**）．また，松下電工（現パナソニック電工）で開発された金属光造形複合加工は[7]，粉末焼結積層造形に一部完全溶融を導入し，切削加工と組み合わせることによって，粉末焼結積層造形の欠点のひとつである表面粗度の悪さをインプロセスで軽減することを可能にした．

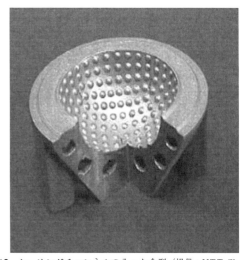

図 12 クーリングチャンネルの入った金型（提供：NTT データエンジニアリングシステム）

図 13　固定用治具の FDM による RT（提供：丸紅情報システム）

図 13 は FDM によって作製された自動車のリアパネル
にモデルバッジを貼るための治具である．自動車の外装は
意匠性が高く，設計の中に生産性の要素を取り込むことが
難しい．このような治工具は，設計が自由にできず，少量
生産となるため積層造形の適用に適した用途といえる．

3.3　組織工学用担体への応用

　筆者の研究室では，積層造形の応用のひとつとして再生
医療（組織工学）用担体の造形に関する研究を行ってい
る．組織工学は iPS 細胞など組織再構築の元となる細胞に
関する技術，そこから目的の組織の細胞へと分化を制御し
て培養する技術，細胞から組織へとするために細胞の 3 次
元的な位置を案内し培養する場を与える技術の 3 つの技術
から構成される．筆者らが研究している担体とは多孔質体
の 3 次元構造体であり，そこに目的の細胞を播種・培養す
ることによって，目的の組織の形状を再現する．再生医療
は皮膚ではすでに実用化されており，骨においてもほぼ実
用化に近いレベルまで技術が進んでいる一方で，内臓器で
は実用化への道のりはまだ長いとされている．その理由の
ひとつが，内臓器の速い代謝速度であり，多孔質担体に細
胞を播種しただけでは担体の表面近傍の細胞は培養される
ものの，担体の内部には十分な酸素が供給されないため，
細胞が培養されない．そこで筆者らは分岐と合流を繰り返
す 3 次元的な網の目状の流路を担体内に配置することによ
って，担体全体に高密度に細胞を培養することを目指した
研究を行っている[8]（**図 14**）．このような内部構造は積層
造形以外の加工法では造形できない構造である．

4.　お わ り に

　本稿ではさまざまな積層造形法を解説し，その特徴を考
察するとともに，試作以外の応用を紹介した．積層造形
は，精度，生産性など多くの指標において，従来の成形加
工や除去加工に劣っている一方，複雑な形が比較的容易に
できるという特長をもっているが，これは従来の指標では
数値化しにくい．この特長を生かすには製品の構造を積層

図 14　3 次元培養担体の粉末焼結積層造形

造形がないと製造できないぐらい複雑にすることによって
相当の付加価値が生み出されるような設計をすることが不
可欠である．それには新しい設計の思想や，それを具現化
するためのいわゆる CAD ツールの確立が必要である．本
稿の読者には，積層造形の利点を正しく理解し，さらに正
しく利用して，新たなものづくりを開拓していただければ
と思う．

参 考 文 献

1) Fraunhofer ILT, http://www.ilt.fraunhofer.de/eng/ilt/pdf/eng/products/RapidPrototyping.pdf（accessed 2010/10/12）.
2) L. Facchini et al：Microstructure and Mechanical Properties of Ti-6Al-4V Produced by Electron Beam Melting of Pre-alloyed Powders, Rapid Prototyping Journal, **15**, 3（2009）171.
3) T. Wohlers：Wohlers Report 2005, Wohlers Associate Inc., CO, USA,（2007）157.
4) N. Hopkinson, R. Hague and P. Dickens：Rapid Manufacturing—An Industrial Revolution for the Digital Age—, John Wiley & Sons, Ltd., West Sussex, UK,（2006）232.
5) Freedom of Creation, http://www.freedomofcreation.com/（accessed 2010/9/12）.
6) Future Factories, http://www.futurefactories.com/（accessed 2010/9/12）.
7) 阿部他：金属光造形複合加工法の開発—金属光造形法と切削仕上げのオンマシン複合化—, 精密工学会誌, **73**, 8（2007）912.
8) 新野他：高代謝速度臓器再構築を目的とした 3 次元担体の水溶性フィラを援用した粉末焼結積層造形法—微細流路ネットワークが配置された生分解性ポリマ製多孔質体の造形—, 精密工学会誌, **73**, 11（2007）1246.

初 出 一 覧

No.	表題	年	月号	著者名	分野
1	もう一度復習したい表面粗さ	2007	2	宮下　勤	計測
2	金属疲労はどのようにして起こるのか	2007	3	金澤健二	材料
3	歯車運動伝達 ― 伝達誤差とその低減 ―	2007	4	小森雅晴	機械要素, 設計, 計測
4	静圧軸受のおもしろさ	2007	5	水本　洋	機械要素, 制御
5	ひずみ計測の基礎と応用	2007	7	山浦義郎	計測
6	工場内ネットワークによる情報活用の方法	2007	8	木村利明	IT技術, ものづくり
7	高速ミーリング	2007	9	安齋正博	加工/除去加工
8	ロボット工学の基礎	2007	10	大隈　久	制御・ロボット
9	生体電気計測の基礎	2007	11	神保泰彦	計測
10	光回折・散乱を利用した加工表面計測	2007	12	高谷裕浩	計測
11	金型（前編）	2008	2	鈴木　裕	製造・ものづくり
12	金型（後編）	2008	3	鈴木　裕	製造・ものづくり, 加工
13	はじめての不確かさ	2008	4	田中秀幸	計測・データサイエンス
14	環境振動と精密機器	2008	5	安田正志	機械要素, 制御
15	精密加工・計測における環境とその管理	2008	7	沢辺雅二	計測, ものづくり
16	組立性・分解性設計	2008	8	山際康之	設計・解析
17	計測標準	2008	9	高辻利之	計測
18	ロボット・マニピュレーションの基礎	2008	10	相山康道	制御・ロボット
19	シリコン・ウェーハのわずかなジオメトリ変動による問題点	2008	11	福田哲生	製造・ものづくり
20	超精密切削加工とそのアプリケーション	2008	12	山形　豊	加工/除去加工
21	精密工学におけるリニアモータ	2009	2	内田裕之/曽我部正豊	制御・ロボット
22	SEMによる微細形状・粗さ測定	2009	3	田口佳男/小俣有紀子	計測
23	強力超音波用振動子 ― BLTの設計とその応用 ―	2009	4	足立和成	機構, 設計
24	レーザ加工の基礎	2009	5	徳永　剛	加工/除去加工

◎本書スタッフ
編集長：石井 沙知
編集：石井 沙知・赤木 恭平
組版協力：菊池 周二
表紙デザイン：tplot.inc 中沢 岳志
技術開発・システム支援：インプレス NextPublishing

●本書の内容についてのお問い合わせ先
近代科学社Digital　メール窓口
kdd-info@kindaikagaku.co.jp
件名に「『本書名』問い合わせ係」と明記してお送りください。
電話やFAX、郵便でのご質問にはお答えできません。返信までには、しばらくお時間をいただく場合があります。なお、本書の範囲を超えるご質問にはお答えしかねますので、あらかじめご了承ください。

はじめての精密工学 第4巻

2023年10月10日　初版発行Ver.1.0

著　者　公益社団法人 精密工学会
発行人　大塚 浩昭
発　行　近代科学社Digital
販　売　株式会社 近代科学社
　　　　〒101-0051
　　　　東京都千代田区神田神保町1丁目105番地
　　　　https://www.kindaikagaku.co.jp

印刷・製本　京葉流通倉庫株式会社
Printed in Japan

ISBN978-4-7649-6068-8

近代科学社 Digital は、株式会社近代科学社が推進する21世紀型の理工系出版レーベルです。デジタルパワーを積極活用することで、オンデマンド型のスピーディでサステナブルな出版モデルを提案します。

近代科学社 Digital は株式会社インプレス R&D が開発したデジタルファースト出版プラットフォーム "NextPublishing" との協業で実現しています。